대학기초수학
PRECALCULUS

수학교재편찬위원회 지음

교우사

머리말

수학은 인류 문명의 중요한 구성 요소이며 문명의 형성과정에서 중요한 역할을 하여왔다. 또한 수학은 자연현상의 이해와 기술개발의 도구로서 과학기술발전의 초석으로 이해되어 왔을 뿐 아니라 인간이 사고하는 대상과 방법을 다루는 학문으로서의 수학은 논리적인 사고 능력을 배양시켜 주고 문제를 해결할 수 있는 능력을 제공하고 있다.

수학은 mathematics의 역어이다. 이 말은 그리스어의 마씨마타에서 나왔는데 이 말은 단순히 학과를 뜻하는 말이었다. 피타고라스학파의 학과는 음악, 천문학, 기하학, 정수론이었고 이것을 마씨마타라고 불렀으며 그 후 논리적인 수학이 탄생함에 따라 수학을 의미하는 것으로 바뀌었다. 수학은 계산의 의미보다는 배우고 생각하는 과학이라는 의미를 갖고 있다.

수학이란 무엇인지 정의하기는 쉽지 않지만 오늘의 문명사회는 수학을 기초로 하여 이루어졌다고 할 수 있다. 수학의 본질을 기술하는 사상에는 플라톤주의, 논리주의, 형식주의, 직관주의와 같이 다양한 관점이 있지만 대체로 수학은 엄밀한 논리적 추론에 의하여 사고하는 방법이며, 수학은 물리적 세계에 있는 대상관계를 추상화하여 수학적 모형을 구성하며 이 모형을 연구한다. 또한 수학은 추상화된 기호와 엄밀하게 선택된 용어의 학문이다.

수학의 특성을 간단히 요약하면 다음과 같이 말할 수 있다. 즉 수학은 추상적이고 형식적이며 직관성과 논리성을 가진 계통적인 학문이다.

첫째로, 추상성은 수학에서는 실제로 존재하는 대상을 전부 다룰 필요가 없다는 점이다. 자연수는 물건의 개수를 추상화 한 것이고 상거래에서 이루어지는 화폐의 흐름은 계산으로 추상화 된다.

둘째로, 형식성이란 수학의 공리와 추론에 의하여 엄밀하게 전개되는 과정임을 의미한다.

셋째로, 직관성과 논리성이란 수학이 갖는 특성중 하나이다. 새로운 수학적 명제를 유도할 때 추론이 필요한데 추론에는 귀납적 추론과 연역적 추론이 있다. 귀납적 추론은 관찰, 실험, 영감을 통하여 새로운 사실을 발견해 내는 직관적 사고 과정이며 연역적 추론은 주어진 가정으로부터 결론을 이끌어 가는 논리적 사고 과정이다. 일반적으로 수학에서는 귀납적 추론으로 새로운 사실을 발견하고, 그것을 연역적 추론에 의하여 증명함으로써 정리로 확정된다.

넷째로, 수학은 기초적인 학습내용을 토대로 새로운 내용을 발견하고 학습할 수 있는 계통성을 갖고 있다. 즉 수학체계는 공리와 정의에서 연역적 추론을 통하여 정리를 증명함으로써 새로운 내용을 첨가하게 됨으로 논리적으로 타당한 계통성이 만들어진다.

이 교재는 대학 이공계 학생들이 미적분학을 공부하는 데 필요한 기초 지식들을 함수를 중심으로 정리한 책으로 개념을 이해시키고 이를 충분히 연습시키는 면에서 부족한 부분이 많지만 다양한 수학적 학습능력을 가진 학생들에게 자그나마 도움이 되었으면 하는 바람이다.

이 교재가 나오기까지 많은 도움을 주신 선생님들과 출판 관련분들, 특히 참고할 수 있는 모범적인 책을 엮어주신 심재동 교수님과 하준홍 교수님께 깊은 감사의 마음을 전한다.

저자 일동

차 례

Chapter 08 확 률 / 191

Chapter 09 통 계 / 221

방정식과 부등식

Chapter 01

1.1 수의 체계와 연산

1.2 지수와 근호

1.3 다 항 식

1.4 1차 방정식과 부등식

1.5 2차 방정식과 부등식

개념을 일반화하고, 사고를 논리적으로 전개하고, 표현을 간결하고 명확하게 하는 기호의 사용이야말로 수학을 타학문과 구별 짓는 특징이며 수학의 발전에 결정적 역할을 하게 되었다. 문어체로 표현되는 동양의 수학이 수천년 동안 큰 변화와 발전이 없었던 것은 기호의 사용이 이루어지지 않았기 때문이다.

위트만은 "+", "−"를 그의 저서에 처음 사용(1489)하였고, 근호 "√"는 루돌프의 저서 『대수』(1525)에 등호 "="는 레코드(1510~58)의 『지혜의 숫돌』(1557)에 나눗셈 "÷"은 란의 『대수학』(1659)에, 곱셈 "×"는 오우트레드의 『수학의 열쇠』(1631)에 부등호 "<", ">"는 해리오트의 저서(1631)에 실려 있고 스테빈(1548~1620)은 소수점 기호를 사용하였다.

프랑스의 비에트(1540~1603)가 처음으로 기지량은 자음(B, C, D, …)으로 미지량은 모음(A, E, I, …)으로 나타내었다. 그 후 데카르트(1596~1650)가 미지량을 x, y, z로 나타내고 기지량을 $a.b.c$로 나타내었다.

타르탈리아

카르다노

15세기에서 16세기에 걸쳐 3차방정식과 4차방정식의 해법이 발견되었다. 파치올리(1445?~1510?), 페론(1465~1526), 타르탈리아(1506~1557), 카르다노(1501~1576)가 삼차 방정식의 해법을 연구하였고 페파리(1522~1565)는 4차방정식의 해법을 연구하여 1545년 카르다노의 책에 삼차방정식의 해법과 함께 수록하였다. 이것은 그리스 수학 이후 유럽인이 이룩한 최초의 수학 상의 업적이다.

1.1 수의 체계와 연산

현대 수학은 집합론의 개념을 써서 서술되므로 우리가 앞으로 자주 사용할 집합론의 기본 개념들을 소개한다.

◆ 수학적 개념으로서의 **집합**은 어떤 조건을 만족하는 대상들의 모임을 뜻하며, 그러한 대상을 **원소**라 부른다. p가 집합 A의 원소일 때 p는 A에 속한다고 하고 $p \in A$로 나타낸다. 집합을 나타내는 기호로는 중괄호 { }를 쓰며, 집합을 나타내는 방법으로는 원소나열법과 조건제시법이 있다. 예를 들어 $A=\{2,3,5,7\}$와 같이 집합 A의 원소 $2,3,5,7$을 집합 기호 { } 안에 모두 나열하는 것을 원소나열법이라 하고, A에 속하는 원소들이 공통으로 갖고 있는 특징을 조건으로 제시하여 $A=\{x : x$는 10 미만의 소수$\}$와 같이 나타내는 것을 조건제시법이라 한다.

◆ 두 집합 A와 B에 대해 A에 속하거나 B에 속하는 원소들로 이루어진 집합을 A와 B의 합집합이라 하고 $A \cup B$로 나타낸다. 한편 A와 B에 공통으로 속하는 원소들로 이루어진 집합을 A와 B의 교집합이라 하고 $A \cap B$로 나타낸다. 집합 A의 모든 원소가 집합 B의 원소일 때 A는 B의 **부분집합**이라 하고 기호로 $A \subset B$로 나타낸다.

◆ 실수들로 이루어진 집합을 나타내는데 다음과 같은 **구간**(interval)이라는 용어가 흔히 쓰인다. $a<b$일 때 a에서 b까지의 **열린구간**(개구간, open interval)은 a에서 b 사이에 있는 모든 실수들의 집합으로, 기호 (a, b)로 나타낸다. 즉

$$(a,b)=\{x: a<x<b\}$$

이다. $a \le b$일 때

$$[a,\ b]=\{x: a \le x \le b\}$$

는 a에서 b까지의 **닫힌구간**(폐구간, closed interval)이라 한다. 구간의 한쪽 끝점만을 포함시키면 **반개구간**(half-open interval) 또는 **반폐구간**(half-closed interval)이라 하는데 $(a,\ b]=\{x: a<x \le b\}$ 이고 $[a,\ b)=\{x: a \le x<b\}$을 의미한다.

우리가 앞으로 쓸 집합은 주로 수의 집합이고, 특히 실수들로 구성된 집합이므로 실수

의 구성 체계를 알아보도록 하자.

우선 가장 익숙한 수집합은 자연수의 집합 $N=\{1,\ 2,\ 3,\ 4,\ \cdots\}$이다.

정수의 집합 $Z=\{\cdots, -3, -2, -1, 0, 1, 2, 3, \cdots\}$은 양의 정수(자연수), 음의 정수 및 0으로 구성되어 있다.

유리수는 두 정수의 비 $\dfrac{n}{m}(m\neq 0)\dfrac{n}{m}(m\neq 0)$로 표현되는 수로써 유리수의 집합은 Q로 나타낸다. 즉 $Q=\dfrac{n}{m}: n,\ m\in Z,\ m\neq 0$.

예를 들어 $-\dfrac{7}{2},\ -\dfrac{1}{4},\ 0,\ \dfrac{1}{8},\ \dfrac{19}{5}$ 등은 유리수이다. 정수 n을 $\dfrac{n}{1}$로 표현할 수 있으므로 정수의 집합은 유리수의 집합의 부분집합이다.

유리수는 소수로 표현할 수 있는데 $-\dfrac{1}{2}=-0.5,\ \dfrac{1}{100}=0.01,\ \dfrac{3}{4}=0.75$ 등과 같은 유한소수와 $\dfrac{1}{3}=0.333\cdots,\ \dfrac{1}{7}=0.142857142857\cdots,\ \dfrac{1}{11}=0.090909\cdots$ 등과 같은 순환(하는 무한)소수가 있다.

유리수가 아닌 수, 즉 정수의 비로 정의되지 않는 수를 **무리수**라고 하는데 유리수가 아니므로 무리수는 유한소수 또는 순환소수로 나타낼 수 없는 **순환하지 않는 무한소수**이다. 가장 대표적인 무리수로 원주율 π가 있는데 π는 다음과 같은 수라는 것이 알려져 있다.

$$\pi = 3.14159265358979323846\cdots$$

유리수의 집합과 무리수의 집합의 합집합을 실수의 집합이라고 하고 R로 나타낸다.

실수는 덧셈과 곱셈에 대해 다음과 같은 대수적 기본성질을 만족한다.

실수의 기본성질 1

(1) R은 덧셈과 곱셈에 대해 닫혀있다. 즉, 임의의 두 실수 a, b에 대해 $a+b\in$R, $ab\in$R가 성립한다.
(2) 교환법칙 : $a+b=b+a$, $ab=ba$
(3) 결합법칙 : $(a+b)+c=a+(b+c)$, $(ab)c=a(bc)$
(4) 배분법칙 : $a(b+c)=ab+ac$, $(a+b)c=ac+bc$

(5) 항등원 : $a+0=a$인 $0\in\mathrm{R}$이 존재하고, $1a=a$인 $1\in\mathrm{R}$이 존재한다.
(6) 역원 : $a+(-a)=(-a)+a=0$을 만족하는 실수 $-a$가 존재하며, 모든 $a(\neq 0)$에 대하여 $a\left(\frac{1}{a}\right)=\left(\frac{1}{a}\right)a=1$을 만족하는 실수 $\frac{1}{a}$이 존재한다.

위의 실수의 성질 (1)-(6)으로부터 다음의 기본적인 성질을 이끌어낼 수 있다.

실수의 기본성질 2

a, b, c 와 d를 실수라 하자.

(7) $a=b$이면 $a+c=b+c$이고 $ac=bc$
(8) $a+c=b+c$이면 $a=b$이다.
$ac=bc,\ c\neq 0$이면 $a=b$이다.
(9) $a\cdot 0=0\cdot a=0$이다.
$ab=0$이면 $a=0$ 또는 $b=0$이다.
(10) $-(-a)=a$이고 $(-1)a=-a$이다.

◆ 실수는 양수와 영 그리고 음수로 나뉘는데 임의의 두 실수 a와 b에 대하여 $b-a$가 양수이면 「a는 b**보다 작다** $(a<b)$」라고 하고, $b-a$가 음수이면 「a는 b**보다 크다** $(a>b)$」라고 한다. 마찬가지 방법으로 「a는 b**보다 작거나 같다** $(a\leq b)$」, 「a는 b**보다 크거나 같다** $(a\geq b)$」와 같은 두 실수 사이의 순서관계를 설정할 수 있다. $a<b$ 또는 $a\geq b$와 같은 부등호에 의한 식을 **부등식**이라 한다.

Note. 편리상 $a\leq b<c$와 같이 두 부등식을 결합할 때가 있는데 이것은 $a\leq b$ 그리고 $b<c$임을 의미한다.

◆ 임의의 두 실수 $a,\ b$에 대해 다음의 세 관계 중에서 단 하나만 성립한다:

$$a<b,\quad a=b,\quad a>b$$

다음은 부등식과 관련한 몇 가지 기본적인 성질들이다.

부등식의 기본적인 성질

(1) $a < b$이고 $b < c$이면 $a < c$이다.

(2) $a < b$이면 $a + c < b + c$이다.

(3) $a < b$이고 $c < d$이면 $a + c < b + d$이다.

(4) $a < b$일 때, $c > 0$이면 $ca < cb$가 성립하고
$c < 0$이면 $ca > cb$가 성립한다.

(5) $a^2 \geq 0$

정의 1 절댓값

a의 **절댓값**(absolute value), $|a|$을 다음과 같이 정의한다.

$$|a| = \begin{cases} a, & a \geq 0 \\ -a, & a < 0 \end{cases}$$

예제 (1) $|0| = 0$ (2) $|5.1| = 5.1$ (3) $|-3.21| = 3.21$

절댓값의 성질

(a) $|a| \geq 0$ (등호는 $a = 0$일 때 성립) (b) $|a| = |-a|$

(c) $|a - b| = |b - a|$ (d) $|ab| = |a|\,|b|$

(e) $\left|\dfrac{b}{a}\right| = \dfrac{|b|}{|a|}$

예제 (1) $|3 - 4| = |-1| = 1 = |1| = |4 - 3|$ (2) $\left|\dfrac{3}{-4}\right| = \dfrac{3}{4} = \left|\dfrac{-3}{4}\right|$

연습문제 1.1

01. 주어진 수를 분류하시오.

$$-4\ ,\ 0\ ,\ \frac{\pi}{3}\ ,\ 1.23\ ,\ \frac{4}{5}\ ,\ \frac{1.2}{1.3}\ ,\ \sqrt{7}$$

- 자연수 :
- 정수 :
- 유리수 :
- 무리수 :

02. 다음 집합 중 곱셈에 관하여 닫혀 있는 집합을 모두 찾으시오.

(1) $-1, 1$　(2) $2n+1|n \in Z$　(3) $2n|n \in Z$

(4) $\frac{2}{n}\ |n \in Z$　(5) 유리수의 집합　(6) 무리수의 집합

03. 다음 집합에는 덧셈과 곱셈에 관한 항등원이 존재하는가? 또 각 원소의 역원이 존재하는가?

(1) $A = x : x$ 는 양의 유리수

(2) $B = x : x$는 음이 아닌 실수

(3) $C = x : x$ 는 무리수

04. 다음 값을 구하여라.

(1) $|2-3|$　(2) $|5-5|$

(3) $\frac{|2-4|}{|-2|}$　(4) $\frac{|2-3|}{|2|-|3|}$

1.2 지수와 근호

◆ 자연수 n과 실수 a에 대하여 a^n을 다음과 같이 정의한다.

$$a^n = \underbrace{a \times a \times \cdots \times a}_{n\text{개}}$$

이때 a를 **밑**(base), n은 **지수**(exponent), a^n은 a**의** n **제곱**(nth power of a)이라 한다. $a \neq 0$인 a에 대하여 $a^0 = 1$로 정의한다. 음의 정수 $-n(n > 0)$에 대한 $-n$제곱은

$$a^{-n} = \frac{1}{a^n}$$

로 정의한다.

※ 주의 : 다음의 기호상의 차이점을 주의하기 바란다.

$$(-3)^2 = (-3)(-3) = 9$$
$$-3^2 = -(3 \cdot 3) = -9$$

지수의 성질

a와 b는 실수, m과 n은 정수라 하자.

(1) $a^m a^n = a^{m+n}$

(2) $(ab)^m = a^m b^m$

(3) $(a^m)^n = a^{mn}$

(4) $\left(\frac{a}{b}\right)^m = \frac{a^m}{b^m},\ b \neq 0$

(5) $a \neq 0$일 때

$$\frac{a^m}{a^n} = \begin{cases} a^{m-n} & (m > n) \\ \dfrac{1}{a^{n-m}} & (n > m) \\ 1 & (m = n) \end{cases}$$

예제 1 다음을 간단히 하시오.

(1) $(2a)(3a^2)$

(2) $(a^3b^4)(2a^4b)$

(3) $(-2a^2b)^3$

(4) $\dfrac{b^{2n+1}}{b^{n-1}}$

풀이 (1) $(2a)(3a^2)=(2\cdot 3)a^{1+2}=6a^3$

(2) $(a^3b^4)(2a^4b)=2a^{3+4}b^{4+1}=2a^7b^5$

(3) $(-2a^2b)^3=(-2)^3(a^2)^3b^3=-8a^6b^3$

(4) $\dfrac{b^{2n+1}}{b^{n-1}}=b^{2n+1-n+1}=b^{n+2}$

예제 2 다음을 양의 지수로 나타내시오.

(1) $3(abc)^0$　　(2) $\dfrac{a^{-3}}{a^{-2}}$　　(3) $(a^3b^{-4})^{-2}$　　(4) $\dfrac{9a^2b^{-3}}{3a^{-2}b^4}$

풀이 (1) $3(abc)^0=3(1)=3$

(2) $\dfrac{a^{-3}}{a^{-2}}=a^{-3+2}=a^{-1}$

(3) $(a^3b^{-4})^{-2}=(a^3)^{-2}(b^{-4})^{-2}=a^{-6}b^8$

(4) $\dfrac{9a^2b^{-3}}{3a^{-2}b^4}=\dfrac{9}{3}\dfrac{a^2}{a^{-2}}\dfrac{b^{-3}}{b^4}=3a^4b^{-7}=3\dfrac{a^4}{b^7}$

◆ $a^2=b$일 때 a는 b의 **제곱근**(square root)이라 하고, $a^3=b$일 때 a는 b의 **세제곱근**(cube root)이라 한다. 일반적으로 자연수 n에 대하여 $a^n=b(a, b$는 실수)를 만족하는 **a를 b의 n제곱근**(n th root)이라 한다. 예를 들어

$$(\pm 2)^2=4$$

이므로 2와 -2는 4의 제곱근이고

$$(-2)^3=-8$$

이므로 -2는 -8의 세제곱근이다. $a^2=b$에서 $b>0$이면 a와 $-a$가 모두 b의 제곱근이다. 그러나 $b<0$이면 b는 제곱근을 갖지 않는다. 왜냐하면 임의의 실수 a에 대하여 $a^2\ge 0$이기 때문이다. 반면 모든 실수 b에 대해 세제곱근은 존재한다. 일반적으로 n이 짝수이고 $b<0$이면 $a^n=b$에 대한 근이 존재하지 않는다.

예제 3 다음을 간단히 하시오.

(1) $25^{\frac{1}{2}}$　　(2) $(-8)^{\frac{1}{3}}$　　(3) $(-4)^{\frac{1}{2}}$　　(4) $-\left(\dfrac{1}{16}\right)^{\frac{1}{4}}$

풀이 (1) $25^{\frac{1}{2}}=(5^2)^{\frac{1}{2}}=5$ (2) $(-8)^{\frac{1}{3}}=\left\{(-2^3)^{\frac{1}{3}}\right\}=-2$

(3) $(-4)^{\frac{1}{2}}$은 실수가 아니다. (4) $-\left(\frac{1}{16}\right)^{\frac{1}{4}}=-\left\{\left(\frac{1}{2}\right)^4\right\}^{\frac{1}{4}}=-\frac{1}{2}$

◆ m이 정수, n이 자연수이고 b가 실수인 경우 $b^{\frac{m}{n}}$을 다음과 같이 정의한다.

$$b^{\frac{m}{n}}=(b^{\frac{1}{n}})^m=(b^m)^{\frac{1}{n}}$$

단, n이 짝수일 때 b는 양수이어야 한다.

예제 4 다음을 간단히 나타내시오.

(1) $(-8)^{\frac{4}{3}}$ (2) $a^{\frac{1}{2}}a^{\frac{3}{2}}$ (단, $a\geq 0$) (3) $(a^{-2}b^4)^{\frac{1}{2}}$

풀이 (1) $(-8)^{\frac{4}{3}}=[(-8)^{\frac{1}{3}}]^4=(-2)^4=16$

(2) $a^{\frac{1}{2}}a^{\frac{3}{2}}=a^{\frac{1}{2}+\frac{3}{2}}=a^2$

(3) $(a^{-2}b^4)^{\frac{1}{2}}=(a^{-2})^{\frac{1}{2}}(b^4)^{\frac{1}{2}}=a^{-1}b^2$

◆ $b^{\frac{1}{2}}$을 $\sqrt{b}$로 표시하자. 따라서 $\sqrt{b}$는 b의 제곱근이 된다. 예를 들어 $\sqrt{25}=5$, $\sqrt{0}=0$이지만 $\sqrt{-25}$는 정의되지 않는다. $\sqrt{\ }$를 **근호**라 한다. 일반적으로 $b^{1/n}$ 대신 $\sqrt[n]{b}$을 사용한다. 제곱근과 세제곱근의 정의로부터 $a\geq 0$, $b\in\mathrm{R}$에 대하여

$$(\pm\sqrt{a})^2=a, \qquad (\sqrt[3]{b})^3=b$$

가 성립한다. m은 정수, n은 자연수에 대하여 $b^{\frac{m}{n}}$을 근호를 이용하여 나타내면

$$b^{\frac{m}{n}}=(b^m)^{\frac{1}{n}}=\sqrt[n]{b^m} \quad \text{또는} \quad b^{\frac{m}{n}}=(b^{\frac{1}{n}})^m=(\sqrt[n]{b})^m$$

예제 5 근호는 지수로 나타내고, 지수는 근호를 이용하여 나타내시오.

(1) $2^{\frac{-3}{2}}$ (2) $(-3)^{\frac{3}{5}}$ (3) $\frac{1}{\sqrt[3]{a^4}}$ (4) $\sqrt{a^2+b^2}$

풀이 (1) $2^{\frac{-3}{2}} = \frac{1}{2^{\frac{3}{2}}} = \frac{1}{\sqrt{2^3}} = \frac{1}{\sqrt{8}}$ (2) $(-3)^{\frac{3}{5}} = \sqrt[5]{(-3)^3} = \sqrt[5]{-27}$

(3) $\frac{1}{\sqrt[3]{a^4}} = \frac{1}{a^{\frac{4}{3}}} = a^{\frac{-4}{3}}$ (4) $\sqrt{a^2+b^2} = (a^2+b^2)^{\frac{1}{2}}$

근호의 성질

n은 자연수, m은 정수, a와 b를 실수라 하자.

(a) $\sqrt[n]{a^m} = (a^m)^{1/n} = (a^{1/n})^m = (\sqrt[n]{a}\,)^m$

(b) $\sqrt[n]{a}\,\sqrt[n]{b} = \sqrt[n]{ab}$, $\sqrt[n]{\frac{b}{a}} = \frac{\sqrt[n]{b}}{\sqrt[n]{a}}$

(c) $\sqrt[n]{a^n}$ 는 n이 짝수이면 $|a|$, n이 홀수이면 a이다.

※ 주의 : a와 b의 부호는 n이 짝수일 때 양수이어야 한다.

예제 6 다음을 간단히 하시오.

(1) $\sqrt{18}$ (2) $\sqrt[3]{-54}$ (3) $\sqrt{a^4}$ (4) $\sqrt[3]{8a^3b}$

풀이 (1) $\sqrt{18} = \sqrt{3^2\,2} = \sqrt{3^2}\,\sqrt{2} = 3\sqrt{2}$

(2) $\sqrt[3]{-54} = \sqrt[3]{(-27)(2)} = \sqrt[3]{(-3)^3}\,\sqrt[3]{2} = -3\sqrt[3]{2}$

(3) $\sqrt{a^4} = \sqrt{(a^2)^2} = |a|^2 = a^2$

(4) $\sqrt[3]{8a^3b} = \sqrt[3]{2^3}\quad\sqrt[3]{a^3}\quad\sqrt[3]{b} = 2ab^{\frac{1}{3}}$

예제 7 다음 식을 간단히 하시오.

(1) $\sqrt{16} + \sqrt{9} - \sqrt{36}$ (2) $\sqrt{27} - \sqrt{8} + \sqrt{12} + \sqrt{18}$

풀이 (1) $\sqrt{16} + \sqrt{9} - \sqrt{36} = \sqrt{4^2} + \sqrt{3^2} - \sqrt{6^2} = 4+3-6 = 1$

(2) $\sqrt{27} - \sqrt{8} + \sqrt{12} + \sqrt{18} = \sqrt{3\times 3^2} - \sqrt{2\times 2^2} + \sqrt{3\times 2^2} + \sqrt{2\times 3^2}$

$= 3\sqrt{3} - 2\sqrt{2} + 2\sqrt{3} + 3\sqrt{2}$

$= 5\sqrt{3} + \sqrt{2}$

예제 8 다음 두 수의 크기를 비교하시오.

$$\sqrt{2} + 3, \quad 6 - \sqrt{2}$$

풀이 $(\sqrt{2}+3)-(6-\sqrt{2})=2\sqrt{2}-3=\sqrt{8}-\sqrt{9}<0$
이므로 $\sqrt{2}+3<6-\sqrt{2}$ 이다.

분모의 유리화

분모를 유리수로 만드는 과정을 **분모의 유리화**라 한다.
일반적으로 분모의 유리화 과정은 다음과 같다.

(ㄱ) $\dfrac{a}{\sqrt{b}}=\dfrac{a\sqrt{b}}{\sqrt{b}\sqrt{b}}=\dfrac{a\sqrt{b}}{b}$

(ㄴ) $\dfrac{1}{\sqrt{a}+\sqrt{b}}=\dfrac{\sqrt{a}-\sqrt{b}}{(\sqrt{a}+\sqrt{b})(\sqrt{a}-\sqrt{b})}=\dfrac{\sqrt{a}-\sqrt{b}}{a-b}$

예제 9 다음을 유리화하시오.

(1) $\dfrac{\sqrt{6}}{\sqrt{3}+\sqrt{2}}$ (2) $\dfrac{1}{\sqrt{a}+2}$

풀이 (1) $\dfrac{\sqrt{6}}{\sqrt{3}+\sqrt{2}}=\dfrac{\sqrt{6}}{\sqrt{3}+\sqrt{2}}\cdot\dfrac{\sqrt{3}-\sqrt{2}}{\sqrt{3}-\sqrt{2}}=\dfrac{\sqrt{18}-\sqrt{12}}{3-2}=3\sqrt{2}-2\sqrt{3}$

(2) $\dfrac{1}{\sqrt{a}+2}=\dfrac{1}{\sqrt{a}+2}\cdot\dfrac{\sqrt{a}-2}{\sqrt{a}-2}=\dfrac{\sqrt{a}-2}{a-4}$

연습문제 1.2

01. 지수법칙을 사용하여 다음 식을 간단히 하시오. 모든 답은 양의 지수로 표시하시오.

(1) $16^{3/4}$ (2) $(a^2b^4)^{1/2}$ (3) $\dfrac{(a^3)^4}{(a^4)^2}$ (4) $(a^6b^4)^{1/2}$

(5) $(-3)^{-3}$ (6) $(-125)^{-1/3}$ (7) $\dfrac{2a^{-2}b^3}{ab^2}$ (8) $\left(\dfrac{a^{-2}}{a^{-1}}\right)^{-1}$

02. 다음을 근호는 지수로 지수는 근호를 이용하여 나타내시오.

(1) $x^{2/3}$ (2) $\sqrt[4]{8^3}$ (3) $(-8x^2)^{2/5}$ (4) $\dfrac{1}{\sqrt[3]{(-8)^2}}$

03. 다음을 계산하시오.

(1) $\sqrt[4]{81}$ (2) $\sqrt{(-5)^2}$ (3) $\sqrt{\dfrac{9}{25}}$ (4) $\sqrt[3]{-27}$

04. 다음 식을 간단히 하시오.

(1) $\sqrt{100}$ (2) $\sqrt{a^2b^4}$ (3) $\sqrt[4]{81a^8}$ (4) $\dfrac{\sqrt{12}}{\sqrt{3b}}$

05. 분모를 유리화하시오.

(1) $\dfrac{\sqrt{5}-\sqrt{3}}{\sqrt{5}+\sqrt{3}}$ (2) $\dfrac{1}{\sqrt{7}-9}$ (3) $\dfrac{2}{2-\sqrt{2b}}$ (4) $\dfrac{-2}{\sqrt{b}+1}$

06. $-5 < a < 2$일 때 다음 식을 간단히 하시오.

(1) $|a-2|$ (2) $|a+5|$ (3) $|a+5|-|a-2|$

07. $-1 < a < 2$일 때, $\sqrt{(a-2)^2}+\sqrt{(a+1)^2}$을 간단히 하시오.

08. 실수 a, b에 대하여 다음 식을 간단히 하시오.

(1) $\dfrac{|a|}{a}$ (2) $\left|\dfrac{a}{|a|}\right|$ (3) $\left|\dfrac{a-b}{b-a}\right|$ (4) $\left|\dfrac{a+b}{-a-b}\right|$

09. $a=\dfrac{1}{\sqrt{3}+\sqrt{2}}$, $b=\dfrac{1}{\sqrt{3}-\sqrt{2}}$일 때, a^2+b^2의 값을 구하시오.

1.3 다항식

◆ x를 변수라 하고 n을 음이 아닌 정수라 하자. 0이 아닌 실수 a에 대하여 ax^n을 **x에 대한 단항식**이라 한다. 이러한 x에 대한 **단항식들의 합**을 **x에 대한 다항식(polynomial)**이라 한다. 예를 들면, $3x^3+2x^2+x+1$, x^2+2x-1, $\frac{2}{3}x^3$, $\pi x+1$ 등은 x에 대한 다항식이지만 $3x^{1/2}+4$, $1-\frac{2}{x}$, $\frac{1+x}{1-x}$ 등은 x에 대한 다항식이 아닙니다.

다항식의 일반적인 형태는

$$P=a_n x^n+a_{n-1}x^{n-1}+\cdots+a_1x+a_0,\quad a_n\neq 0$$

이다. 여기서 $a_0, a_1, \cdots, a_n$은 실수로 다항식 P의 **계수(coefficients)**라 한다. 이때 n을 다항식 P의 **차수(degree)**라 하고, 차수가 $0(n=0)$인 단항식은 **상수(constant)**이다.

예제 1 다항식 $P=2x^4-3x^2+\frac{3}{4}x-1$은 단항식 $2x^4, -3x^2, \frac{3}{4}x, -1$로 구성되어 있고, 각 항의 계수는 $2, -3, \frac{3}{4}, -1$이다. P의 차수는 4이다.

◆ 다항식에 대한 연산은 실수의 사칙연산과 지수 법칙을 써서 할 수 있다.

예제 2 다항식 $P=2x^3+x^2-3$과 $Q=-x^3-x^2+x+4$에 대하여 $P+Q$와 $P-Q$를 구하여라.

풀이

$$\begin{aligned}P+Q&=(2x^3+x^2-3)+(-x^3-x^2+x+4)\\&=(2-1)x^3+(1-1)x^2+(0+1)x+(-3+4)\\&=x^3+x+1\end{aligned}$$

$$\begin{aligned}P-Q&=(2x^3+x^2-3)-(-x^3-x^2+x+4)\\&=(2+1)x^3+(1+1)x^2+(0-1)x+(-3-4)\\&=3x^3+2x^2-x-7\end{aligned}$$

예제 3 $(x-1)(x-2)$을 단항식의 합의 형태로 나타내시오.

풀이

$$\begin{aligned}(x-1)(x-2)&=x(x-2)+(-1)(x-2)\\&=x^2-2x-x+2=x^2-3x+2\end{aligned}$$

위 예제에서 모든 x 에 대하여 $x^2-3x+2=(x-1)(x-2)$가 성립한다. 이는 x^2-3x+2가 자신보다 낮은 차수의 다항식인 $(x-1)$과 $(x-2)$의 곱으로 표현될 수 있음을 보여주며 다항식 x^2-3x+2의 성질을 $(x-1)$과 $(x-2)$을 통해 알 수 있다.

정의 2 전개와 인수분해

다항식의 곱을 단항식들의 합으로 나타내는 것을 **전개**(expansion)라 하고, 역으로 단항식의 합의 형태의 다항식을 낮은 차수의 다항식의 곱으로 나타내는 것은 **인수분해**(factoring)라 한다. 다항식을 구성하는 단항식에서 공통으로 곱해져 있는 상수 또는 변수를 **공통인수**(factor)라 부른다.

◆ 전개는 실수의 연산법칙을 써서 쉽게 할 수 있지만 주어진 다항식의 인수분해는 결코 쉬운 문제가 아니다. 인수분해에서 가장 간단한 것은 **공통인수**를 묶는 것이다.

예제 4 다음 식을 인수분해 하시오.

(1) x^2+2x (2) x^2-3x+2 (3) x^3+x

풀이 (1) $x^2+2x=x(x+2)$

(2) $x^2-3x+2=(x-1)(x-2)$

(3) $x^3+x=x(x^2+1)$

자주 쓰이는 다항식에 대한 전개 및 인수분해 공식

(a) $a^2-b^2 = (a+b)(a-b)$

(b) $a^2+2ab+b^2= (a+b)^2$

(c) $a^2-2ab+b^2= (a-b)^2$

(d) $a^3+b^3 = (a+b)(a^2-ab+b^2)$

(e) $a^3-b^3 = (a-b)(a^2+ab+b^2)$

(f) $a^3+3a^2b+3ab^2+b^3 = (a+b)^3$

(g) $a^3-3a^2b+3ab^2-b^3 = (a-b)^3$

예제 5 다음 식을 인수분해 하시오.

(1) x^2-3 (2) x^3+27y^3 (3) $x^3+6x^2+12x+8$ (4) x^4-y^4

풀이 (1) $x^2-3=x^2-(\sqrt{3})^2=(x+\sqrt{3})(x-\sqrt{3})$

(2) $x^3+27y^3=x^3+(3y)^3=(x+3y)(x^2-3xy+9y^2)$

(3) $x^3+6x^2+12x+8=x^3+3x^2\cdot 2+3x\cdot 2^2+2^3=(x+2)^3$

(4) $x^4-y^4=(x^2-y^2)(x^2+y^2)=(x-y)(x+y)(x^2+y^2)$

정의 3 항등식과 방정식

등식에 포함된 문자에 어떠한 값을 대입하여도 항상 성립하는 등식을 그 문자에 대한 **항등식**이라 하고, 식 중의 문자에 특정한 값을 대입할 때만 성립하는 등식을 방정식이라 한다.

◆ **항등식의 성질**

(1) x에 관한 n차의 등식

$$a_n x^n + a_{n-1} x^{n-1} + \cdots + a_1 x + a_0 = 0$$

이 항등식일 동치조건은

$$a_n = a_{n-1} = \cdots = a_1 = a_0 = 0$$

(2) x에 관한 두 개의 n차 등식이 항등적으로 같을 필요충분조건은 각 계수가 일치하는 것이다. 즉

$$a_n x^n + a_{n-1} x^{n-1} + \cdots + a_1 x + a_0 = b_n x^n + b_{n-1} x^{n-1} + \cdots + b_1 x + b_0$$

이 항등식일 동치조건은

$$a_n = b_n \ , \ a_{n-1} = b_{n-1} \ , \ \cdots, \ a_1 = b_1 \ , \ a_0 = b_0$$

◆ 주어진 식을 용도에 알맞은 동치인 식으로 전환해야 할 경우가 종종 있다. 이렇게 하려면 동치인 식으로 전환할 때 나타나는 계수의 값을 알아야 한다. 이 계수를 결정하는 방법을 미정계수법이라 하고, 다음 두 가지 방법이 있다.

(1) **계수비교법**: 항등식의 양변에서 같은 차수의 항의 계수는 같다는 성질을 이용한다.

(2) **수치대입법**: 항등식은 문자에 어떤 값을 대입해도 성립한다는 성질을 이용한다.

예제 6 (1) $x^2 + 3x - 2 = x(x+a) + b$가 항등식일 때, 상수 a와 b의 값을 구하여라.

(2) $ax(x-1) + b(x-1)(x+2) + cx(x+2) = x^2 + 2$가 항등식일 때, 상수 a, b, c의 값을 구하여라.

풀이 (1) 계수비교법을 쓰면 $a = 3$, $b = -2$이다.

(2) 수치대입법을 이용하자. 양변에 각각 $0, 1, -2$를 대입하면

$$a = 1 \ , \quad b = -1 \ , \quad c = 1$$

연습문제 1.3

01. 다음 중 다항식을 고루시오.

(1) $2x^2 - \dfrac{1}{2x^2}$ (2) $x^3 - \dfrac{1}{x+1}$ (3) $\dfrac{2}{5}x^{2/5}$ (4) $3x - \pi$

02. 다음 식을 전개하시오.

(1) $(2x-3y)^3$ (2) $(x^2+1)(x^2-x+1)$

(3) $(x-2)(x+2)$ (4) $(x-3)(x^2+3x+9)$

03. $121^2 - (2)(121)(21) + 21^2$을 간단히 하시오.

04. 다음 식을 인수분해 하시오.

(1) $(x+y)^3 - 8$ (2) $1 + 2xy - x^2 - y^2$ (3) $4a^2 - b^2$

(4) $a^4 + 4$ (5) $a^4 - 16$ (6) $4x^3 + 6x^2 + 4x + 1$

(7) $a^4 - 7a^2b^2 + b^4$ (8) $a^6 + 1$ (9) $x^8 - 1$

05. $ax(x-2) + b(x-2)(x+1) + cx(x+1) = x^2 + x - 1$가 항등식일 때, 상수 a, b, c의 값을 구하시오.

06. $x^2 - ax + 4 = b(x+2)(x-1) + cx(x-2)$가 항등식일 때 상수 a,b,c의 값을 구하시오.

1.4 1차 방정식과 부등식

◆ 실수 a, b에 대하여

$$ax + b = 0,\ a \neq 0$$

로 주어진 방정식을 x에 대한 **일차방정식**이라 한다. 이때 x 는 위 방정식을 만족하도록 결정되어야 할 수로써 **미지수**(unknown)라 한다. 방정식을 만족하는 미지수의 값을 방정식의 **근**(root) 또는 **해**(solution)라 하고, 모든 해들로 구성된 집합을 **해집합**이라 한다. 또 해집합을 구하는 것을 **방정식을 푼다**고 한다.

◆ 1차 방정식의 일반적인 풀이법은 다음과 같다:

$ax = b$에서

(a) $a \neq 0$ 이면 $x = \dfrac{b}{a}$이다.

(b) $a = b = 0$ 이면 $0 \cdot x = 0$이므로 모든 x에 대해 성립한다.
즉, 해가 무수히 많다(부정).

(c) $a = 0,\ b \neq 0$ 이면 $0 \cdot x \neq 0$이므로 해는 존재하지 않는다(불능).

예제 1 방정식 $2x + 3 = -1 + 2x$의 해를 구하시오.

풀이 양변에 $-2x$를 더하면 $3 = -1$가 되므로 방정식의 해는 존재하지 않는다.

예제 2 x에 대한 방정식 $(a^2 - 3a + 2)x = a - 2$의 해가 존재하지 않을 때, a의 값을 구하시오.

풀이 x의 계수 $a^2 - 3a + 2$를 인수분해하면 $(a-1)(a-2)$이고 $a = 2$이면 준식은 $0 \cdot x = 0$이 되어 해가 무수히 많게 된다.
$a = 1$이면 좌변은 $0 \cdot x$가 되고 우변은 0이 아니므로 주어진 방정식의 허가 존재하지 않는다.

◆ 절댓값을 포함한 방정식은

$$|x| = \begin{cases} x & (x \geq 0) \\ -x & (x < 0) \end{cases}$$

을 이용하여 절댓값 기호를 없앤 뒤 푼다.

예제 3 방정식 $|2x-5|=3$을 풀어라.

풀이 절댓값의 정의에 따라 다음 두 경우로 나누어 해결한다.
(1) $2x-5 \geq 0$ 인 경우 : $|2x-5|=2x-5=3$ 이므로 $2x=8$, 즉 $x=4$이다.
(2) $2x-5<0$ 인 경우 : $|2x-5|=-(2x-5)=3$ 이므로 $-2x=-2$, 즉 $x=1$이다.
따라서 해는 $x=4$ 또는 $x=1$이다.

◆ 수나 식의 대소 관계를 부등호를 써서 나타낸 식을 **부등식**이라 한다. 부등식을 만족하는 미지수의 값을 그 **부등식의 해**라 하고 모든 해의 집합을 해집합이라 한다. 또한 해집합을 구하는 것을 **부등식을 푼다**고 한다.

부등식 $ax>b$의 해

(a) $a>0$ 이면, $x>\frac{b}{a}$ 이므로 해집합은 $(\frac{b}{a},\infty)$이다.

(b) $a<0$ 이면, $x<\frac{b}{a}$ 이므로 해집합은 $(-\infty,\frac{b}{a})$이다.

(c) $a=0$ 일 때
(i) $b \geq 0$이면 해는 존재하지 않는다.
(ii) $b<0$ 이면 해는 모든 실수가 된다.

예제 4 부등식 $-3(x-2)<2x-(6-x)$를 풀어라.

풀이 괄호를 풀어서 정리하면 $-3x+6<2x-6+x$ 이고 이를 정리하면 $-6x<-12$ 즉, $x>2$이다. 따라서 해의 집합은 $\{x \mid x>2\}$ 또는 $(2,\infty)$이다.

예제 5 부등식 $-3 \leq 1-2x<6$을 풀어라.

풀이 양변에 -1을 더한 뒤 양변을 -2로 나누면 $2 \geq x>-\frac{5}{2}$.

따라서 해집합은 $\left(-\frac{5}{2},2\right]$이다.

예제 6 연립부등식 $x+5>3(1+x)$, $7x-1 \geq 4x-7$을 풀어라.

풀이 우선 $x+5>3(1+x)$을 정리하면 $x-3x>3-5$이다. 따라서 $-2x>-2$, 즉 $x<1$이다. 한편 $7x-1 \geq 4x-7$ 을 정리하면 $7x-4x \geq -7+1$ 이므로 $x \geq -2$이다. 결국 구하는 해집합은 위 두 부등식의 해집합의 교집합이므로 $[-2,1)$이다.

◆ 절댓값을 포함하는 부등식은 방정식에서와 마찬가지로 절댓값 기호를 제거하고 푼다.

예제 7 부등식 $|2x-3| \le 7$을 풀어라.

풀이 절댓값의 정의로부터 $-7 \le 2x-3 \le 7$이므로 양변에 3를 더하면 $-4 \le 2x \le 10$이다. 양변을 2로 나누면 $-2 \le x \le 5$이므로 해집합은 폐구간 $[-2,5]$이다.

예제 8 부등식 $|3x+2| \ge 4$를 풀어라.

풀이 절댓값 기호를 제거하기 위해 두 경우로 나누어 푼다.

(1) $x \ge -\dfrac{2}{3}$인 경우 : $3x+2 \ge 4$이므로 $x \ge \dfrac{2}{3}$이다.

따라서 해집합은 $\left[\dfrac{2}{3}, \infty\right)$이다.

(2) $x < -\dfrac{2}{3}$인 경우 : $3x+2 \le -4$ 이므로 $x \le -2$이다.

따라서 해집합은 $(-\infty, -2]$이다.

결국 위 부등식의 해집합은 $\left[\dfrac{2}{3}, \infty\right) \cup (-\infty, -2]$이다.

연습문제 1.4

01. 다음 1차방정식을 풀어라.

(1) $-3x+6=-5x-4$
(2) $-3(2x+1)=-8x+1$
(3) $2(x-1)=2x+2$
(4) $2(x+5)-4=0$

02. 다음 방정식을 x 에 대하여 풀어라.

(1) $kx+8=2x\ ,\ k\neq 2$
(2) $2-k+5(x+1)=2$
(3) $ax-bx=a^2-b^2$
(4) $(a-4)(a-1)x=a-2(x+1)$

03. 다음 부등식을 풀어라.

(1) $4x+3\leq 11$
(2) $-5x+2>-8$
(3) $3x-1>2(2x-3)$
(4) $2(3x-1)+4\leq 3(x+2)-8$
(5) $3(2-x)\leq -3(x-5)$
(6) $5\leq 3x+2\leq 11$

04. 다음 방정식을 풀어라.

(1) $|x+3|=4$
(2) $|2x+3|=5$
(3) $|-2x+1|=3$
(4) $|-4x-3|=9$
(5) $\dfrac{1}{|x-1|}=\dfrac{1}{3}$
(6) $\dfrac{1}{|x-1|}=\dfrac{1}{|x-3|}$

05. 다음 부등식을 풀어라.

(1) $|x-2|<3$
(2) $|x-1|>3$
(3) $|x-1|<2x-5$
(4) $|2x-3|>4x$

06. $|1-x|+|3-x|=x+3$을 풀어라.

07. 부등식 $|x-1|+|x+2|<5$을 풀어라.

08. $|x-1|+|x-3|+|x-5|$이 가질 수 있는 가장 작은 값은 무엇인가?

1.5 2차 방정식과 부등식

◆ 실수 a, b, c에 대하여

$$ax^2 + bx + c = 0,\ a \neq 0$$

을 **2차방정식**이라 한다. 2차방정식의 해는,

(1) 좌변을 인수분해하여 일차식×일차식$=0$의 꼴로 나타낼 수 있을 경우에는

$$A = 0 \text{ 또는 } B = 0$$

을 이용하여 구하고

(2) 인수분해가 되지 않는 경우에는 근의 공식을 써서 푼다. 즉,

(i) $ax^2 + bx + c = a(x-\alpha)(x-\beta)$로 인수분해 될 때 근은 $x = \alpha, \beta$ 이다.

(ii) **근의 공식** : 이차방정식 $ax^2 + bx + c = 0\ (a \neq 0)$의 해는

$$x = \frac{-b \pm \sqrt{b^2 - 4ac}}{2a}$$

Note. (1) 이차방정식이 $ax^2 + 2b'x + c = 0\ (a \neq 0)$의 형태로 주어질 때의 해는

$$x = \frac{-b' \pm \sqrt{b'^{\,2} - ac}}{a}$$

(2) 인수분해가 되는 경우에도 근의 공식을 써서 구할 수도 있지만 이보다는 인수분해해서 구하는 것이 더 쉽다.

예제 1 방정식 $3x^2 - 5x + 2 = 0$의 근을 구하여라.

풀이 $3x^2 - 5x + 2 = (3x-2)(x-1) = 0$이므로 근은 $x = \frac{2}{3}, 1$이다.

예제 2 $2x^2 + 5x + 1 = 0$의 근을 구하여라.

풀이 근의 공식을 쓰면 $x = \frac{-5 \pm \sqrt{5^2 - 4 \cdot 2 \cdot 1}}{2 \cdot 2} = \frac{-5 \pm \sqrt{17}}{4}$

따라서 근은 $(-5 + \sqrt{17})/4$과 $(-5 - \sqrt{17})/4$이다.

예제 3 $\sqrt{2}x^2+(\sqrt{2}+\sqrt{3})x+\sqrt{3}=0$의 근을 구하여라.

풀이 우선 인수분해하여 풀면

$$\sqrt{2}x^2+(\sqrt{2}+\sqrt{3})x+\sqrt{3}=(\sqrt{2}x+\sqrt{3})(x+1)=0$$

이므로 $x=-1,\ -\dfrac{\sqrt{6}}{2}$이다.

한편, 근의 공식을 쓰면

$$x=\frac{-(\sqrt{2}+\sqrt{3})\pm\sqrt{(\sqrt{2}+\sqrt{3})^2-4\sqrt{2}\sqrt{3}}}{2\sqrt{2}}$$

$$=\frac{-\sqrt{2}-\sqrt{3}\pm\sqrt{5-2\sqrt{6}}}{2\sqrt{2}}=\frac{-\sqrt{2}-\sqrt{3}\pm(\sqrt{3}-\sqrt{2})}{2\sqrt{2}}$$

이므로 두 해

$$x=\frac{-\sqrt{2}-\sqrt{3}+\sqrt{3}-\sqrt{2}}{2\sqrt{2}}=\frac{-2\sqrt{2}}{2\sqrt{2}}=-1\text{과}$$

$$x=\frac{-\sqrt{2}-\sqrt{3}-\sqrt{3}+\sqrt{2}}{2\sqrt{2}}=\frac{-2\sqrt{3}}{2\sqrt{2}}=-\frac{\sqrt{6}}{2}$$

을 구할 수 있지만 인수분해를 하여 구하는 것보다 복잡하다.

예제 4 $x^2+x+1=0$의 근을 구하여라.

풀이 근의 공식을 이용하면 $x=\dfrac{-1\pm\sqrt{1-4}}{2}=\dfrac{-1\pm\sqrt{-3}}{2}=\dfrac{-1\pm\sqrt{3}\,i}{2}$

따라서 근은 $\dfrac{-1\pm\sqrt{3}\,i}{2}$이다.

◆ 2차방정식의 해가 실수가 아닌 복소수가 될 수도 있다. 이것에 대한 판정은 근의 공식에 있는 근호 안의 식의 값에 의존한다. 즉 b^2-4ac가 음수가 아니면 방정식은 실수인 근을 갖고 음수이면 복소수(허근)의 근을 갖는다. 식 b^2-4ac을 **판별식**(discriminant)이라 하고 D로 나타낸다. 이차방정식의 일차항의 계수가 짝수인 경우, 즉 이차방정식 $ax^2+2b'x+c=0$의 경우에는 판별식 D 대신에 $D/4=(b')^2-ac$을 써서 근을 판별할 수 있다.

판별식

(1) $D>0 \Leftrightarrow$ 서로 다른 **두 실근**(two real roots)

(2) $D=0 \Leftrightarrow$ **중근**(double root 또는 repeated root)

(3) $D<0 \Leftrightarrow$ 서로 다른 **두 허근**(two complex roots)

예제 5 판별식을 써서 다음 2차방정식의 근을 판별하시오.

(1) $2x^2-5x+2=0$ (2) $x^2-2x+1=0$ (3) $3x^2-5x+7=0$

풀이 (1) $D=(-5)^2-4\cdot2\cdot2=25-16=9>0$이므로 방정식은 서로 다른 두 실근을 갖는다.

(2) $\frac{D}{4}=(-1)^2-1=0$이므로 방정식은 중근을 갖는다.

(3) $D=(-5)^2-4\cdot3\cdot7=25-84=-59<0$ 이므로 방정식은 서로 다른 두 허근을 갖는다.

예제 6 이차식 $x^2+2kx-1-2k$가 완전제곱이 되기 위한 k의 값을 정하시오.

풀이 D=0일 때 이차방정식은 완전제곱이 되므로 방정식 $x^2+2kx-1-2k=0$의 판별식은 $D/4=k^2-(-1-2k)=k^2+2k+1=0$이고 따라서 $k=-1$이다.

이차방정식의 근과 계수와의 관계

$ax^2+bx+c=0$의 두 근을 α,β라고 하면

$$(x-\alpha)(x-\beta)=x^2-(\alpha+\beta)x+\alpha\beta=ax^2+bx+c$$

이므로 다음의 관계가 성립한다.

$$\alpha+\beta=-\frac{b}{a}\quad,\quad\alpha\beta=\frac{c}{a}$$

예제 7 이차방정식 $3x^2+2x+1=0$의 두 근을 α,β라 할 때 $\alpha^2+\beta^2$과 $(\alpha-\beta)^2$의 값을 구하시오.

풀이 $\alpha^2+\beta^2=(\alpha+\beta)^2-2\alpha\beta=(-\frac{2}{3})^2-\frac{2}{3}=-\frac{2}{9}$

$(\alpha-\beta)^2=\alpha^2+\beta^2-2\alpha\beta=-\frac{2}{9}-\frac{2}{3}=-\frac{8}{9}$

◆ 부등식에서 모든 항을 좌변으로 이항하여 정리했을 때, 좌변이 미지수 x에 관한 이차식 ax^2+bx+c이 되는 부등식을 **2차 부등식**이라 한다.

이차부등식에 대한 일반적인 해법은 2.5절에서 다루도록 하고 여기서는 2차식이 1차식의 곱으로 인수분해 되는 경우에 한하여 알아본다.

예제 8 부등식 $x^2+3x-4 \leq 0$을 풀어라.

풀이 이차식 부분인 x^2+3x-4을 인수분해하면 $(x-1)(x+4) \leq 0$이므로 $(x-1)$과 $(x+4)$가 반대의 부호를 갖는 x를 구하면 된다. 부호의 변화는 1차 방정식의 근에서 발생한다. 즉 $x=1$과 $x=-4$에서 부호가 바뀌게 되므로 위 부등식이 성립하는 구간은 $[-4,1]$이다.

예제 9 부등식 $x^2+2x+1>0$을 풀어라.

풀이 $x^2+2x+1=(x+1)^2$이므로 $x=-1$일 때를 제외하면 위 부등식이 성립한다. 즉 해집합은 -1을 제외한 모든 실수이다.

이차부등식의 해집합

일반적으로 이차부등식의 해집합은 다음 부등식을 써서 구할 수 있다.
$a>0$, $\alpha<\beta$라 가정할 때

$$a(x-\alpha)(x-\beta)<0 \quad \Leftrightarrow \quad \alpha<x<\beta$$
$$a(x-\alpha)(x-\beta)>0 \quad \Leftrightarrow \quad x<\alpha \text{ 또는 } x>\beta$$

부등식에 등호(=)가 포함되어 있는 경우 해집합에 등호를 포함시킨다.
$a<0$일 때는 양변에 (-1)을 곱하여 위의 결과를 적용한다.

예제 10 부등식 $(3x+4)(2x-5) \leq 0$ 을 풀어라.

풀이 $3x+4=3\left(x+\frac{4}{3}\right)$, $2x-5=2\left(x-\frac{5}{2}\right)$이므로

$(3x+4)(2x-5)=6\left(x+\frac{4}{3}\right)\left(x-\frac{5}{2}\right) \leq 0$

따라서 해집합은 $\left\{x \mid -\frac{4}{3} \leq x \leq \frac{5}{2}\right\}$이다.

예제 11 부등식 $-2x^2-3x+5<0$을 풀어라.

풀이 양변에 -1을 곱하여 x^2의 계수를 양수로 만들면 $2x^2+3x-5>0$가 된다.

인수분해하면 $(2x+5)(x-1)>0$ 즉 $2\left(x+\frac{5}{2}\right)(x-1)>0$가 되므로 해집합은 $\left(-\infty, -\frac{5}{2}\right) \cup (1, \infty)$이다.

연습문제 1.5

01. 다음 방정식의 근을 구하여라.

(1) $x^2-2=0$ (2) $x^2+5x+6=0$ (3) $2x^2+x-1=0$

(4) $x^2+2x+1=0$ (5) $2x^2-5x+10=0$ (6) $(x-1)^2=2$

02. 다음 방정식이 완전제곱이 되는 k의 값을 결정하여라.

(1) $kx^2-4x+1=0$ (2) $2x^2+3x+k=0$

(3) $x^2-kx-2k=0$ (4) $kx^2-4x+k=0$

03. 다음 방정식을 풀어라.

(1) $x+\sqrt{x+5}=7$ (2) $x-\sqrt{13-x}=1$

04. 다음 방정식을 풀어라.

(1) $x^2+5|x|-6=0$ (2) $|x^2-1|=x+1$

05. x에 관한 이차방정식 $x^2-2(m-a+1)x+m^2+a^2-2b=0$ 이 m의 값에 관계없이 항상 중근을 갖도록 상수 a, b의 값을 정하여라.

06. $x^2-kx+(k^2+k-2)=0$가 서로 다른 두 실근을 가질 k의 범위를 구하라.

07. 다음 부등식을 풀어라.

(1) $x^2-4x+4\le 0$ (2) $x^2-4x+4\ge 0$

(3) $x^2+x-6>0$ (4) $x^2+4>0$

(5) $(x^2+1)x(x-2)<0$ (6) $x^2-2x+3<0$

08. $\sqrt{x+4}+\sqrt{10-x}=6$일 때 $\sqrt{(x+4)(10-x)}$의 값은 얼마인가?

함수와 그래프

Chapter 02

2.1 함 수

◆ 두 개 이상의 변수들 사이에 어떤 일정한 관계가 성립할 때 그들 서로간의 관계를 함수(또는 사상, 변환)라는 개념을 통해 설명할 수 있다. 예를 들어 두 변수 x, y 에 대해 $x=1$ 일 때 $y=3$, $x=2$ 일 때 $y=4$, $x=3$ 일 때 $y=5$ 와 같은 관계가 성립한다면 집합 $X=$ 1,2,3의 임의의 원소 x와 집합 $Y=3,4,5$의 임의의 원소 y 사이에는 $y=x+2$라는 함수로서 간단히 설명할 수 있다. 이때 x는 독립변수, y는 종속변수이다. 한편, $x=y-2$로도 위의 변수들 사이의 상호관련성을 나타낼 수 있는데 이때는 y가 독립변수, x가 종속변수가 된다.

정의 1 함 수

한 집합 X로부터 다른 집합 Y로의 **함수**(function)란 X의 모든 원소를 Y의 단 하나의 원소로 각각 분명하게 할당하는 **대응**이다. 즉, 임의의 $x \in X$에 대하여 정확하게 하나의 $y \in Y$를 대응시키는 것이다. 이때 집합 X를 **정의역**(domain), 집합 Y를 공역(codomain)이라 한다. x에 대응하는 Y의 모든 값의 모임을 그 함수의 **치역**(range)이라 한다. 원소 x 에 대응하는 y를 **상**(image)이라 한다.

◆ 주어진 어떤 대응이 함수인지 아닌지를 간단히 알 수 있는 기하학적인 방법으로 수직판정법이라는 것이 있다.

수직판정법

y 가 x 의 함수로 결정되는 그래프일 필요충분조건은 x축에 수직인 수직선이 그래프와 단지 한 점에서만 만나는 것이다.

예시 다음 그래프는 y 가 x 의 함수로 결정된다.

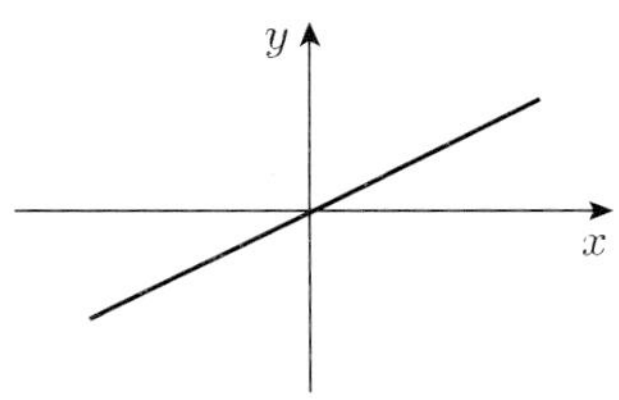

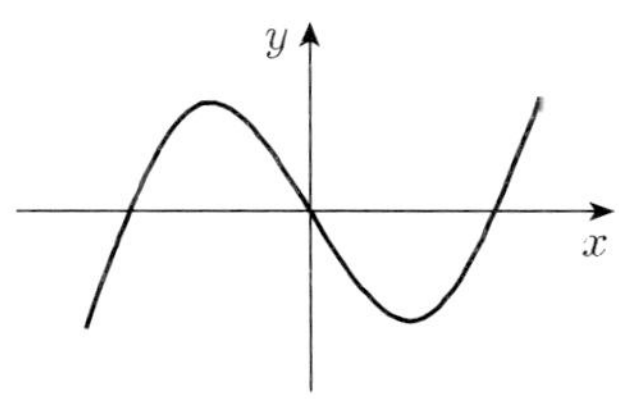

다음 그래프는 y 가 x 의 함수로 결정되지 않는다.

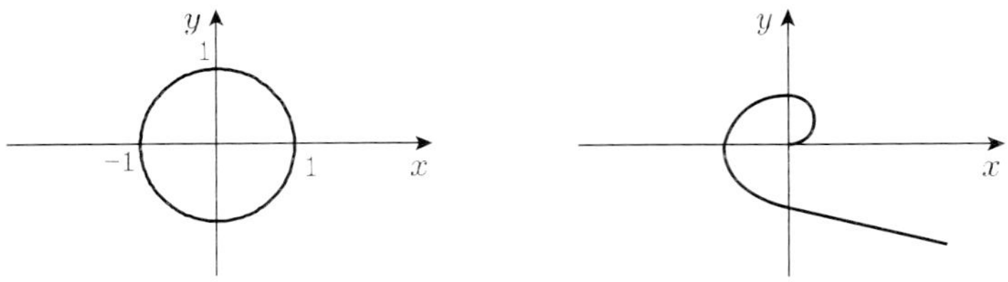

◆ 주어진 함수의 정의역이 구체적으로 주어지지 않은 경우 그 함수가 정의될 수 있는 모든 수들의 집합으로 정의역을 삼는다. 이때 정의역과 관련하여 다음의 두 경우를 특히 주목할 필요가 있다.

(1) 분모가 0이 되는 경우 : 함수 $y = \dfrac{1}{x-1}$ 를 예를 들어 설명한다면, 이 경우 $x = 1$ 일 때 분모가 0이 되고, 0에 의한 나눗셈은 정의되지 않으므로 이 함수는 $x = 1$ 에서 정의되지 않는다. 따라서 정의역은 $x \neq 1$ 인 모든 실수의 집합이다.

(2) n 이 짝수일 때 음수에 대한 n 제곱근 : 예를 들어, 함수 $y = \sqrt{x-2}$ 은 $x \geq 2$ 에서만 정의가 된다. 따라서 위 함수의 정의역은 $[2, \infty)$ 이다.

예제 1 다음 함수들의 정의역과 치역을 구하시오.

(1) $f(x) = x^2 + 1$ (2) $f(x) = \sqrt{7-x}$ (3) $f(x) = \sqrt{x^2 + x - 6}$

풀이 (1) 모든 실수에 대해 제곱이 존재하므로 정의역은 모든 실수의 집합이다. 한편 모든 x에 대하여 $x^2 + 1 \geq 1$이므로 치역은 $[1, +\infty)$이다.

(2) 제곱근의 값이 존재하기 위해서는 $7 - x \geq 0$이어야 하므로 정의역은 $(-\infty, 7]$ 이다. 한편 제곱근은 항상 0 이상 이므로 치역은 $[0, +\infty)$이다.

(3) 정의역은 $x^2 + x - 6 \geq 0$을 만족하는 x 이고

$(x+3)(x-2) \geq 0 \Leftrightarrow x \geq 2$ 또는 $x \leq -3$

이므로 정의역은 $(-\infty, -3] \cup [2, +\infty)$이고 치역은 $[0, +\infty)$이다.

◆ **함수의 상등** : 함수의 정의에 의해 두 함수 f 와 g 가 같을 필요충분조건은 f 와 g 가 같은 정의역을 갖고, 정의역의 모든 x 에 대하여 $f(x) = g(x)$인 것이다.

사칙연산

두 함수 f와 g가 주어졌다면, $f(x)$와 $g(x)$가 동시에 정의되는 x 의 모든 값에 대하여, 함수 $f+g$, $f-g$, $f\cdot g$와 $\dfrac{f}{g}$는 다음과 같이 정의한다.

(1) 더하기 : $(f+g)(x)=f(x)+g(x)$

(2) 빼기 : $(f-g)(x)=f(x)-g(x)$

(3) 곱하기 : $(f\cdot g)(x)=f(x)\cdot g(x)$

(4) 나누기 : $\left(\dfrac{f}{g}\right)(x)=\dfrac{f(x)}{g(x)}, g(x)\neq 0$

예제 2 $f(x)=x^2+1$ 이고 $g(x)=3x+5$일 때, 다음을 계산하여라.

(1) $(f+g)(1)$ (2) $(f-g)(-3)$ (3) $(f\cdot g)(5)$ (4) $\left(\dfrac{f}{g}\right)(0)$

풀이 (1) $f(1)=2$ 이고 $g(1)=8$ 이므로 덧셈의 정의에

$(f+g)(1)=f(1)+g(1)=2+8=10$

(2) $(f-g)(-3)=f(-3)-g(-3)=10-(-4)=1$

(3) $(f\cdot g)(5)=f(5)\cdot g(5)=26\cdot 20=520$

(4) $\left(\dfrac{f}{g}\right)(0)=\dfrac{f(0)}{g(0)}=\dfrac{1}{5}$

◆ 합성함수

함수 f 가 집합 X 의 각 원소 x를 집합 Y의 어떤 원소 y에 할당하고 또한 g는 Y의 각 원소 y를 Z의 어떤 원소 z에 할당한다고 할 때 f 와 g 를 둘 다 차례대로 거처가면 X의 각 원소 x 는 Z의 한 원소 z 에 할당된다. 이 새로운 함수 h를 함수 f 와 g 의 **합성함수**(composite function)라 하고, $h=g\circ f$ 라 쓰며 다음과 같이 정의한다.

정의 2 합성함수

두 함수 f 와 g가 주어졌다면, f 와 g의 합성함수 $g\circ f$는, $f(x)$가 g의 정의역이 되는 f 의 정의역의 모든 x 에 대하여

$$h(x)=(g\circ f)(x)=g[f(x)]$$

예제 3 $f(x)=4x+1$ 이고 $g(x)=2x^2+5x$ 일 때, 다음을 구하여라.

(1) $g[f(1)]$ (2) $f[g(1)]$ (3) $g[f(x)]$ (4) $f[g(x)]$

풀이 (1) $f(1)=4\cdot1+1=5$이므로 $g[f(1)]=g(5)$이다. 또한 $g(5)=2\cdot5^2+5\cdot5=75$ 따라서 $g[f(1)]=75$이다.

(2) $g(1)=2(1^2)+5(1)=7$이므로 $f[g(1)]=f(7)$이다. 또한 $f(7)=4(7)+1=29$ 따라서 $f[g(1)]=29$이다.

(3) $g[f(x)]=g(4x+1)=2(4x+1)^2+5(4x+1)$
$=2(16x^2+8x+1)+20x+5$
$=32x^2+16x+2+20x+5 = 32x^2+36x+7$

(4) $f[g(x)]=f(2x^2+5x) =4(2x^2+5x)+1 =8x^2+20x+1$

※ 주의 : 일반적으로 함수 $f\circ g$와 $g\circ f$는 같지 않다.

일대일 함수

치역의 각 원소가 정의역의 오직 하나의 원소로부터 얻어지는 함수를 **일대일**(one-to-one)함수라 한다. 이를 기호로 표현하면 함수 f가 일대일 함수일 필요충분조건은 다음과 같다.

(1) $x_1\neq x_2$ 이면 $f(x_1)\neq f(x_2)$ 이다.

또는 대우관계로 다음과 동치이다.

(2) $f(x_1)=f(x_2)$ 이면 $x_1=x_2$ 이다.

예제 4 다음 함수가 일대일 함수인지를 결정하시오.

(1) $f(x)=-4x+12$ (2) $g(x)=\sqrt{25-x^2}$

풀이 (a) $f(a)=f(b)$ 라고 가정하면 $-4a+12=-4b+12$로부터 $-4a=-4b$, 즉 $a=b$이므로 일대일함수이다.

(b) $g(a)=g(b)$, 즉 $\sqrt{25-a^2}=\sqrt{25-b^2}$ 라고 가정하면

$25-a^2=25-b^2$
$a^2=b^2$

가 되어 $a=\pm b$이므로 g는 일대일 함수가 아니다.

◆ 함수가 일대일인지 아닌지를 판단하는 방법으로 함수의 그래프를 보고 판정하는 방법이 있다.

수평선 판정법

함수의 그래프와 두 점 이상에서 만나는 수평선이 존재하지 않으면 함수는 일대일이다.

정의 3 기함수 · 우함수

x 와 $-x$ 가 함수 f 의 정의역에 있다고 가정하자. f 의 정의역의 모든 원소 x 에 대하여

$f(-x)=-f(x)$ 일 때 f 를 기함수(odd function)이고,

$f(-x)=f(x)$ 일 때 f 를 우함수(even function)라 한다.

※ 특징 : 기함수는 원점에 대칭이고, 우함수는 y-축에 대칭이다.

예제 5 다음과 같이 정의된 함수가 우함수 또는 기함수인지를 판정하여라.

(1) $f(x)=x^2$ (2) $f(x)=x^3-x$ (3) $f(x)=\dfrac{1}{x-3}$

풀이 (1) x 를 $-x$ 로 치환하면

$f(-x)=(-x)^2=x^2=f(x)$

f 의 정의역의 모든 x 에 대하여 $f(x)=f(-x)$ 이므로 f 는 우함수이다.

(2) $f(-x)=(-x)^3-(-x)=-x^3+x=-(x^3-x)=-f(x)$

이므로 기함수이다.

(3) x 를 $-x$ 로 치환하면 $f(-x)=\dfrac{1}{-x-3}$ 은 $f(x)$ 와 같지 않으므로 우함수가 아니고, $-f(x)$ 와도 같지 않으므로 기함수도 아니다.

연습문제 2.1

01. 다음 함수들의 정의역을 구하여라.

(1) $f(x) = \sqrt{x^2 + 5}$ (2) $f(x) = \sqrt{3 - x}$

(3) $f(x) = \dfrac{1}{\sqrt{3 - x}}$ (4) $f(x) = \dfrac{1}{x - 2}$

02. 함수 $f(x) = x^2 + 1$, $g(x) = -2x$ 에 대하여 다음 값을 구하여라.

(1) $(f+g)(x)$ (2) $(f+g)(1)$

(3) $(f-g)(x)$ (4) $(f-g)(0)$

(5) $(f \cdot g)(x)$ (6) $(f \cdot g)(-1)$

(7) $\left(\dfrac{f}{g}\right)(x)$ (8) $\left(\dfrac{f}{g}\right)(1)$

03. 주어진 함수 $h(x)$를 $h(x) = (f \circ g)(x)$을 만족하는 두 함수 $f(x)$와 $g(x)$의 합성으로 나타내어라.

(1) $h(x) = x^2 + 2$ (2) $h(x) = (2x + 3)^4$

(3) $h(x) = |x^2 - 4|$ (4) $h(x) = \sqrt{5 - 2x}$

04. 다음 중 일대일 함수를 모두 찾으시오.

(1) $f(x) = 2x - 3$ (2) $f(x) = -(x+1)^2 - 4$ (3) $f(x) = \sqrt{4 - x}$

(4) $f(x) = |x|$ (5) $f(x) = x^3 - 3$ (6) $f(x) = 5$

05. 다음에 주어진 함수가 우함수인지 기함수인지를 판정하시오.

(1) $f(x) = x^4 + x^2 + 1$ (2) $f(x) = x^3$

(3) $f(x) = |x|$ (4) $f(x) = \dfrac{-1}{x}$

(5) $f(x) = \dfrac{x^4 + x^2 + 1}{x^3}$ (6) $f(x) = -\sqrt{x^2}$

2.2 직교좌표계

◆ 직선 위의 한 점에 하나의 실수를 정확히 대응시키는 것이 가능하듯이 평면 위의 한 점에 두 실수로 구성된 순서쌍을 정확히 하나 대응시키는 것이 가능하다. 이를 위해서 평면에 하나의 직선을 그리고 이 직선에 수직인 수직선을 그린 뒤 두 직선이 만나는 유일 한 점을 원점이라 부르고 O로 기록하자. 편의상 처음 그은 직선을 $x-$**축**(x-axis)이라 하고, 이와 수직인 직선을 $y-$**축**($y-$axis)이라 부르자. $x-$**축과** $y-$축에 각각 방향성을 도입하는데, 일반적으로 $x-$축의 경우에는 원점 O의 오른쪽은 양수 왼쪽은 음수로, $y-$축의 경우에는 원점 O의 위쪽은 양수 아래쪽은 음수로 정하고 있다. 그리고 $x-$축과 $y-$축 위에 일정한 길이를 기준 단위 1로 하는 길이를 작도할 수 있다. 유클리드 기하의 공리를 써서 위의 일련의 과정을 작도하고 증명할 수 있다. $x-$축과 $y-$축을 **좌표축**(coordinate axes)이라 하고, 이러한 좌표축은 직교 또는 Cartesian **좌표계**를 구성한다. 이 좌표축은 평면을 4개의 **사분면**(quadrant)으로 나누는데 이를 **1, 2, 3 및 4 사분면**이라 한다.

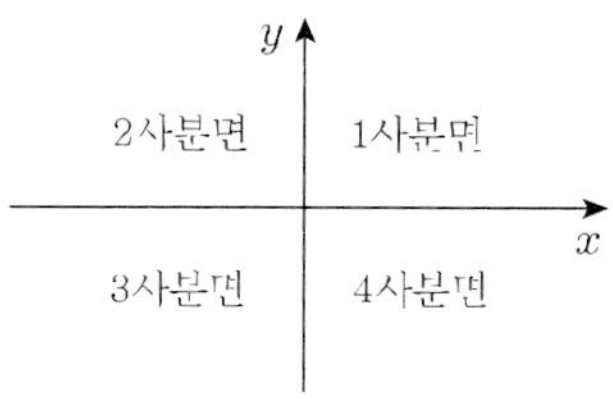

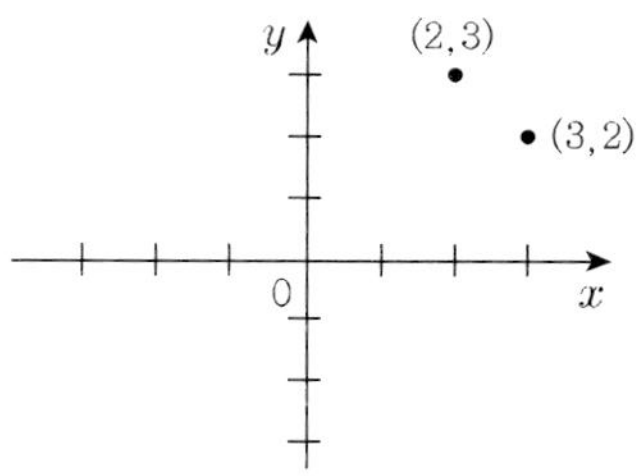

좌표축을 써서 평면 위의 점 P에 두 실수로 구성된 순서쌍을 정확히 하나 대응시킬 수 있다. P에서 $x-$축에 수직인 직선을 그어 $x-$축과 만나는 점을 $x=a$, 또 P에서 $y-$축에 수직이 되는 선을 그어 $y-$축과 만나는 점을 $y=b$라 할 때 **순서쌍**(ordered pair) (a,b)를 P의 좌표라 한다. 순서쌍의 두 실수의 순서는 매우 중요하다. 즉 (a,b)는 (b,a)와 전혀 다르다. 순서쌍의 첫 번째 수를 P의 $x-$좌표, 두 번째 수를 P의 $y-$좌표라 한다. 실수의 순서쌍과 평면 위의 점 사이에는 일대일대응관계가 존재한다.

◆ 평면 위의 두 점 $P(x_1,y_1)$과 $Q(x_2,y_2)$ 사이의 거리 $\overline{PQ}$는 피타고라스 정리에 의해 쉽게 구할 수 있다. 즉, 평면 위의 두 점 $P(x_1,y_1)$과 $Q(x_2,y_2)$ 사이의 **거리**(distance) $\overline{PQ}$는

$$\overline{PQ} = \sqrt{(x_2 - x_1)^2 + (y_2 - y_1)^2}$$

이고, 거리의 공식으로부터 $\overline{PQ} = \overline{QP}$는 명백하다.

예제 1 두 점 $P(-2,-3)$과 $Q(1,2)$ 사이의 거리를 구하여라.

풀이 두 점을 거리 구하는 공식에 대입하면
$\overline{PQ} = \sqrt{[1-(-2)]^2 + [2-(-3)]^2} = \sqrt{3^2+5^2} = \sqrt{34}$

방정식의 그래프

두 개의 변수 x와 y를 갖는 방정식의 그래프는 방정식을 만족하는 점 $P(x,y)$의 집합이다. x 대신 a, y 대신 b를 방정식에 대입하여 그 방정식이 성립하면 순서쌍 (a,b)를 방정식의 **해**(solution)라고 한다.

예시 (1) 방정식 $y = x+1$의 해집합은 두 점 $(-1,0)$, $(0,1)$을 지나는 직선이다.

(2) 방정식 $x^2 + y^2 = 4$의 해집합은 원점이 중심이고 반지름이 2인 원이다.

정의 3 절 편

그래프가 x−축과 만나는 점의 x−좌표를 **x−절편**(x-intercept)이라 하고 y−축과 만나는 점의 y−좌표를 **y−절편**(y-intercept)이라 한다.

예시 (1) $y = 2x-3$의 x−절편은 $x = \dfrac{3}{2}$ 이고 y−절편은 $y = -3$이다.

(2) $y = x^4 - 4x^3$의 x−절편은 $x = 0$, 4 이고 y−절편은 $y = 0$이다.

(3) $y = \dfrac{1}{x^2+1}$의 x−절편은 없고 y−절편은 $y = 1$이다.

(4) $y = \dfrac{1}{x^2}$의 x−절편과 y−절편은 모두 없다.

도형의 평행이동

방정식 $f(x,y) = 0$이 나타내는 도형을 x축 방향으로 a만큼 수평 이동하고 y축 방향으로 b만큼 수직 이동시킨 도형의 방정식은 다음과 같다.

$$f(x-a, y-b) = 0.$$

Note. $y=f(x)$를 x축 방향으로 a만큼 수평 이동하고 y축 방향으로 b만큼 수직 이동시킨 도형의 방정식은 $y-b=f(x-a)$이다.

예시 (1) 직선 $2x+3y-5=0$을 x축 방향으로 1만큼 y축 방향으로 -2만큼 평행이동시킨 도형의 방정식은 $2(x-1)+3(y+2)-5=0$ 즉, $2x+3y-1=0$이다.

(2) 원 $x^2+y^2=4$을 x축 방향으로 -1만큼 y축 방향으로 3만큼 평행이동시킨 도형의 방정식은 $(x+1)^2+(y-3)^2=4$이다.

좌표축의 평행이동

기존의 좌표축을 x축 방향으로 m만큼 수평이동하고 y축 방향으로 n만큼 수직이동시킨 새로운 좌표계를 생각하자. 평면위의 임의의 점 P의 구좌표계에서의 좌표를 (x,y)라 하고 새로운 좌표계에서의 좌표를 (X, Y)라 하면 두 좌표 사이에는 다음의 관계가 성립한다

$$x=X+m \quad , \quad y=Y+n$$

따라서 위와 같은 좌표변환에 의해

(i) 점 (x,y)는 점 $(x-m, y-n)$으로 바뀌고,

(ii) 도형 $f(x,y)=0$은 도형 $f(X+m, Y+n)=0$으로 바뀐다.

예제 2 기존 좌표축을 평행이동하여 구좌표계에서의 점 $(3,2)$가 원점이 되는 새로운 좌표계를 만들었다.

(1) 구좌표계에서의 점 $(1,4)$의 새로운 좌표계에서의 좌표를 구하여라.

(2) 구좌표계에서의 방정식 $2x+3y-1=0$의 새로운 좌표계데서의 방정식을 구하여라.

풀이 (1) $X=x-m \quad , \quad Y=y-n$이므로 새좌표는 $(X, Y)=(-2,2)$이다.

(2) $f(X+3, Y+2)=2(X+3)+3(Y+2)-1=0$ 이므로 정리하면 $2X+3Y+11=0$.

연습문제 2.2

01. 주어진 두 점 사이의 거리를 구하여라.

(1) $(0,3),(3,0)$ (2) $(-1,2),(1,-2)$ (3) $(1,2),(2,1)$

02. 다음 방정식의 각 절편을 구하여라.

(1) $y=2x+3$ (2) $y=3-|x|$ (3) $y=\sqrt{x}$

(4) $y=\sqrt{x-1}$ (5) $y=|x+5|$ (6) $y=3$

03. 주어진 방정식의 각 절편을 구하여라.

(1) $y=1-x^2$ (2) $y=x^3+1$ (3) $x=y^2-1$

(4) $y=2x+x^2$ (5) $y=x^2+2$ (6) $y=x^3+3x^2+3x+1$

04. 다음 방정식의 그래프를 그려라.

(1) $x+y+1=0$ (2) $y=x^2+2x+1$

(3) $x=y^2-1$ (4) $y=x^3-1$

(5) $\dfrac{x^2}{4}+\dfrac{y^2}{9}=1$ (6) $x^2-y^2=1$

05. $x-2y=1$을 x축 방향으로 -1만큼 y축 방향으로 2만큼 평행이동한 도형의 방정식을 구하시오.

06. 원 $x^2+y^2-2x=0$을 x축 방향으로 -2만큼 y축 방향으로 -3만큼 평행이동한 도형의 방정식을 구하시오.

07. 좌표축의 평행이동에 의해 원점이 $(-1,2)$로 옮겨졌다고 하자. 구좌표계에서의 원 $(x+1)^2+(y-2)^2=1$에 대한 새 좌표계에서의 방정식을 구하시오.

2.3 함수의 그래프

◆ 정의역이 X인 함수 $y=f(x)$의 그래프는 방정식 $y=f(x)$을 만족하는 (x,y)들로 이루어진 평면위의 점들의 집합이다. 즉, f의 그래프 $\Gamma(f)$는 집합

$$\Gamma(f)=\{(x,y)\ :\ y=f(x),\quad x\in X\}$$

로 정의한다. $x=g(y)$로 주어지거나 또는 $h(x,y)=0$와 같이 음함수로 주어진 경우에도 마찬가지로 정의한다.

◆ **대칭성**

방정식이 가지고 있는 특성을 조사하면 함수의 그래프를 좀 더 쉽게 그릴 수 있는데 대표적인 특징으로 x-축, y-축, 원점에 대한 대칭성 등이 있다. (a,b)와 $(-a,b)$가 동시에 방정식의 해이면 함수의 그래프는 y-축에 대칭이고 (a,b)와 $(a,-b)$가 동시에 방정식의 해이면 그래프는 x-축에 대칭이다. (a,b)와$(-a,-b)$가 동시에 방정식을 만족하면 그래프는 원점에 대칭이다.

예제 1 다음 방정식에서 그래프가 축과 만나는 점을 구하고 또 그래프의 대칭성을 조사하여라.

(1) $y=1-x^2$　　(2) $x=y^2+1$　　(3) $x^2+y^2=5$

풀이 (1) x-절편 : $y=0$이라 두면 $1-x^2=0$ 또는 $x^2=1$. 따라서 $x=\pm 1$.

y-절편 : $x=0$이라 두면 $y=1-0^2=1$ 이므로 $y=1$이 y-절편이다.

y-축에 대칭성 : x 대신 $-x$를 방정식에 대입하면 $y=1-(-x)^2=1-x^2$ 이므로 방정식은 불변이다. 따라서 그래프는 y-축에 대칭이다.

x-축에 대칭성 : y 대신 $-y$를 방정식에 대입하면 $-y=1-x^2$이므로 주어진 방정식과 같지 않다. 따라서 그래프는 x-축에 대칭이 아니다.

원점에 대칭성 : x 대신 $-x$, y 대신 $-y$를 방정식에 대입하면 $-y=1-(-x)^2=1-x^2$ 이는 주어진 방정식과 동치가 아니다. 따라서 그래프는 원점에 대칭이 아니다.

y-축에 대한 대칭성을 이용하여 $x\geq 0$에 대한 그래프를 그린 뒤 y-축에 대칭시키면 실수 전체에 대한 그래프를 그릴 수 있다.

(2) x-절편 : $y=0$이라 두면 $x=0^2+1=1$이므로 $x=1$ 이 x-절편이다.

y-절편 : $x=0$이라 두면 $0=y^2+1$을 만족하는 해를 갖지 않는다. 따라서 y-절편은 없다.

y-축에 대칭 : x 대신 $-x$를 방정식에 대입하면 $-x=y^2+1$이므로 주어진 방정식과 같지 않다. 따라서 그래프는 y-축에 대칭이 아니다.

x-축에 대칭 : y 대신 $-y$를 방정식에 대입하면 $x=(-y)^2+1=y^2+1$이므로 주어진 방정식과 같다. 따라서 그래프는 x-축에 대칭이다.

원점에 대칭 : x 대신 $-x$, y 대신 $-y$를 방정식에 대입하면 $-x=(-y)^2+1$은 주어진 방정식과 동치가 아니다. 따라서 그래프는 원점에 대칭이 아니다.

결국 $y \geq 0$에 대한 그래프를 그린 뒤 x-축에 대한 대칭성을 이용하여 전체 그래프를 그리면 된다.

Note. 주어진 방정식을 y에 대하여 풀면 $y=\pm\sqrt{x-1}$이다. 부호 $\pm$의 존재는 그래프가 x-축에 대하여 대칭임을 확인시켜 준다.

(3) x-절편 : $y=0$이라 두면 $x^2=5$, 즉 $x=\pm\sqrt{5}$이므로 x-절편은 $\pm\sqrt{5}$이다.
y-절편 : $x=0$이라 두면 $y^2=5$, 즉 $y=\pm\sqrt{5}$이므로 y-절편은 $\pm\sqrt{5}$이다.
대칭성 : 모든 변수에 짝수의 멱이 있으므로 세 가지 대칭성을 모두 적용해보면 방정식은 변하지 않는다. 따라서 방정식은 두 축과 원점에 대칭이고 1사분면에서 그래프를 그린 후 대칭성을 이용한다.

◆ 그래프는 함수의 특징을 보기 쉽게 알려주므로 함수를 이해하는데 그래프는 매우 중요한 역할을 한다. 다음에 주어지는 함수와 그 그래프는 우리에게 친숙하며 자주 응용된다. 함수를 다룰 때 처음에 짚고 넘어가야 하는 게 정의역이고, 앞서 강조하였듯이 주어진 함수의 정의역이 별도로 주어지지 않은 경우 그 함수의 정의역은 함수가 정의되는 모든 점(수)들의 집합으로 정하고 있다.

예시 (1) x는 모든 실수에 대하여 정의되므로 항등함수 $f(x)=x$의 정의역은 모든 실수의 집합이다. 절편을 고려하여 표를 만들면 다음과 같다.

x	-2	-1	0	1	2
y	-2	-1	0	1	2

항등함수는 1차 함수이므로 다음과 같이 그래프는 직선이다.

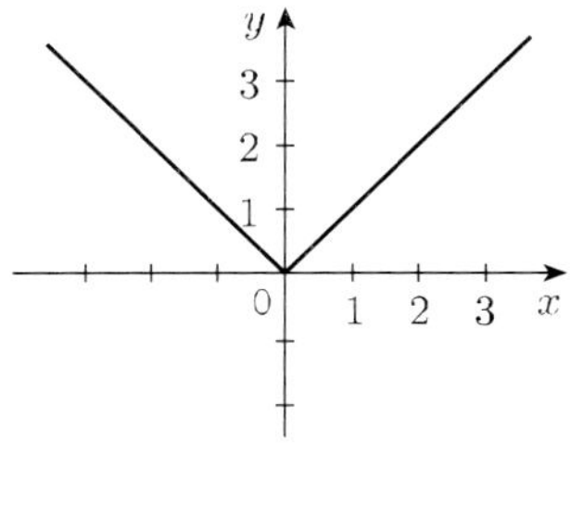

대칭성을 조사해보면 원점에 대칭임을 알 수 있다. 또한 함수가 위쪽과 아래쪽으로 무한히 뻗어 가므로 치역은 모든 실수의 집합이 된다.

(2) 절댓값 함수 $f(x)=|x|$는 모든 실수에 대하여 정의되므로 정의역은 모든 실수의 집합이다. 절편을 고려하여 표를 만들면 다음과 같고

x	-2	-1	0	1	2
y	2	1	0	1	2

그래프는 다음과 같다.

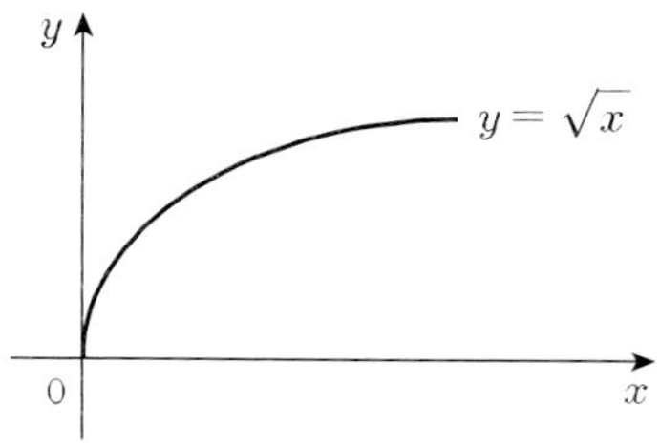

$y=|-x|$는 $y=|x|$와 동치이므로 y-축에 대칭이다. 그래프가 항상 x-축 위에 놓여 있으므로 치역은 음이 아닌 실수의 집합이다.

(3) 제곱함수 $f(x)=x^2$은 모든 실수에 대하여 정의되므로 정의역은 모든 실수의 집합이다. $y=x^2$는 x가 $-x$로 바뀌어도 방정식이 변하지 않으므로 y-축에 대칭이다. 실수 x에 대해 항상 $x^2 \geq 0$ 이므로 치역은 음이 아닌 모든 실수이다.

$f(x)=x^2$의 그래프는 아래와 같다.

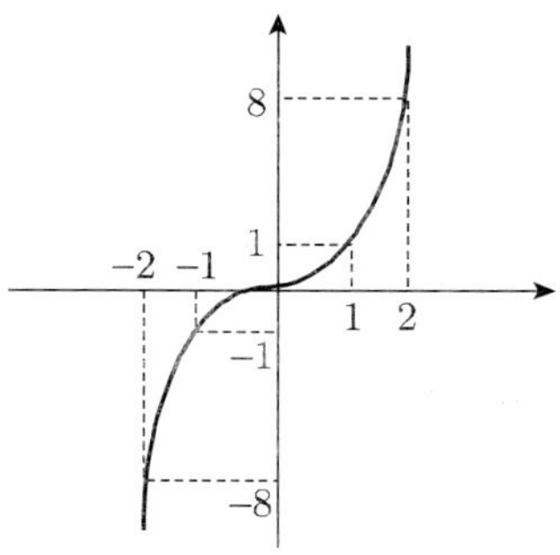

(4) $x<0$일 때 $\sqrt{x}$가 정의되지 않으므로 제곱근함수 $f(x)=\sqrt{x}$ 는 정의역은 음이 아닌 모든 실수의 집합이고 치역은 음이 아닌 모든 실수의 집합이다.

대칭성은 없다. 표를 만들면

x	0	1	4	9	16
y	0	1	2	3	4

이고 그래프는 다음과 같다.

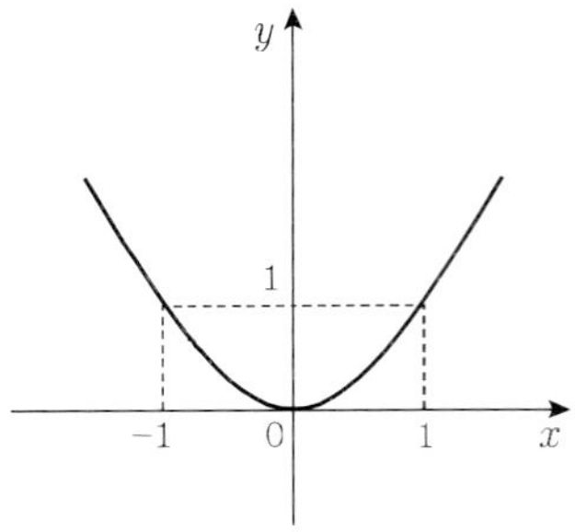

(5) 세제곱 함수 $f(x)=x^3$ 의 정의역은 모든 실수의 집합이고 기함수이므로 원점에 대칭이다. x가 커질수록 x^3도 한없이 커지므로 치역은 모든 실수의 집합이다.

◆ 직관적으로 함수의 그래프가 오른쪽으로 갈수록 위로 움직이면 그 함수는 증가하고 아래로 움직이면 감소한다.

함수의 증가와 감소

I는 함수 f 의 정의역의 부분집합인 구간이라 하고 a과 b는 구간 I에 있다고 하자. 그러면 $a<b$일 때

(ㄱ) $f(a)<f(b)$이면, f 는 I 에서 증가(increasing)한다고 하고

(ㄴ) $f(a)>f(b)$이면, f 는 I 에서 감소(decreasing)한다고 한다.

예제 2 세제곱 함수 $f(x)=x^3$ 의 그래프가 증가하는 구간과 감소하는 구간을 구하여라.

풀이 $a<b$라고 가정할 때 $f(a)=a^3$ 와 $f(b)=b^3$ 사이의 크기 관계를 알아보자.

$a^3-b^3=(a-b)(a^2+ab+b^2)$인데

$a^2+ab+b^2=a^2+ab+\frac{b^2}{4}+\frac{3b^2}{4}=(a+\frac{b}{2})^2+\frac{3}{4}b^2$ 이므로

$a^2+ab+b^2 \geqq 0$ 이다.

특히 $a^2+ab+b^2=0$일 때는 $a+\frac{b}{2}=0$ 이며

또한 $b=0$이어야 하므로 결국 $a=b=0$이 되어 $a<b$라는 가정에 모순된다. 따라서 항상 $a^2+ab+b^2>0$이 성립하고 $a<b$이라는 가정으로부터

$a^3-b^3=(a-b)(a^2+ab+b^2)<0$ 이 되어

결국 $f(a)=a^3 < f(b)=b^3$ 이 된다.

즉 $f(x)=x^3$는 실수 전체에서 증가함수이다.

◆ 함수의 x-축에 대한 반사와 수직, 수평이동 그리고 수축과 확대 등에 대해 살펴보면 그래프를 그리는데 도움을 준다.

반 사

임의의 $x=x_0$에 대하여 $(x_0, f(x_0))$가 $f(x)$의 그래프 위에 있으면 $(x_0, -f(x_0))$는 $-f(x)$의 그래프 위에 있다. 즉 $-f(x)$의 그래프의 y-좌표는 $f(x)$의 그래프의 y-좌표의 음의 값이다. 따라서 $-f(x)$의 그래프는 $f(x)$의 그래프의 x-축에 대해 대칭이 되는데 이를 x-축에 대한 **반사**라고 한다.

예제 3 다음 함수의 그래프를 그려라.

(1) $f(x)=-|x|$ (2) $f(x)=-x^2$ (3) $f(x)=-\sqrt{x}$ (4) $f(x)=-x^3$

풀이 반사성질을 이용하면 다음의 그래프를 쉽게 그릴 수 있다.

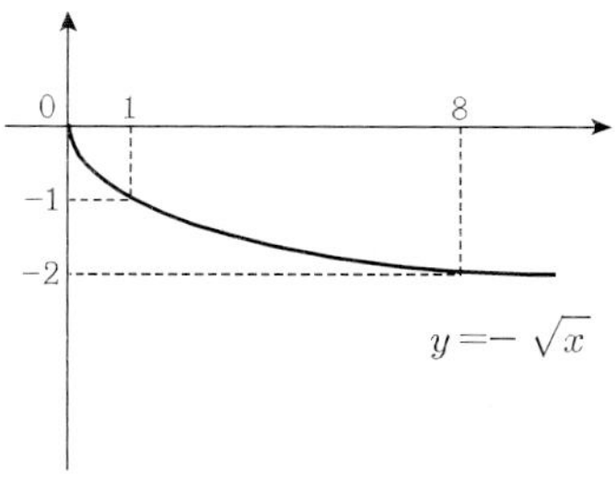

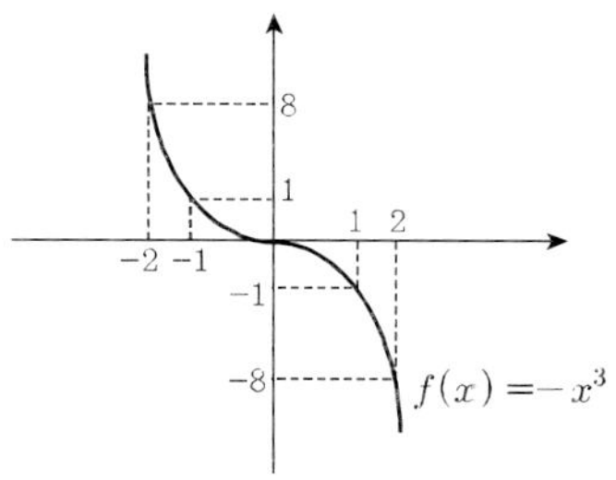

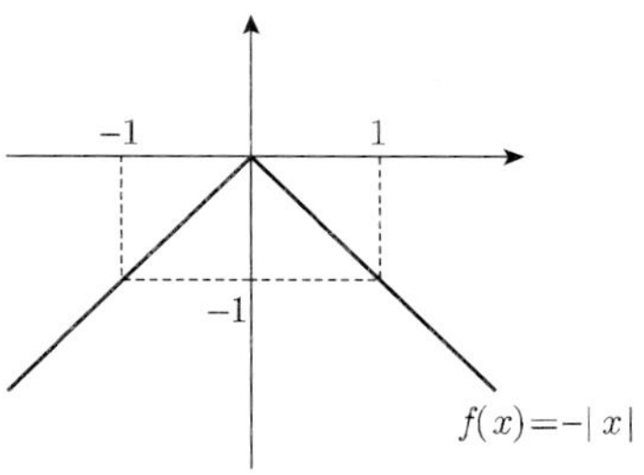

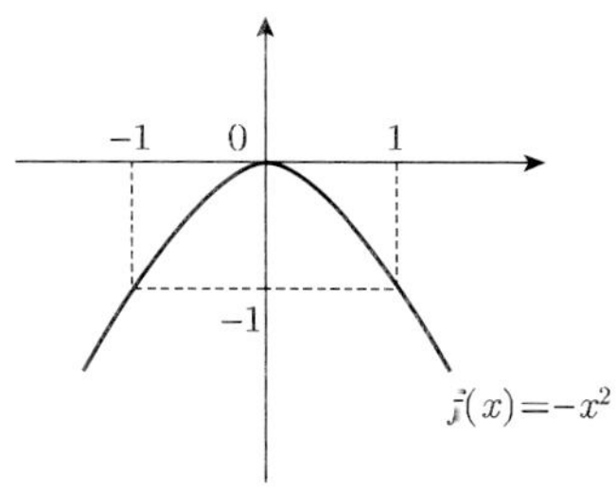

수평이동(x축으로의 평행이동)

상수 c에 대해 $f(x-c)$의 그래프는 $f(x)$의 그래프를 수평으로 c 만큼 이동한 것이다. $c>0$이면 오른쪽으로, $c<0$이면 왼쪽으로 이동한다.

수직이동(y축으로의 평행이동)

상수 c에 대해 $f(x)+c$의 그래프는 $f(x)$의 그래프를 수직으로 c 만큼 이동한 것이다. $c>0$이면 위쪽으로, $c<0$이면 아래쪽으로 이동한다.

종합하여 정리하면, $y=f(x-a)+b$의 그래프는 함수 $y=f(x)$의 그래프를 x축 방향으로 a만큼 그리고 y축 방향으로 b만큼 평행이동하여 그리면 된다.

예제 4 $f(x)=(x-1)^2$의 그래프를 그려라.

풀이 $f(x)=x^2$의 그래프를 오른쪽으로 1만큼 이동한 그래프이다.

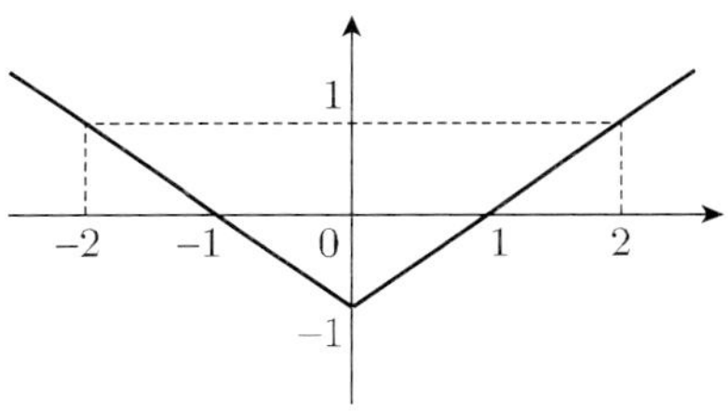

예제 5 $f(x)=|x|-1$의 그래프를 그려라.

풀이 $f(x)=|x|$의 그래프를 아래쪽으로 1만큼 이동한 그래프이다.

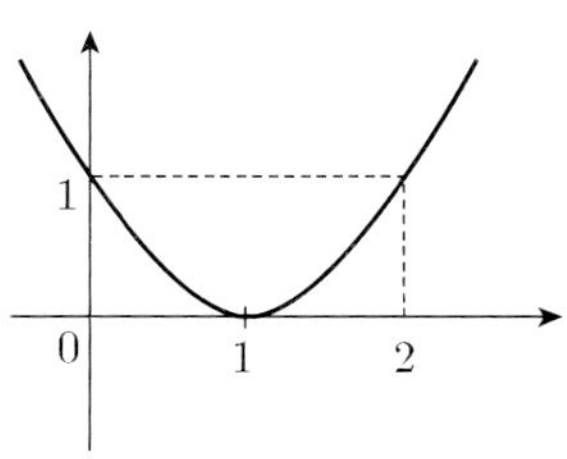

확대와 축소

> $|c| > 1$이면 $cf(x)$의 그래프는 $y-$축으로 가까워지고(확대), $0 < |c| < 1$이면 그래프는 $y-$축(또는 그래프의 중심축)으로부터 멀어진다(축소).

함수 $y = f(x)$의 그래프가 y축으로부터 멀어진다는 의미는 같은 y값을 갖는 x의 절댓값이 점점 커지는 것으로 이해할 수 있다.

예제 6 세 함수 $f(x) = x^2$, $g(x) = 2x^2$, $h(x) = \frac{1}{2}x^2$의 그래프를 같은 평면에 그리시오.

풀이 $g(x)$의 그래프는 $f(x)$의 그래프보다 빠르게 치솟는 동안 $h(x)$의 그래프는 천천히 치솟는다.

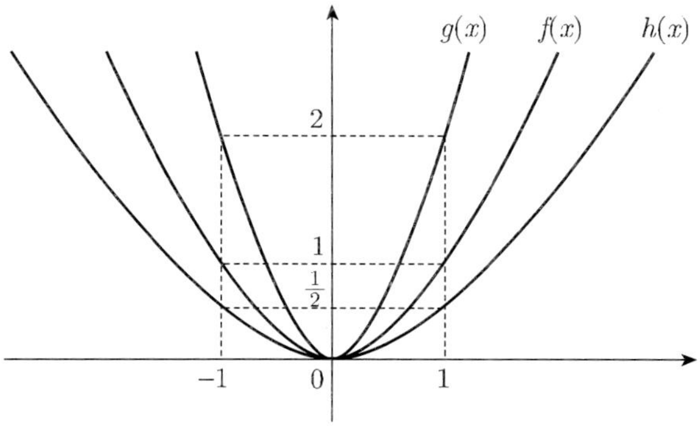

연습문제 2.3

01. 기존의 특별한 함수에 이동 성질을 적용하여 다음 함수의 그래프를 그려라.

(1) $f(x)=x+3$ (2) $f(x)=(x+2)^2$

(3) $f(x)=|x|-4$ (4) $f(x)=(x+1)^3$

(5) $f(x)=\sqrt{x-5}$ (6) $f(x)=(x-1)^2-3$

02. 반사의 성질을 적용하여 다음 그래프를 그리고 감소 및 증가 구간을 정하여라.

(1) $f(x)=-x-3$ (2) $f(x)=-(x+2)^2$

(3) $f(x)=-|x|-4$ (4) $f(x)=-(x+1)^3$

(5) $f(x)=-\sqrt{x-5}$ (6) $f(x)=-(x-1)^2+3$

03. 특별한 함수를 확대 또는 축소하여 다음 함수의 그래프를 그리시오.

(1) $f(x)=2|x|$ (2) $f(x)=2x$

(3) $f(x)=3x^2$ (4) $f(x)=\frac{1}{3}x^3$

04. 다음 함수의 그래프를 같은 좌표축에 그려라.

(1) $f(x)=\sqrt{x}$, $g(x)=2\sqrt{x}$, $h(x)=\frac{1}{2}\sqrt{x}$

(2) $f(x)=2x^2$, $g(x)=-2x^2$

05. 주어진 방정식의 대칭성을 조사하시오.

(1) $2x+5y=6$ (2) $y=\frac{3}{2}x^2$

(3) $y^2=1+x^3$ (4) $y^2x+2x^2=4x^2y$

(5) $y=\frac{x^2+1}{x^2-1}$ (6) $x^2+y^2=4$

(7) $xy=y^2$ (8) $y=\frac{1}{x^2}+1$

2.4 1차 함수

◆ 차수가 1차인 다항함수, 즉 $a \neq 0$에 대해

$$f(x) = ax + b$$

와 같이 정의된 함수를 선형함수(또는 1차 함수)라 한다. 1차 함수의 그래프는 수직이 아닌 직선이다.

직선의 기울기

수직이 아닌 **직선의 기울기**는

$$m = \frac{y_2 - y_1}{x_2 - x_1}$$

이다. 여기서 $P_1(x_1, y_1)$와 $P_2(x_2, y_2)$은 직선 위의 서로 다른 점이다. 수직인 직선에 대해 $x_1 = x_2$, 즉 $x_2 - x_1 = 0$이다. 수를 0으로 나눌 수 없으므로 수직인 직선은 기울기를 갖지 않는다.

예제 1 두 점 $(1,2), (3,4)$을 지나는 직선의 기울기를 구하여라.

풀이 기울기는 점의 선택 순서와는 관계없이 일정하다.
$(x_1, y_1) = (1,2)$ 및 $(x_2, y_2) = (3,4)$로 선택하면

$$m = \frac{y_2 - y_1}{x_2 - x_1} = \frac{4-2}{3-1} = 1.$$

기울기에 따른 함수의 그래프

기울기란 직선의 경사도를 측정하는 수단으로, m을 직선 L의 기울기라 할 때

(a) $m > 0$이면, 직선은 증가함수의 그래프이다.
(b) $m < 0$이면, 직선은 감소함수의 그래프이다.
(c) $m = 0$이면, 직선은 상수함수의 그래프이다.
(d) 수직선은 함수의 그래프가 아니다.

점과 기울기가 주어졌을 때의 함수의 그래프

한 직선이 기울기가 m이며 점 (x_1, y_1)을 지난다고 하자. 점 (x, y)가 직선의 다른 한 점이라 하자. 기울기의 정의에 의하면, 직선의 기울기는

$$m = \frac{y - y_1}{x - x_1} \text{이다.}$$

양변에 $x - x_1$을 곱하면

$$y - y_1 = m(x - x_1) \text{을 얻는다.}$$

점-기울기형이라 불리는 위 방정식은 점 (x_1, y_1)을 지나고 기울기가 m인 **직선의 방정식**이다.

예제 2 점 $(-4, 1)$를 지나고 기울기가 -3인 직선의 방정식을 구하시오.

풀이 $x_1 = -4, y_1 = 1$이고 $m = -3$이므로 위의 정의에 의해 직선의 방정식은
$y - 1 = -3(x - (-4)) = -3x - 12$
즉 $3x + y = -11$이다.

예제 3 점 $(-3, 2)$와 $(2, -4)$를 지나는 직선의 방정식을 구하시오.

풀이 우선 직선의 기울기는
$m = \frac{-4 - 2}{2 - (-3)} = -\frac{6}{5}$
이고 주어진 두 점 중 한 점인 $(-3, 2)$를 택하면 직선의 방정식은
$y - 2 = -\frac{6}{5}(x - (-3))$
즉 $6x + 5y = -8$이다.

기울기-절편형

점-기울기형의 특별한 경우로 y절편인 점 $(0, b)$를 지나는 직선을 생각하자. 즉 이 직선의 y-절편은 b이다. 기울기가 m이라면, $x_1 = 0$이고 $y_1 = b$인 점-기울기형의 방정식인

$$\begin{gathered} y - y_1 = m(x - x_1) \\ y - b = m(x - 0) \\ y = mx + b \end{gathered}$$

을 얻는데 이를 **기울기-절편형**이라 한다. 즉 기울기-절편형에 해당하는 방정식

$$y = mx + b$$

을 기울기가 m이고 y-절편이 b인 **직선의 방정식**이라 한다.

예제 4 직선 $3x - y = 2$의 기울기와 y-절편을 구하고 그래프를 그려라.

풀이 우선 위의 방정식을 기울기-절편형으로 쓰면 $y = 3x - 2$이므로 기울기는 3이고 y-절편은 -2이다. 그래프를 그리기 위해 우선 y-절편을 찍는다. 또 한 점을 찍기 위하여 기울기 3을 사용한다.

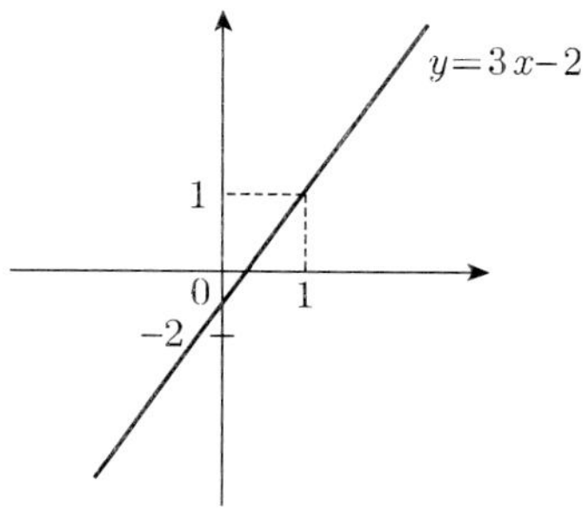

◆ 수평선의 기울기는 0이므로 기울기-절편형 방정식에 $m = 0$를 대입하면 $y = b$이다. 결국 (a,b)를 지나는 수평선의 방정식은 $y = b$이다. 한편, (a,b)를 지나는 수직선은 함수의 그래프는 아니고 대신 방정식 $x = a$로 나타낼 수 있다.

평행과 수직

두 직선이 평행이면 같은 기울기를 갖는다. 역으로 같은 기울기를 갖고 있는 두 직선은 평행이다.
정리하면, 기울기 m_1과 m_2를 갖는 두 직선이 수평(parallel)일 필요충분조건은

$$m_1 = m_2$$

이다. 한편, 기울기 m_1과 m_2를 갖는 두 직선이 수직(perpendicular)일 필요충분조건은

$$m_1 = -\frac{1}{m_2}$$

이다.

예제 5 점 $(-5,4)$을 지나는 1차 함수의 그래프 중에서 방정식 $y=3x-2$에 평행한 직선의 방정식과 수직인 직선의 방정식을 각각 구하시오.

풀이 직선 $y=3x-2$는 기울기 $m_1=3$을 갖는다.

(1) 직선 $y=3x-2$에 평행한 모든 직선의 기울기는 $m_2=m_1=3$이다. 따라서 기울기 3이고 점 $(-5,4)$를 지나는 점-기울기형에 해당하는 직선의 방정식을 찾는 것이다. 따라서 $y-y_1=m(x-x_1)$에 주어진 조건을 대입하면

$y-4=3(x+5)$

즉 $y=3x+19$ 이다.

(2) 직선 $y=3x-2$에 수직인 모든 직선의 기울기는 $m_2=-1/m_1=-1/3$이다. 따라서 기울기 $-1/3$이고 점 $(-5,4)$를 지나는 점-기울기형에 해당하는 직선의 방정식을 찾는 것이다. 따라서 $y-y_1=m(x-x_1)$에 주어진 조건을 대입하면

$y-4=-\frac{1}{3}(x+5)$

즉 $y=-\frac{1}{3}x+\frac{7}{3}$이다.

1차 방정식의 일반형

두 개의 변수 x와 y에 대한 일반적인 1차 방정식은

$$Ax+By+C=0$$

으로 항상 쓸 수 있다. 단, A, B와 C는 상수이고, A와 B는 동시에 0이 아니다. 이 방정식은

$$By=-Ax-C$$

로 고쳐 쓸 수 있다. 만약 $B\neq 0$이면 방정식은

$$y=-\frac{A}{B}x-\frac{C}{A}$$

가 되므로 기울기는 $-A/B$이고 y 절편은 $-C/A$인 직선이다. 만약 $B=0$이면 주어진 방정식은 $Ax+C=0$이 되고 그 그래프는 수직선이다. A에 대해서도 똑같은 분석을 할 수 있다.

연습문제 2.4

01. 두 점을 지나는 직선의 기울기를 구하여라.

(1) $(2,3), (-1,-3)$ (2) $(2,5), (-3,4)$

(3) $(-3,1), (-4,-5)$ (4) $(\sqrt{2},1), (\sqrt{2},-1)$

02. 다음과 같은 기울기 m과 $y-$절편 b를 갖는 직선의 방정식을 구하여라.

(1) $m=3,\ b=2$ (2) $m=-2,\ b=2$

(3) $m=\frac{1}{2},\ b=-3$ (4) $m=-5,\ b=-\frac{1}{4}$

03. 주어진 직선의 기울기와 절편을 구하여라.

(1) $3x+4y=5$ (2) $2x-5y=-6$

(3) $x=-2$ (4) $y+1=0$

04. 다음 직선 위의 두 점을 구하여라.

(1) $3x+4y=6$ (2) $y=-2x+1$

(3) $x=-6$ (4) $y=2$

05. 다음 절편 또는 점을 지나는 직선의 방정식을 결정하여라.

(1) $x-$절편 3, $y-$절편 -2 (2) $x-$절편 -4, $y-$절편 2

(3) $x-$절편 -5, $y-$절편 없음 (4) $x-$절편 없음, $y-$절편 3

(5) 점 $(-6,5)$을 지나는 수직선 (6) 점 $(-6,5)$을 지나는 수평선

06. 다음을 만족하는 직선의 방정식을 구하시오.

(1) 점 $(-1,4)$를 지나고, $x+3y=5$에 평행

(2) 점 $(3,-2)$를 지나고, $2x-y=5$에 평행

(3) 점 $(3,-4)$를 지나고, $x+y=4$에 수직

(4) 점 $(-2,0)$를 지나고, $8x-3y=7$에 수직

(5) $x-$절편 -2이고, $y=2x$에 평행

(6) $y-$절편 3이고, $y=2x$에 수직

07. 점 $P(-2,2)$가 직선 $3x+cy=4$ 위에 있을 때 c의 값을 결정하여라.

08. 직선 $cx-5y+8=0$의 $x-$절편이 4일 때 c의 값을 결정하여라.

2.5 2차 함수

2차 함수

$a(\neq 0)$, b와 c가 실수일 때 아래와 같이 정의되는 함수 f 를 **2차 함수**(quadratic function)라 한다.

$$f(x) = ax^2 + bx + c$$

완전제곱의 형태로 변형시키면

$$f(x) = a(x-h)^2 + k$$

와 같이 바꿔 쓸 수 있다.

예제 1 2차 함수 $f(x) = 2x^2 - 4x + 5$을 완전제곱의 형태로 바꿔 써라.

풀이 $f(x) = 2(x^2 - 2x) + 5 = 2(x^2 - 2x + 1) - 2 + 5$
$= 2(x-1)^2 + 3$

◆ 앞에서 $f(x) = ax^2$ $(a \neq 0)$의 그래프를 분석하였다. $a > 0$이면 포물선은 원점을 지나고 아래로 볼록인 모양이고, $a < 0$이면 위로 볼록인 모양이다. 또한 $|a|$가 커지면 포물선의 벌어진 폭이 좁아진다. $f(x) = a(x-h)^2 + k$의 그래프는 $f(x) = ax^2$의 그래프를 x축을 따라 h만큼 수평이동하고, y축을 따라 k만큼 수직이동한 것이다. 이때 원점은 (h, k)로 옮겨가는데 (h, k)를 포물선의 꼭짓점이라 하고 $x = h$를 **축의 방정식**이라 한다.

예제 2 다음 방정식의 그래프를 그려라.

(1) $f(x) = 2x^2 - 4x + 5$　　　　(2) $f(x) = -2x^2 + 4x$

풀이 (1)
위의 예제서 $f(x) = 2(x-1)^2 + 3$을 얻었다. $a = 2$이고 $h = 1$, $k = 3$이므로 포물선의 꼭짓점은 $(1,3)$이고 그래프는 위쪽으로 벌어진 포물선이다.

(2) 완전제곱을 하여 정리하면
$f(x) = -2x^2 + 4x = -2(x^2 - 2x + 1) + 2 = -2(x-1)^2 + 2$

이고 $a=-2$, $h=1$, $k=2$이므로 포물선의 꼭짓점은 $(1,1)$이며 포물선은 아래쪽으로 벌어진다.

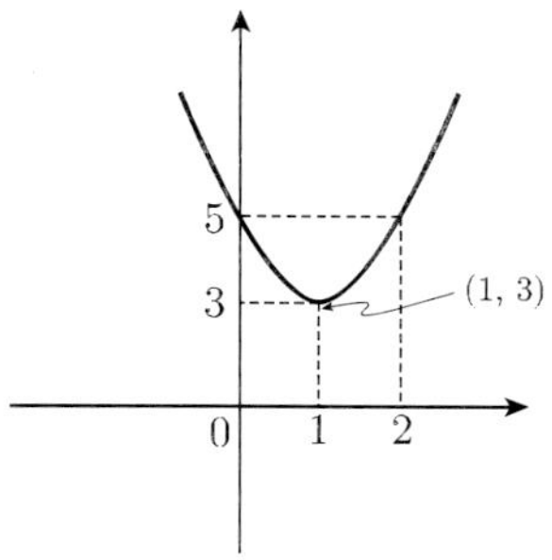

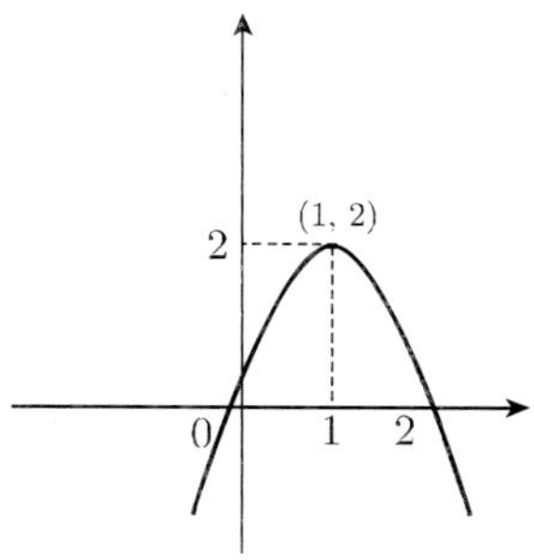

◆ 함수 $f(x)=ax^2+bx+c$의 그래프는 방정식 $y=ax^2+bx+c$의 해집합이다. 그래프는 $y=0$일 때 x−축과 만나고 x−절편은 방정식 $ax^2+bx+x=0$의 근이다. 반면 y−절편 ($x=0$일 때 y의 값)은 $f(0)=c$이다.

◆ 2차방정식의 판별식을 통하여 x−절편의 개수를 알 수 있다. x−절편의 개수에 대한 가능성으로 두 개의 실근(그림 1), 중근(그림 2) 및 허근(그림 3)이 있다.

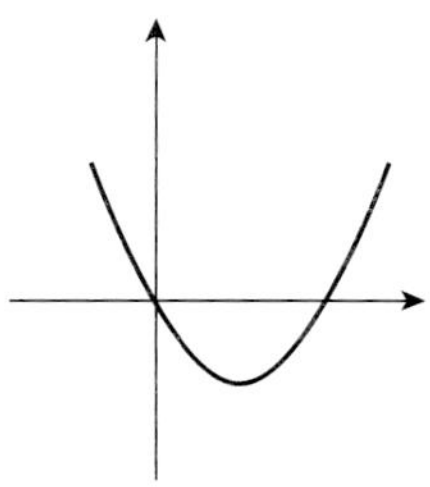

〈그림 1〉

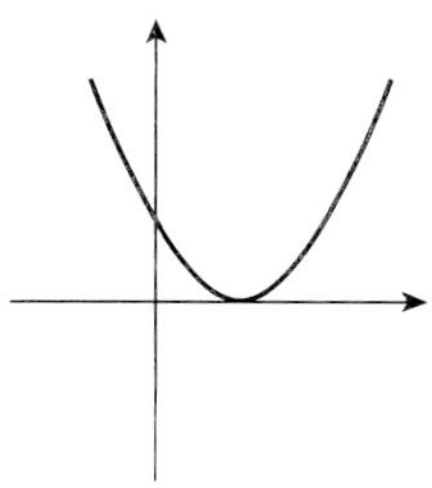

〈그림 2〉

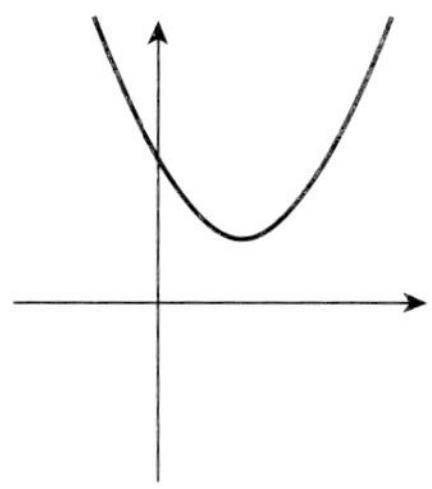

〈그림 3〉

예제 3 다음 포물선의 꼭짓점과 절편을 구하고, 그래프를 그려라.

(1) $f(x)=-x^2+3x-2$ (2) $f(x)=x^2+1$ (3) $f(x)=x^2+2x+1$

풀이 (1) 꼭짓점을 구하기 위해 완전제곱 형태로 고치면

$$f(x)=-x^2+3x-2=-\left(x-\frac{3}{2}\right)^2+\frac{1}{4}$$

꼭짓점은 $(3/2, 1/4)$이고 포물선은 아래로 열려있다. 절편을 구하기 위해 $y=f(x)=0$라 놓으면 $x^2-3x+2=0$이고 인수분해하면

$(x-1)(x-2)=0$

이므로 x−절편은 $x=1$과 $x=2$이다. y−절편은 $f(0)=-2$이다.

(2) $f(x)=x^2+1=(x-0)^2+1$ 이므로 꼭짓점은 $(0,1)$이고 포물선은 위로 벌어져 있다. $y-$절편은 $f(0)=1$이지만 $0=x^2+1$를 만족하는 x는 없으므로 $x-$절편은 없다.

(3) $f(x)=x^2+2x+1=(x+1)^2+0$ 이므로 꼭짓점은 $(-1,0)$이고 위로 벌어져 있다. $x^2+2x+1=(x+1)^2=0$이므로 $x=-1$은 유일한 $x-$절편이고, $y-$절편은 $f(0)=1$이다.

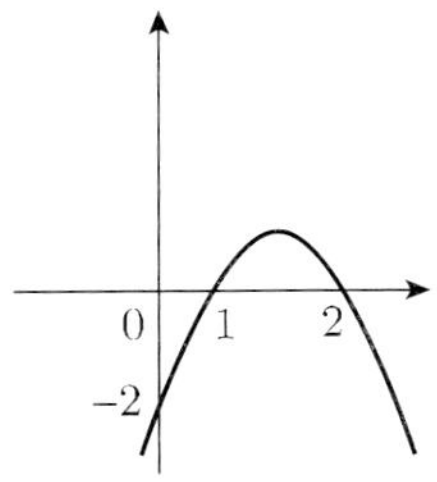

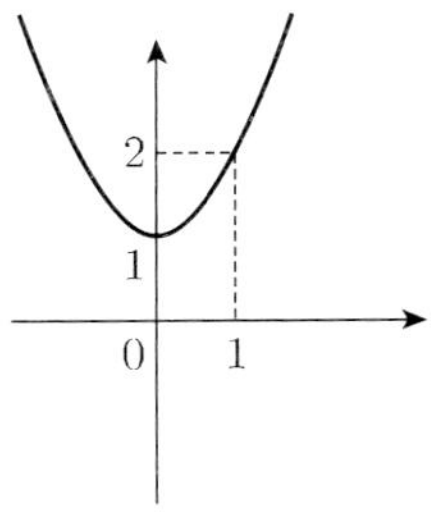

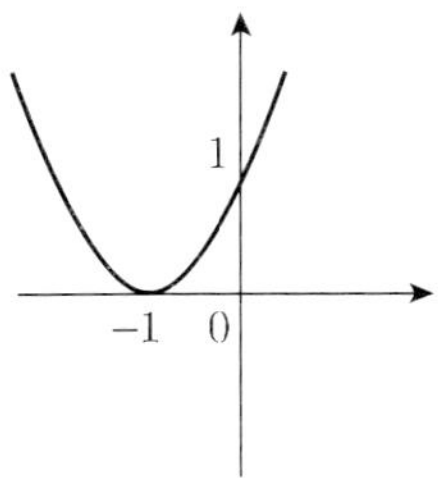

◆ **그래프를 이용하여 2차부등식을 푸는 방법**

(I) 두 개의 실근을 갖는 경우

이차방정식 $ax^2+bx+c=0$가 두 개의 서로 다른 실근 $\alpha,\beta(\alpha<\beta)$를 갖는 경우 $x-$축을 세 구간 $(-\infty,\alpha)$, (α,β) 및 (β,∞)로 나눌 수 있다. 만약 $a>0$이면 그래프는 $(-\infty,\alpha)$와 (β,∞)에서 $x-$축의 위쪽에 놓이고 (α,β)에서 $x-$축의 아래쪽에 놓인다. 따라서 이차부등식

$$ax^2+bx+c=a(x-\alpha)(x-\beta)>0$$

의 해(또는 해집합)는

$$x<\alpha \text{ 또는 } x>\beta \quad (\text{또는 } (-\infty,\alpha)\cup(\beta,\infty))$$

이고

$$ax^2+bx+c=a(x-\alpha)(x-\beta)<0$$

의 해(또는 해집합)는

$$\alpha<x<\beta \ (\text{또는 개구간 } (\alpha,\beta))$$

이다. $a<0$이면 그래프는 아래쪽으로 벌어진 위로 볼록한 형태가 되므로 반대의 해집합을 갖게 된다. 즉

$$ax^2 + bx + c = a(x-\alpha)(x-\beta) > 0$$

의 해(또는 해집합)는

$$\alpha < x < \beta \quad (\text{또는 개구간 } (\alpha, \beta))$$

이고

$$ax^2 + bx + c = a(x-\alpha)(x-\beta) < 0$$

의 해(또는 해집합)는

$$x < \alpha \text{ 또는 } x > \beta \quad (\text{또는 } (-\infty, \alpha) \cup (\beta, \infty))$$

이다. 두 경우에 있어 등호가 있는 부등식일 경우 등호를 넣으면 된다.

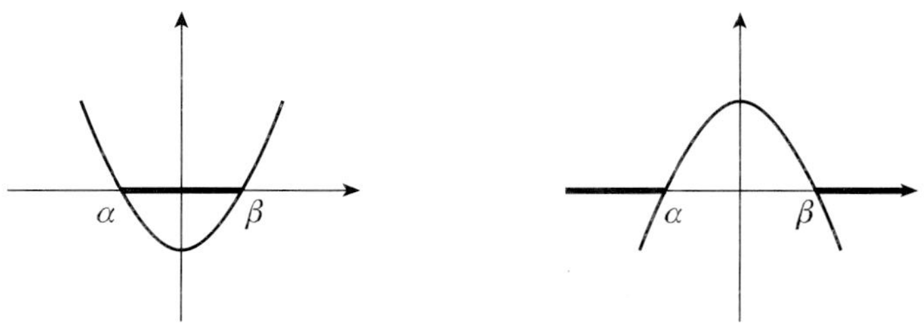

$a(x-\alpha)(x-\beta) < 0,\ a > 0$ $\quad$ $a(x-\alpha)(x-\beta) < 0,\ a < 0$

(II) **중근을 갖는 경우**

중근을 갖는 2차방정식의 x-절편은 x축을 구간으로 나누지 않고 그래프는 방정식의 중근인 오직 한 점에서 x축과 접한다. 중근을 α라 하고 $a > 0$라 하자. ($a < 0$인 경우 부등식의 양변에 -1을 곱하면 2차 항의 계수를 양수로 만들 수 있다.) 그러면

(i) $ax^2 + bx + c = a(x-\alpha)^2 > 0$ 의 해는 $x \neq \alpha$인 모든 실수집합이고

(ii) $ax^2 + bx + c = a(x-\alpha)^2 < 0$ 의 해는 존재하지 않는다.

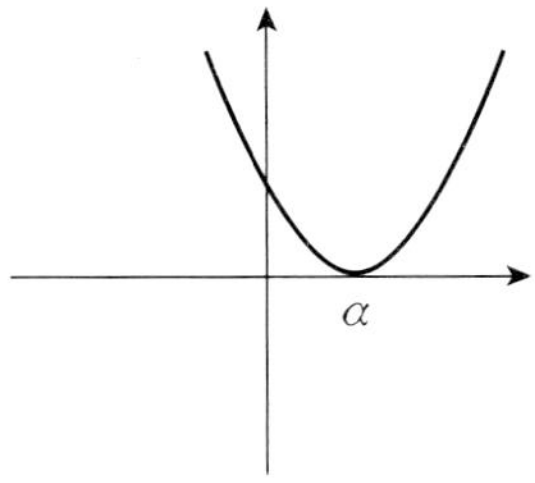

(III) **허근을 갖는 경우**

허근을 갖는 경우에는 x−절편이 없다. 따라서 그래프는 x축과 만나지 않는다. $a>0$라 하자. ($a<0$인 경우 양변에 -1을 곱한다.)

$$ax^2+bx+c>0$$

의 해는 모든 실수집합이고

$$ax^2+bx+c<0$$

는 해를 갖지 않는다.

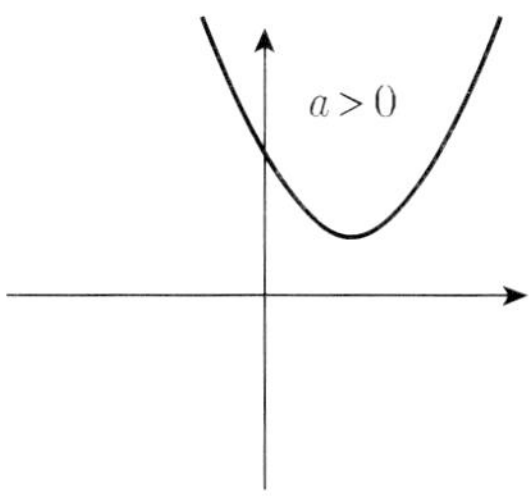

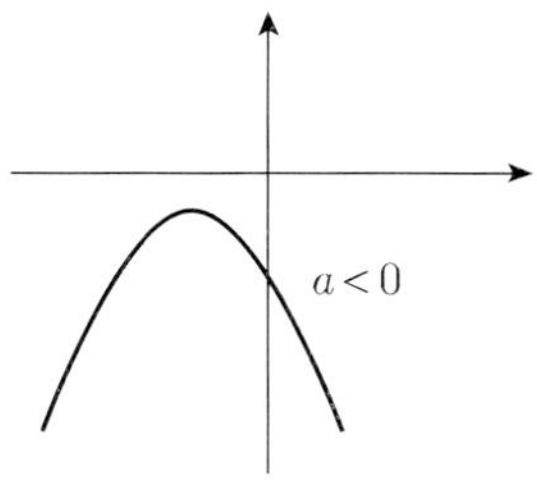

예제 4 다음 2차부등식을 풀어라.

(1) $x^2+5x-6>0$　　(2) $x^2+2x+1\le 0$　　(3) $x^2-x+1>0$

풀이 (1) $a=1>0$이므로 $x^2+5x-6=(x-1)(x+6)>0$의 해는 $x\leftarrow 6$ 또는 $x>1$ 이다. 이를 구간으로 표시하면 $(-\infty,-6)\cup(1,\infty)$이다.

(2) $a=1>0$ 이므로 $x^2+2x+1=(x+1)^2\le 0$ 의 해는 $x=-1$이다.

(3) $\mathrm{D}=(-1)^2-4(1)(1)=1-4=-3<0$이므로 $x^2-x+1=0$는 허근을 갖는다. $a=1$이므로 $x^2-x+1>0$의 해는 모든 실수이다.

연습문제 2.5

01. 다음 함수의 그래프를 같은 좌표축에 그려라.

(1) $f(x) = 2x^2$　　(2) $f(x) = 3x^2$

(3) $f(x) = \frac{1}{2}x^2$　　(4) $f(x) = \frac{1}{3}x^2$

02. 아래에 정의된 함수의 그래프를 같은 좌표축에 그려라.

(1) $f(x) = x^2 + 2$　　(2) $f(x) = x^2 - 2$

03. 아래에 정의된 함수의 그래프를 같은 좌표축에 그려라.

(1) $f(x) = (x-2)^2$　　(2) $f(x) = (x+4)^2$

04. 아래에 정의된 함수의 치역을 구하여라.

(1) $f(x) = (x-2)^2 + 5$　　(2) $f(x) = -(x+3)^2 - 1$

(3) $h(x) = -2(x+3)^2 - 3$　　(4) $g(x) = -12(x-4)^2 + 2$

05. 아래에 정의된 함수의 꼭짓점과 절편을 구하고 그래프를 그려라.

(1) $f(x) = (x+2)^2$　　(2) $f(x) = (x+3)^2 - 4$

(3) $f(x) = -2(x+3)^2 + 3$　　(4) $f(x) = x^2 + 6x + 5$

(5) $f(x) = -x^2 - x + 2$　　(6) $f(x) = -2x^2 - 4x - 2$

06. 함수의 그래프를 이용하여 다음 부등식을 풀어라.

(1) $x^2 - 3x - 4 \le 0$　　(2) $3x^2 - 4x - 4 \ge 0$

(3) $4x - 2x^2 < 0$　　(4) $x^2 + 3x + 3 \le 0$

(5) $-7x^2 + 6x - 2 \le 0$　　(6) $(x^2+1)x(x-2) > 0$

대수함수

Chapter 03

수학에서 다루는 함수는 헤아리기 어려울 정도로 그 수가 많고 그들 각각의 독특한 성질도 다양하다. 함수들 중에서 가장 빈번히 등장하는 기본적인 함수들을 대수함수(algebraic functions)와 초월함수(transcendental functions)로 분류하고 있다. 대수함수는 다시 다항함수(다항식, polynomials), 유리함수(rational functions), 무리함수(irrational functions)로 분류되고, 초월함수로는 지수함수와 그 역함수인 로그함수, 삼각함수와 역삼각함수, 쌍곡(삼각)함수와 역쌍곡(삼각)함수 등이 있다.

이 장에서 대수함수에 대해 간단히 알아보고, 초월함수인 지수, 로그함수와 삼각함수는 이어지는 다음 두 장에서 자세히 알아볼 것이다.

3.1 다항함수

◆ 1차 다항함수 $P(x) = ax + b \quad (a \neq 0)$ 의 그래프는 직선이고
2차 다항함수 $P(x) = ax^2 + bx + c \quad (a \neq 0)$ 의 그래프는 포물선이다.
3차 이상의 다항함수 $P(x) = a_n x^n + a_{n-1}x^{n-1} + \cdots + a_2 x^2 + a_1 x + a_0$, $a_n \neq 0$의 그래프를 그리는 것은 단순하지 않지만 몇 가지 중요한 특징들이 있다.

다항함수 $P(x) = a_n x^n + a_{n-1}x^{n-1} + \cdots + a_2 x^2 + a_1 x + a_0$의 그래프의 특징

(1) 실수 전체에서 정의된다. 즉, 다항함수의 정의역은 실수 전체 집합이다.
(2) n이 짝수이고, $a_n > 0$이면 매우 큰 양 및 음의 값 x에 대해 위쪽으로 뻗어 올라간다. $a_n < 0$이면 반대이다.
(3) n이 홀수이고 $a_n > 0$이면 그래프는 매우 큰 양의 값 x에 대해 위쪽으로 뻗어 올라가고 매우 큰 음의 값 x에 대해서는 아래쪽으로 뻗어 내려간다. $a_n < 0$이면 반대이다.
(4) 1보다 큰 차수를 갖는 다항함수의 그래프는 직선이 아니고 곡선이다.
(5) 다항함수의 그래프는 하나의 곡선으로 연속적으로 이어지며 매끄럽다.
(6) n차 다항함수의 그래프는 기껏해야 $n-1$번 증감이 바뀌는 점을 갖는다.
(7) 다항함수를 1차식의 인수의 곱으로 나타낼 수 있으면 x-절편을 구하기가 쉽고,

이를 이용해 그래프가 x-축 위에 놓이는 곳과 아래쪽에 놓이는 곳을 알아내기가 쉽다.

Note. 다항방정식의 근인 x-절편을 알면 다항함수의 그래프를 그리기가 쉽지만, 3차 이상의 다항방정식의 근을 정확하게 구하는 것은 일반적으로 쉽지 않다.

예제 1 다항함수 $P(x) = x^3 + x^2 - 6x$의 그래프를 그려라.

풀이 다항식을 인수분해 하면 $P(x) = x(x^2 + x - 6) = x(x-2)(x+3)$이므로 x-절편은 $x = -3, 0, 2$이다. x-축을 다음과 같이 4개의 구간으로 나눈다.

$(-\infty, -3)$, $(-3, 0)$, $(0, 2)$, $(2, \infty)$

각 구간에서 $P(x)$의 부호를 결정하면 $P(x)$의 그래프는 $(-3, 0)$과 $(2, \infty)$에서 위쪽에 있고, $(-\infty, -3)$과 $(0, 2)$에서 아래쪽에 있다.

$P(x) = x^3 + x^2 - 6x$의 그래프에서 증감이 바뀌는 점은 정확히 2개이다.

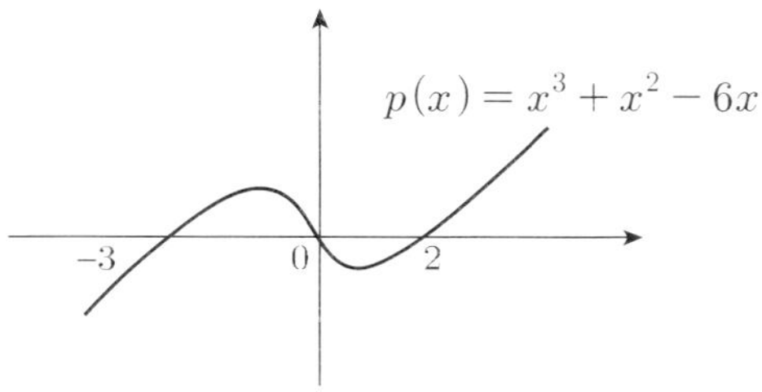

예제 2 함수 $f(x) = x^2(2-x)$의 그래프를 그려라.

풀이 주어진 함수는 3차 다항함수이므로 정의역은 실수 전체이고, x-절편은 $x = 0$, 2이다. 최고차항의 계수가 음수이므로 x가 무한대로 커질수록 함숫값은 음의 무한대로 한없이 작아지고, x가 음의 무한대로 작아질수록 함숫값은 한없이 무한대로 커질 것이다. x-절편인 $x = 0$는 다항식 $x^2(2-x) = 0$의 중근이므로 그래프가 $x = 0$에서 x축과 접하고, 또 다른 x-절편인 $x = 2$에서는 그래프가 x축을 가른다. 이를 종합하여 그래프를 그리면 다음과 같다.

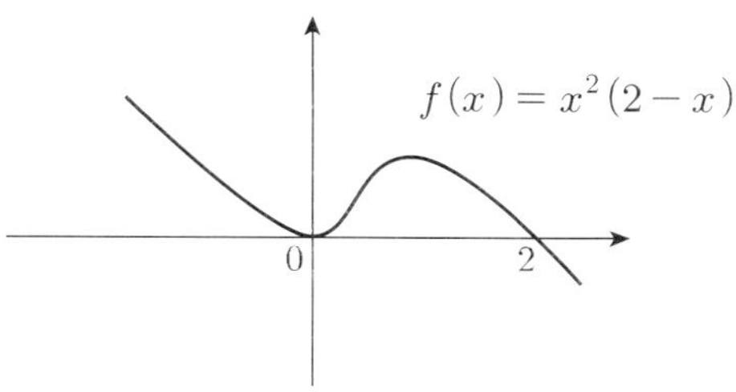

연습문제 3.1

01. 다음 함수의 그래프를 그려라.

(1) $y=x^3+1$ (2) $y=(x-2)^3$

(3) $y=(x-1)^3+1$ (4) $y=x^4-3$

(5) $y=(x-1)^4+3$ (6) $y=(x-2)^5-1$

02. 다음 다항함수의 그래프를 그려라.

(1) $f(x)=x^3-2x^2-x+2$ (2) $f(x)=2x^3+3x^2-5x-6$

(3) $f(x)=x^3-3x-2$ (4) $f(x)=4x^4+4x^3-9x^2-x+2$

(5) $f(x)=x^4+2x^2+1$ (6) $f(x)=x^4-10x^3+35x^2-50x+24$

03. 다음 다항함수의 $x-$절편과 $P(x)>0$ 및 $P(x)<0$인 구간을 구하여라. $P(x)$의 그래프를 그려라.

(1) $P(x)=(x-1)(x-2)(x-3)$ (2) $P(x)=2x^3+3x^2-5x$

(3) $P(x)=x^4-x^3-6x^2$ (4) $P(x)=(2-x)(x+2)(x+3)(4-x)$

(5) $P(x)=(x-1)(x+1)(x-2)^2$ (6) $P(x)=x(x-1)(x+2)(x-3)(x+4)$

04. 다음 고차부등식을 풀어라.

(1) $x^3<x$ (2) $x^4-x^3-7x^2+x+6\leqq 0$

3.2 유리함수

◆ $P(x)$와 $Q(x)(\neq 0)$가 다항식일 때

$$f(x)=\frac{P(x)}{Q(x)}=\frac{a_n x^n+a_{n-1}x^{n-1}+\cdots+a_2 x^2+a_1 x+a_0}{b_m x^m+b_{m-1}x^{m-1}+\cdots+b_2 x^2+b_1 x+b_0}$$

와 같이 정의된 함수를 **유리함수**(rational function)라 한다. 0에 의한 나눗셈은 할 수 없으므로, 유리함수 f 의 정의역은 $Q(x)=0$ 인 x 를 제외한 모든 실수로 구성된다. 따라서 유리함수의 그래프는 연속적으로 이어지지 않고 불연속이 일어나는 경우가 많다.

예제 1 다음 함수의 정의역을 구하여라.

(1) $f(x)=\dfrac{x^2+1}{x-2}$ (2) $g(x)=\dfrac{x^3-5}{x^2-4}$ (3) $h(x)=\dfrac{x^2}{x^2+4}$

풀이 (1) 분모가 0이 되는 모든 값을 제외하면 f 의 정의역은 $x=2$을 뺀 모든 실수이다.
(2) $x=\pm 2$일 때 $x^2-4=0$이므로 g의 정의역은 $x=\pm 2$을 제외한 모든 실수이다.
(3) $x^2+4=0$를 만족하는 실수해는 없으므로 h의 정의역은 모든 실수의 집합이다.

정의 1 점근선

그래프가 어떤 직선에 매우 가깝게 접근하면서 그래프와 만나지 않는 직선을 그래프의 **점근선**(asymptote)이라 한다. 그래프 위의 점의 x 좌표가 어떤 값 a 로 가까워 질수록 그 점의 y 좌표가 무한히 증가하거나 감소하면 직선 $x=a$ 는 그래프의 **수직점근선**이다. x 가 무한히 증가 또는 감소할 때 y 가 어떤 특정한 값 b 로 한없이 가까워지면 직선 $y=b$ 는 그래프의 **수평점근선**이다.

Note. 점근선은 유리함수의 그래프를 그리는데 매우 유용하며 수직점근선은 분모가 0이 되고 분자가 0이 아닌 수에서 발생한다.

정리

(1) 실수 a가 다항식 $Q(x)$의 근이고 $P(x)$의 근이 아닐 때 유리함수

$$f(x)=\frac{P(x)}{Q(x)}$$

의 그래프는 수직점근선 $x=a$ 을 가진다.

(2) 다항식 $Q(x)$의 차수가 다항식 $P(x)$의 차수보다 크거나 같으면 유리함수

$$f(x)=\frac{P(x)}{Q(x)}$$

의 그래프는 수평점근선을 갖는다.

예제 2 다음 함수의 그래프를 그리시오.

(1) $f(x)=\dfrac{1}{x}$ (2) $g(x)=\dfrac{1}{x^2}$

풀이 f 와 g의 정의역은 0이 아닌 제외한 모든 실수의 집합니다. 또한 두 함수는 대칭 성질을 가지고 있다. 실제로 x 대신에 $-x$를 대입하면

$f(-x)=\dfrac{1}{-x}=-\dfrac{1}{x}=-f(x)$

즉 f 는 기함수이고 원점에 대하여 대칭이다. x 대신에 $-x$를 대입하면

$g(-x)=\dfrac{1}{(-x)^2}=\dfrac{1}{x^2}=g(x)$

즉 g 는 우함수이고 y−축에 대칭이다. 따라서 f 와 g의 그래프를 그리기 위해서 양의 x 의 값에 대응하는 함숫값만 계산하면 된다.

$f(0)$와 $g(0)$의 값은 정의되지 않지만 x 가 0에 매우 가깝게 접근할 때 $f(x)$와 $g(x)$의 그래프는 y−축에 매우 가깝게 접근한다. 따라서 직선 $x=0$는 각 그래프에 대한 **수직점근선**이다. 마찬가지로 $|x|$가 매우 커질 때 $f(x)$와 $g(x)$는 직선 $y=0$에 매우 가깝게 접근하므로 직선 $y=0$는 각 그래프에 대한 **수평점근선**이다.

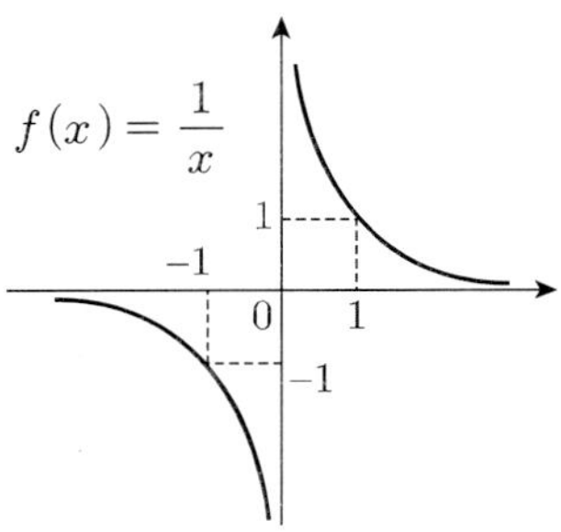

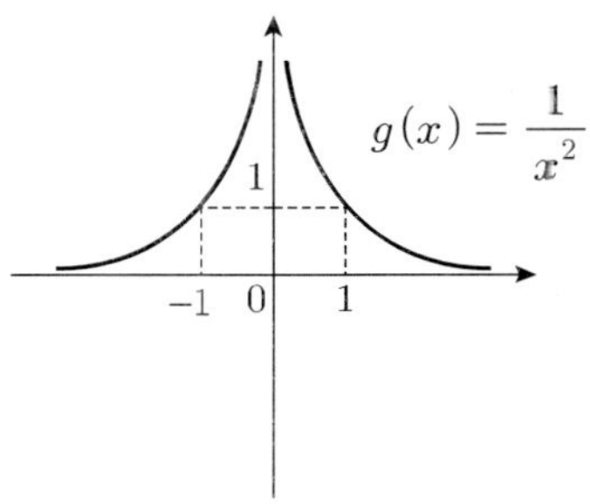

분수함수 $y=\frac{a}{x}$의 그래프의 특징

(1) $a>0$이면 1,3사분면에, $a<0$이면 2,4사분면에 그려진다.
(2) 원점에 대칭이다.
(3) x축은 수평점근선이고 y축은 수직점근선이다.
(4) $|a|$가 작을수록 크게 휘어지며 원점에 가깝다.

◆ $y=\frac{a}{x}$의 그래프를 이용하면 $y=\frac{ax+b}{cx+d}$의 그래프를 다음과 같이 그릴 수 있다.

(1) $y=\frac{ax+b}{cx+d}$를 $y=\frac{a}{c}+\frac{k}{cx+d}$꼴로 바꾼다.

(2) 수직점근선 $x=-\frac{d}{c}$와 수평점근선 $y=\frac{a}{c}$을 그린다.

(3) x절편이나 y절편이 있으면 구한다.

(4) 두 점근선을 새로운 축으로 하여 곡선 $y=\frac{\frac{k}{c}}{x}$을 그린다.

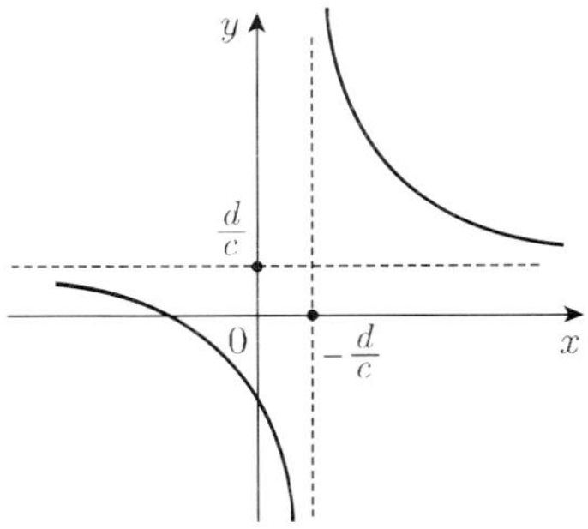

예제 3 분수함수 $f(x)=\frac{4x-1}{2x+3}$의 그래프를 그려라.

풀이 우선 정의역이 $x\neq-\frac{3}{2}$인 모든 실수의 집합임을 확인하자.

$f(x)=\frac{4x-1}{2x+3}=\frac{2(2x+3)-6-1}{2x+3}=2+\frac{-7}{2x+3}$

이므로 수직점근선 $x=-\frac{3}{2}$와 수평점근선 $y=2$을 그린다. 또한 x절편 $\frac{1}{4}$와 y절편 $-\frac{1}{3}$을 구한다. $f(x)=2+\frac{-7}{2x+3}$이므로 $y=\frac{-7}{2x}=\frac{-\frac{7}{2}}{x}$을 그린 뒤 x축을

따라 $-\frac{3}{2}$만큼 수평이동하고 y축을 따라 2만큼 수직이동하면 주어진 분수함수의 그래프를 얻는다. 치역은 $y \neq 2$인 실수 전체의 집합임을 그래프를 통해 쉽게 알 수 있다.

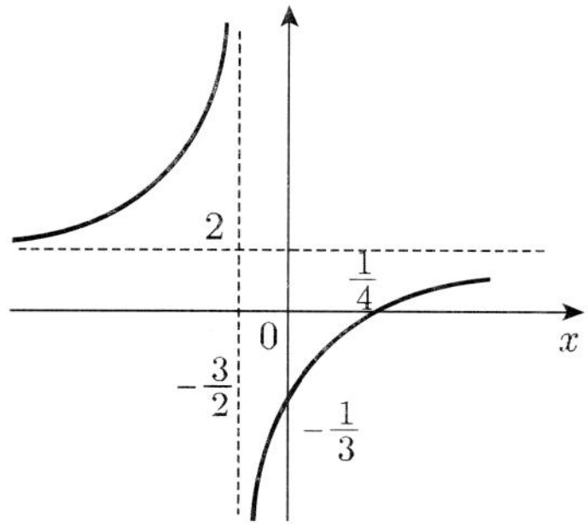

예제 4 함수 $f(x) = \dfrac{4}{x^3 - 2x^2 - 3x}$의 그래프에 대한 점근선을 구하여라.

풀이 분모를 인수분해하면 $f(x) = \dfrac{4}{x(x+1)(x-3)}$이므로 $x=0$, $x=-1$ 및 $x=3$은 A의 그래프의 수직점근선이다. x 의 값이 $x-$절편에 가깝게 접근할 때 그래프는 그 점근선에 접근한다.

◆ $f(x) = \dfrac{4}{x^3 - 2x^2 - 3x}$의 그래프를 그리는데 분모의 다항식을 이용하면 편리하다. 방정식 $y = x(x+1)(x-3)$의 그래프를 그리고 $x-$절편의 값 근방에서 매우 큰 값을 갖도록 $A(x)$의 그래프를 그리면 된다. 부호는 $y = x(x+1)(x-3)$의 그래프가 $x-$축의 위쪽에 있으면 위쪽으로 아래쪽에 있으면 아래쪽으로 그린다.

예제 5 함수 $f(x) = \dfrac{2x^2 + 3x}{3x^2 + 4x + 5}$의 점근선을 구하여라.

풀이 분모와 분자에서 가장 높은 차수를 묶으면

$$f(x) = \frac{x^2\left(2 + \frac{3}{x}\right)}{x^2\left(3 + \frac{4}{x} + \frac{5}{x^2}\right)}$$

이다. $x \neq 0$라고 가정하고 공통인수 x^2을 약분하면

$$f(x) = \frac{2 + \frac{3}{x}}{3 + \frac{4}{x} + \frac{5}{x^2}}$$

인데 $|x|$가 증가할수록 $\frac{c}{x^n}$은 0에 접근하므로 버리면 수평점근선 $y = \frac{2}{3}$를 얻는다.

예제 6 함수 $f(x) = \frac{-2x^3 + 3x - 4}{x^2 + 5}$의 그래프는 수평점근선을 갖지 않는다.

왜냐하면 $x \neq 0$이면

$$f(x) = \frac{x^3\left(-2 + \frac{3}{x^2} - \frac{4}{x^3}\right)}{x^2\left(1 + \frac{5}{x^2}\right)} = \frac{x\left(-2 + \frac{3}{x^2} - \frac{4}{x^3}\right)}{1 + \frac{5}{x^2}}$$

이고 $|x|$가 ∞로 접근할 때 $3/x^2$, $-4/x^3$ 및 $5/x^3$은 모두 0으로 접근하므로 무시할 수 있다. 따라서 나머지는 $-2x$가 되고, 이것은 $|x|$가 증가할 때 매우 큰 값을 가지게 된다. 결국 수평점근선은 존재하지 않는다.

예제 7 다음 유리함수의 그래프를 그려라.

(1) $F(x) = \frac{2x - 3}{x - 2}$ (2) $G(x) = \frac{1}{(x-1)^2}$

풀이 $F(x) = \frac{2x-3}{x-2} = \frac{1}{x-2} + 2$이므로 (1)의 그래프는 함수 $f(x) = \frac{1}{x}$의 그래프를 $x-$축으로 2만큼 수평 이동시킨 뒤 y축으로 2만큼 수직이동하면 되고, (2)의 그래프는 $g(x) = \frac{1}{x^2}$의 그래프를 $x-$축으로 1만큼 수평이동시키면 된다. 두 그래프 모두 수평점근선 $x = 0$을 갖는다.

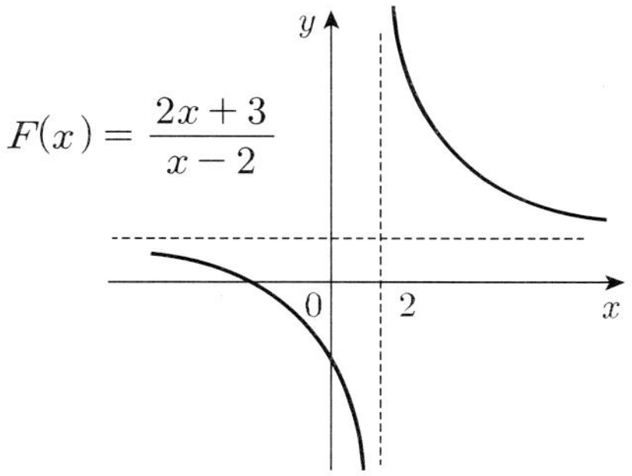

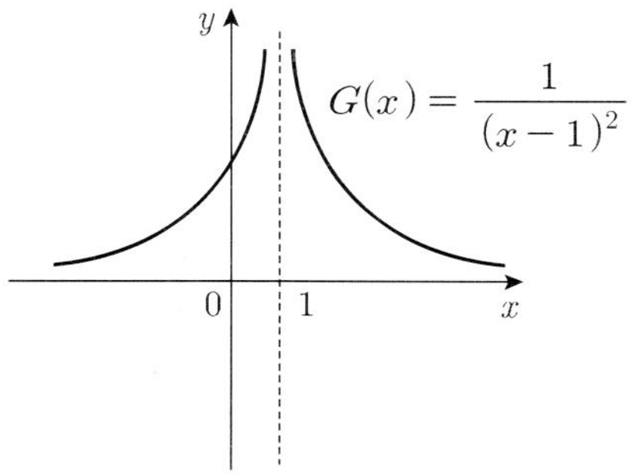

◆ 유리함수의 그래프를 그릴 때 절편, 대칭성, 점근선 등을 알면 그리기가 쉽다.

예제 8 유리함수 $f(x)=\dfrac{x^2}{x^2-1}$의 그래프를 그려라.

풀이 $f(x)=0$을 만족하는 x는 0뿐이다. 따라서 x–절편은 0이고 그래프는 $(0,0)$을 지난다. 또한, $f(-x)=f(x)$이므로 y–축에 대칭이다. $x=\pm 1$일 때 $x^2-1=0$이고 $x^2\neq 0$이므로 그래프의 수직점근선은 $x=\pm 1$이다. 한편

$$f(x)=\frac{x^2}{x^2\left(1-\frac{1}{x^2}\right)}=\frac{1}{1-\frac{1}{x^2}},\quad x\neq 0$$

이므로 $|x|$가 ∞에 접근할 때 $f(x)$는 1에 접근한다. 즉 $y=1$은 수평점근선이다. 종합하여 그래프를 그리면 다음과 같다.

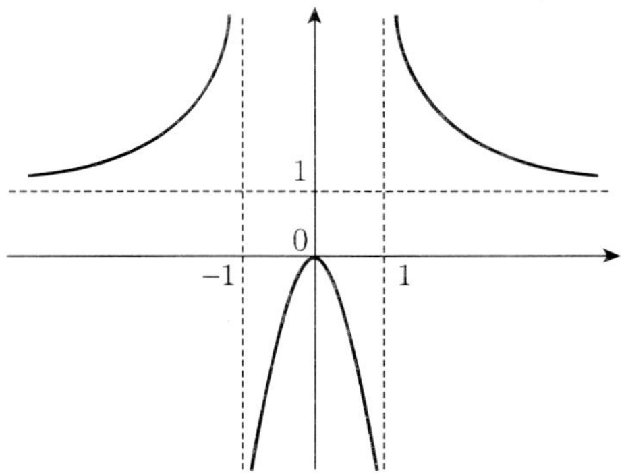

이동성질을 이용하여 위 함수의 그래프를 그리는 다른 방법도 있다.

$$f(x)=\frac{x^2}{x^2-1}=1+\frac{1}{x^2-1}$$

이므로 $g(x)=\dfrac{1}{x^2-1}$을 그린 뒤 y축을 따라 1만큼 올려주면 된다.

예제 9 $f(x)=\dfrac{2x-5}{x-3}$의 그래프를 그려라.

풀이 식을 간단히 변형한 뒤 이동성을 써서 그래프를 그려보자.

$$f(x)=\frac{2(x-3)+6-5}{x-3}=\frac{2(x-3)}{x-3}+\frac{1}{x-3}=2+\frac{1}{x-3}$$

이므로 함수 $f(x)$의 그래프는 $\dfrac{1}{x}$의 그래프를 x–축으로 3만큼 수평 이동, y–축으로 2만큼 수직 이동하면 그릴 수 있다. 이때 수직점근선은 $x=3$이고 수직점근선은 $y=2$이다. x–절편은 $\dfrac{5}{2}$이고 y–절편은 $\dfrac{5}{3}$이다.

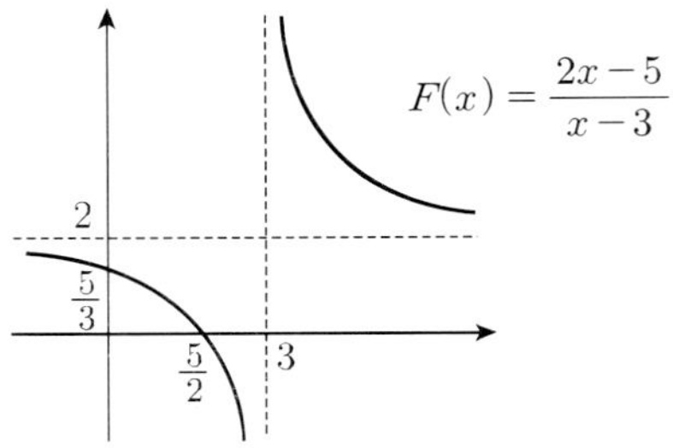

◆ 다음 유리함수는 분자와 분모가 공통인수를 갖는 경우이다.

예제 10 함수 $f(x) = \dfrac{x^2-1}{x-1}$ 의 그래프를 그려라.

풀이 $x \neq 1$이면

$$f(x) = \frac{x^2-1}{x-1} = \frac{(x-1)(x+1)}{x-1} = x+1$$

이고 $x=1$에서 $f(x)$가 정의되지 않는다. 따라서 1을 제외한 실수에서 $f(x)$의 그래프는 직선 $y=x+1$과 일치한다.

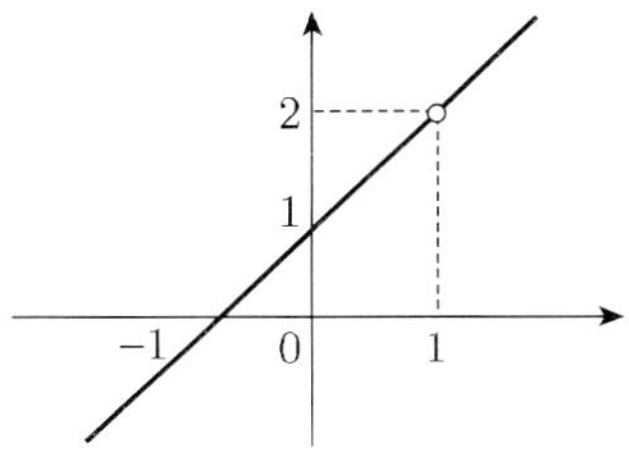

연습문제 3.2

01. 주어진 함수의 정의역을 결정하여라.

(1) $f(x) = \dfrac{x^2}{x+1}$

(2) $f(x) = \dfrac{x-1}{x^2+x-2}$

(3) $f(x) = \dfrac{x^2-2}{x^2+2}$

(4) $f(x) = \dfrac{3x+2}{2x^3-x^2-x}$

(5) $f(x) = \dfrac{x^2-1}{x^3+1}$

(6) $f(x) = \dfrac{x-2}{x^3-2x^2+x}$

02. 다음 유리함수의 그래프의 수직점근선 및 수평점근선을 구하여라. 또한 그래프를 그려라.

(1) $f(x) = \dfrac{2}{x-5}$

(2) $f(x) = \dfrac{2}{5-x}$

(3) $f(x) = -\dfrac{4}{(x-4)^2}$

(4) $f(x) = \dfrac{3x^2+5}{x^2-9}$

(5) $f(x) = \dfrac{2x^2+1}{x^2-4x+3}$

(6) $f(x) = \dfrac{x^2-1}{x+3}$

03. 다음 함수의 정의역을 정하고 그 그래프를 그려라.

(1) $f(x) = \dfrac{x-2}{(x-2)^2}$

(2) $f(x) = \dfrac{x+1}{x^2+2x+1}$

(3) $f(x) = \dfrac{x+2}{x^2-x-6}$

(4) $f(x) = \dfrac{2x}{x^2+x}$

04. 분수함수 $f(x)=\dfrac{ax+b}{2x+c}$가 점 $(1,\ 2)$를 지나고 점근선이 $x=2$, $y=1$일 때, a, b, c의 값을 구하여라.

05. 다음 함수의 정의역을 포함관계로 나타내고, 그래프가 같은 함수들을 찾으시오.

(1) $f(x)=\dfrac{1}{x+1}$

(2) $f(x)=\dfrac{x-1}{x^2-1}$

(3) $f(x)=\dfrac{x^2-x+1}{x^3+1}$

(4) $f(x)=\dfrac{x}{x^2+x}$

06. 다음 부등식을 풀어라.

(1) $\dfrac{x^2-3x-4}{(x-2)^2}\leqq 0$

(2) $\dfrac{(x+1)(x-3)}{x-2}\leqq 0$

(3) $\dfrac{(x-1)(x-3)^2}{(x-2)(x^2-4x+5)}>0$

(4) $-1<\dfrac{x^2-4x+1}{x^2-2x+3}<1$

3.3 무리함수

근호 안에 미지수를 포함한 식을 그 미지수에 대한 무리식이라 하고, 무리식으로 주어진 함수를 무리함수라고 한다. 다시 말해 무리함수는 $y=f(x)$에서 $f(x)$가 무리식이다.

※ 주의 : $\sqrt[n]{g(x)}$에서 n이 홀수이면 $g(x)$는 모든 실수에서 정의되지만 n이 짝수이면 $g(x) \geqq 0$이어야 한다.

예제 1 다음 함수의 정의역을 구하시오.

(1) $f(x)=\sqrt{x-4}$ (2) $g(x)=\sqrt[3]{1-x^2}$

풀이 $f(x)=\sqrt{x-4}$의 경우 $x-4 \geqq 0$ 일 때 정의되므로 정의역은 구간 $(4,\infty)$이고, $g(x)=\sqrt[3]{1-x^2}$ 의 경우에는 $1-x^2$가 모든 실수에서 정의되므로 정의역이 실수 전체이다.

예제 2 $f(x)=\dfrac{1}{x}$이고 $g(x)=\sqrt{3-x}$ 일 때, $f \circ g$와 $g \circ f$를 구하고 각각의 정의역을 구하시오.

풀이 우선

$$(f \circ g)(x)=f[g(x)]=f(\sqrt{3-x})=\frac{1}{\sqrt{3-x}}$$

이므로 $f \circ g$의 정의역은 구간 $(-\infty,3)$이다. 또한

$$(g \circ f)(x)=g[f(x)]=g\left(\frac{1}{x}\right)=\sqrt{3-\frac{1}{x}}=\sqrt{\frac{3x-1}{x}}$$

이고 $g \circ f$의 정의역은 $\dfrac{3x-1}{x} \geq 0$을 만족하는 실수 x의 집합이므로, 정의역은 $(-\infty,0) \cup [\frac{1}{3},\infty)$이다.

$y=\sqrt{ax}\ (a \neq 0)$의 그래프

(1) $a>0$이면 정의역은 $x \geqq 0$, 치역은 $y \geqq 0$, 그래프는 1사분면에 그려진다.
(2) $a>0$ 일 때 정의역은 $x \leqq 0$, 치역은 $y \geqq 0$, 그래프는 2사분면에 그려진다.

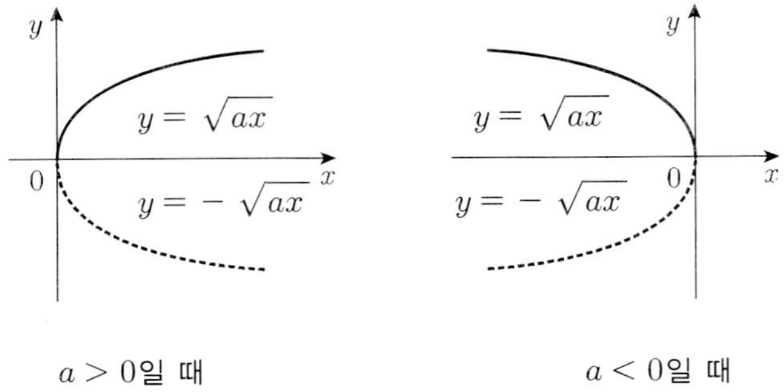

◆ 무리함수 $f(x)=\sqrt{a(x-p)}+q$의 그래프는 $y=\sqrt{ax}$ 의 그래프를 x축 방향으로 p 만큼, 그리고 y축 방향으로 q만큼 평행이동하여 그린다.

예제 3 무리함수 $f(x)=\sqrt{2x+3}+4$의 그래프를 그려라.

풀이 $y=\sqrt{2x}$ 의 그래프를 x축 방향으로 $-\frac{3}{2}$만큼, y축 방향으로 4만큼 평행이동하여 그린다.

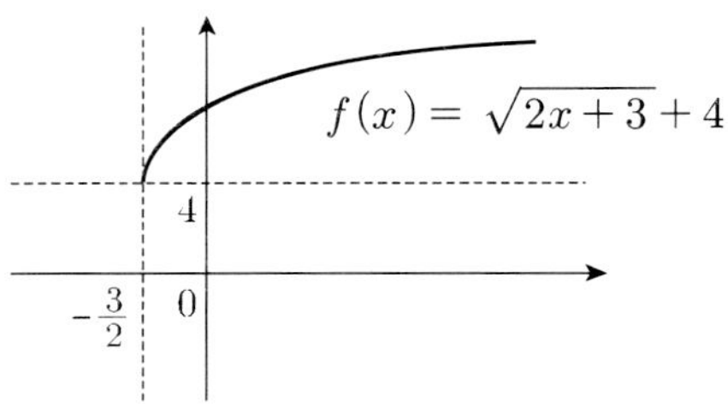

예제 4 $f(x)=\dfrac{1}{\sqrt{x-2}}$의 그래프를 그려라.

풀이 $\sqrt{x-2}$가 정의되기 위해서는 $x-2\geq 0$이어야 하고 분모가 0이 되는 것을 피하기 위해서는 $x-2>0$이어야 한다. 따라서 위 함수의 정의역은 $x>2$인 모든 실수, 즉 구간 $(2,\infty)$이다. $y=\dfrac{1}{\sqrt{x}}$의 그래프를 그린 뒤 x축 방향으로 2만큼 평행이동하여 그린다.

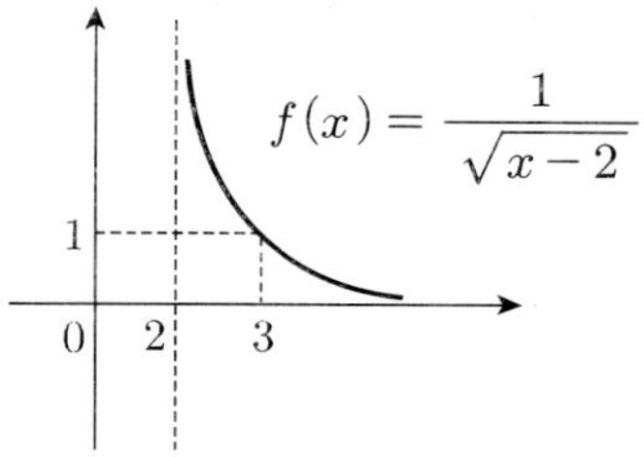

◆ 무리식은 근호 안의 수식의 거듭제곱 여부에 따라 유리식과 같은 간단한 형태로 바꿔 쓸 수 있는데 이때 다음을 주의해야 한다.

(1) $\sqrt{P^2} = |P|$

(2) $\sqrt[3]{P^3} = P$

예제 5 다음 각 식을 간단히 하여라.

(1) $\sqrt{a^2 - 2a + 1}$　　(2) $\sqrt{(a^2 + 2a + 2)^2}$

(3) $-\sqrt[3]{(-x)^3}$　　(4) $\sqrt[3]{x^3 - 3x^2y + 3xy^2 - y^3}$

풀이 (1) $\sqrt{a^2-2a+1} = \sqrt{(a-1)^2}$ 인데 $a-1$은 a에 따라 부호가 다를 수 있다. 따라서 다음과 같이 두 경우로 나누어 나타내야 한다.

$$\sqrt{a^2-2a+1} = \sqrt{(a-1)^2} = |a-1| = \begin{cases} a-1, & a \geqq 1 \\ 1-a, & a < 1 \end{cases}$$

(2) $\sqrt{(a^2+2a+2)^2} = \sqrt{[(a+1)^2+1]^2}$ 이고 $a^2+2a+2 = (a+1)^2+1 > 0$이므로 $\sqrt{(a^2+2a+2)^2} = a^2+2a+2$ 이다.

(3) $-\sqrt[3]{(-x)^3} = -(-x) = x$.

(4) $\sqrt[3]{x^3-3x^2y+3xy^2-y^3} = \sqrt[3]{(x-y)^3} = x-y$.

예제 6 $|x| < 1$일 때 $\sqrt{x^2 + 2x + 1} + \sqrt{x^2 - 2x + 1}$을 간단히 하여라.

풀이

$$\begin{aligned} \sqrt{x^2+2x+1} + \sqrt{x^2-2x+1} &= \sqrt{(x+1)^2} + \sqrt{(x-1)^2} \\ &= |x+1| + |x-1| \\ &= x+1-(x-1) = 2 \end{aligned}$$

◆ 무리함수 그래프의 x절편을 구하려면 무리방정식을 풀어야 하므로 무리방정식의 해와 관련하여 몇 가지 경우를 살펴볼 필요가 있는데 다음에 예제들을 통해 알아보자.

예제 7 $\sqrt{x^2+2} = x-1$의 해집합을 구하시오.

풀이 $\sqrt{x^2+2} = x-1$의 양변을 제곱하면 $x^2+2=(x-1)^2=x^2-2x+1$이므로 정리하여 풀면 $x=-\frac{1}{2}$을 얻게 되지만 실제 위 방정식에 대입해보면 방정식을 만족하지 않는다. 따라서 주어진 방정식의 해집합은 공집합이다.

◆ 위 예제에서와 같이 무리방정식을 푸는 과정에 제곱을 함으로써 다항식이 되는데 이때 무리방정식의 해와는 별도로 거짓해가 생성될 수 있다. 따라서 무리방정식을 풀어 얻은 값을 무리방정식에 대입하여 방정식을 만족하는가를 필히 확인할 필요가 있다.

예시 (1) $\sqrt{4-x} = \sqrt{x-6}$의 해는 존재하지 않는다. 왜냐하면, 왼쪽 무리식이 정의되기 위해서는 $x \leqq 4$이어야 하지만 오른쪽 무리식이 정의되기 위해서는 $x \geqq 6$이어야 하므로 무리식이 정의되는 영역이 공집합이다. 따라서 위 무리방정식의 해는 존재할 수 없다.

(2) $\sqrt{x+3} = -1$은 실수해를 갖지 않는다. 왜냐하면 왼쪽 무리식의 값은 음의 값을 가질 수 없고 오른쪽은 음수이기 때문이다.

(3) $\sqrt{2x+3} + \sqrt{x+3} = 0$은 실수해를 갖지 않는데 그 이유는 등호 왼쪽의 두 무리식이 동시에 0이 될 수 없기 때문이다. 즉, 왼쪽은 음이 아닌 수와 양수의 합이므로 항상 양수이고 오른쪽은 0이므로 해가 존재하지 않는다.

(4) 무리방정식 $\sqrt{11x+3} - \sqrt{2-x} - \sqrt{9x+7} + \sqrt{x-2} = 0$가 정의되기 위해서는 근호 안이 하나라도 음수이어서는 않된다. 따라서 정의될 수 있는 유일한 x는 오직 2뿐이다. $x=2$를 대입하면 위 방정식을 만족하므로 $x=2$만이 방정식의 해이다.

연습문제 3.3

01. 다음 함수의 정의역을 결정하여라.

(1) $f(x) = -4\sqrt{2-8x}+3$ (2) $f(x) = 1-\sqrt{2x-6}$

(3) $f(x) = 3\sqrt{-2x-1}$ (4) $f(x) = \sqrt[3]{x+1}$

(5) $f(x) = \dfrac{1}{\sqrt[3]{(x+1)^3}}$ (6) $f(x) = \sqrt{x^2-2x}$

02. 다음 함수의 그래프를 그려라.

(1) $f(x) = -4\sqrt{2-8x}+3$ (2) $f(x) = 1-\sqrt{2x-6}$

(3) $f(x) = 3\sqrt{-2x-1}$ (4) $f(x) = \sqrt[3]{x+1}$

03. 다음 각 식을 간단히 하여라.

(1) $-2 < x < 2$일 때 $\sqrt{(x-2)^2}+|x+2|$

(2) $x > 2$일 때 $\sqrt{x^2-4x+4}$

04. 다음 무리방정식의 해가 없는 이유를 설명하여라.

(1) $\sqrt{x-6}+\sqrt{3-x} = 4x-3x^2+1$ (2) $\sqrt{4x+7}+\sqrt{3-4x+x^2}+2 = 0$

(3) $\sqrt{x+9}+\sqrt{x} = 2$ (4) $2\sqrt{x^3-4x^2+1}+\sqrt{x^2(x+1)^3} = -5$

05. 다음 무리방정식을 풀어라.

(1) $x^2-\sqrt{x^2-1} = 3$ (2) $\sqrt{x+6}+\sqrt{x+1} = 1$

(3) $3\sqrt{x-3} = x-1$ (4) $x^2-x-\sqrt{x^2-x-2} = 4$

지수함수와 로그함수

Chapter 04

4.1 역함수

정의 1 역함수

정의역이 X이고 치역이 Y인 일대일 함수 f 을 생각하자. 함수 g 는 정의역이 Y 이고 치역이 X라고 하자. 만약

(i) 모든 $x \in X$ 에 대하여, $g[f(x)] = x$ 이고

(ii) 모든 $x \in Y$ 에 대하여, $f[g(x)] = x$ 일 때

g 를 f 의 **역함수**(inverse function)라 한다.

◆ g 가 f 의 역함수일 때 g 를 f^{-1}(g 의 역(inverse)으로 읽음)로 표기 한다. 예를 들어, $f(x) = 2x$ 이면 $f^{-1}(x) = \frac{1}{2}x$ 이다.

◆ 모든 함수가 역함수를 갖는 것은 아니고 역함수를 갖기 위해서는 **일대일함수**(one-to-one function)라는 조건이 꼭 필요하다. 즉, 정의역의 서로 다른 두 원소는 치역의 서로 다른 원소로 대응되어야 한다. 왜냐하면 역함수도 일종의 함수이므로 함수가 정의되기 위해서는 정의역의 원소는 치역의 단 하나의 원소로 꼭 대응이 되어야 하기 때문이다. 자주 등장하는 함수들 중에서 증가함수나 또는 감소함수는 항상 일대일 함수이다.

Note. (1) f^{-1}에서 -1을 음의 지수와 혼동하지 말 것, 즉 $f^{-1}(x)$은 $\frac{1}{f(x)}$ 가 아니다.

(2) 역함수의 정의에 의하여 f 의 정의역은 f^{-1}의 치역과 같고 f 의 치역은 f^{-1}의 정의역과 같다.

(3) f^{-1}의 기호를 사용하여 역함수의 정의를 다시 쓰면

(i) 모든 $x \in X$에 대하여, $f^{-1}[f(x)] = x$ 이고,

(ii) 모든 $x \in Y$에 대하여, $f[f^{-1}(x)] = x$ 이다.

예제 1 $f(x) = x^2 - 4,\ x \geq 0$라 하자. 이 때 f 의 역함수는 $f^{-1}(x) = \sqrt{x+4}$ 임을 확인하여라.

풀이 $f[f^{-1}(x)] = x$ 와 $f^{-1}[f(x)] = x$ 을 확인하자.

(i) $f[f^{-1}(x)] = f(\sqrt{x+4}) = (\sqrt{x+4})^2 - 4 = x + 4 - 4 = x$

또한

(ii) $f^{-1}[f(x)] = f^{-1}(x^2-4) = \sqrt{(x^2-4)+4} = \sqrt{x^2} = |x|$
조건으로부터 $x \geq 0$이므로
$f^{-1}[f(x)] = |x| = x$
한편 f 의 정의역은 $[0,\infty)$이고 f 의 치역은 구간 $[-4,\infty)$이므로 f^{-1}의 정의역은 f 의 치역인 $[-4,\infty)$이고, f^{-1}의 치역은 f 의 정의역인 $[0,\infty)$이다.

◆ 어떤 함수의 역함수가 존재할 때 그 역함수를 구하는 방법을 알아보자.

예제 2 $f(x) = 7x - 2$의 역함수를 구하여라.

풀이 $x = f[f^{-1}(x)] = 7[f^{-1}(x)] - 2$ 이므로 $f^{-1}(x) = \dfrac{x+2}{7}$ 이다.
$f^{-1}[f(x)] = x$임을 확인해보자.
$f^{-1}[f(x)] = \dfrac{f(x)+2}{7} = \dfrac{7x-2+2}{7} = x$

일대일 함수의 역함수를 구하는 방법

1. 우선 방정식 $y = f(x)$ 을 x 가 y 에 대한 식이 되도록 푼다.
2. x 와 y 를 서로 바꾸면 역함수 $y = f^{-1}$ 을 얻는다.

예제 3 다음 함수의 역함수를 구하여라.

(1) $f(x) = (x-1)^3$ (2) $f(x) = x^2 - 3$

풀이 (1) 주어진 함수의 그래프는 일대일 함수인 $g(x) = x^3$의 그래프를 x축을 따라 1만큼 평행이동하면 그릴 수 있으므로 주어진 함수는 수평선 판정법에 의해 일대일임을 쉽게 판정할 수 있다. 역함수를 구하기 위하여 방정식 $f(y) = x$, 즉 $(y-1)^3 = x$를 y에 대하여 풀면 $y - 1 = \sqrt[3]{x}$로부터 $y = \sqrt[3]{x} + 1$을 얻는다. 따라서 $f^{-1}(x) = \sqrt[3]{x} + 1$이고, 또한 $f(x)$의 정의역과 치역은 똑같이 $(-\infty,\infty)$이므로 $f^{-1}(x)$의 정의역과 치역은 $(-\infty,\infty)$이다.

(2) 주어진 함수의 그래프는 일대일 함수가 아닌 함수 $g(x) = x^2$의 그래프를 y축을 따라 3만큼 아래로 수직이동하면 그릴 수 있으므로, 주어진 함수는 수평선 판정법에 의해 일대일이 아니다. 따라서 역함수는 존재하지 않는다.

◆ f 와 f^{-1}가 서로의 역함수라 하고, 실수 a 와 b 에 대해서 $f(a) = b$라 하자. 그러면 역함수의 정의에 의하여, $f^{-1}(b) = a$이다. 즉 (a,b)가 f 의 그래프의 점이라면 (b,a)

는 f^{-1}의 그래프의 점이 된다. 따라서 점 (a,b)와 (b,a)는 직선 $y=x$에 대하여 대칭이 된다, 즉 f^{-1}의 그래프는 f 의 그래프를 $y=x$에 대칭이동시켜 그릴 수 있다.

예제 4 $f(x)= \sqrt[3]{x+1}$ 의 그래프를 그려라.

풀이 앞 3장 2절에서 이 함수의 그래프를 그려보았지만 여기서는 역함수의 그래프 사이의 대칭성을 써서 그려보자. $f(x)= \sqrt[3]{x+1}$ 는 $g(x)=x^3-1$의 역함수 이므로 $y=f(x)$의 그래프는 $g(x)=x^3+1$의 그래프를 직선 $y=x$에 대칭이동 시키면 된다.

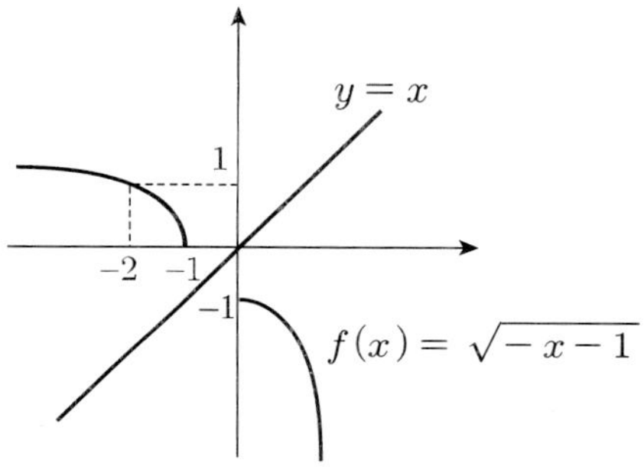

예제 5 $f(x)= \sqrt{-x-1}$ 의 역함수의 그래프를 그려라.

풀이 먼저 f 의 정의역이 $(-\infty,-1]$이고 치역은 $[0,\infty)$임을 확인한 뒤에 f 의 역함수를 직접 구하여 그래프를 그릴 수도 있지만, $f(x)= \sqrt{-x-1}$ 의 그래프를 그린 뒤 직선 $y=x$에 대칭이동 시키는 방법도 있다.

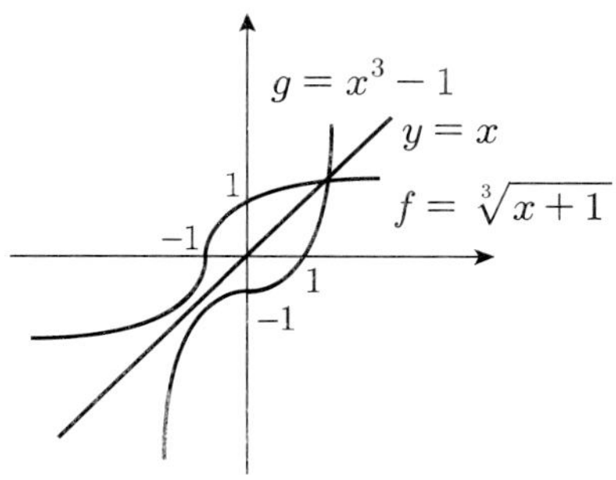

연습문제 4.1

01. 다음 중 일대일 함수를 모두 찾아라.

(1) $y=2x-5$ (2) $y=x^3-7$ (3) $y=\sqrt{6-x^2}$

(4) $y=|x|$ (5) $y=3$ (6) $y=-\sqrt[3]{x+5}$

(7) $y=x|x|$ (8) $y=x^2|x|$

02. 일대일 함수에 대하여 $y=f^{-1}(x)$형태로 역함수를 구하고 f 와 f^{-1}의 그래프를 그려라.

(1) $y=4x-5$ (2) $y=-\dfrac{5}{2}x$ (3) $y=-x^3-2$

(4) $y=\dfrac{-6x+5}{3x-1}$ (5) $xy=4$ (6) $y=\sqrt{9+6x+x^2}$

03. 다음에 주어진 함수가 일대일함수인가를 판단하여라. 아닌 경우 정의역을 적절히 제한한 뒤에 그 역함수를 구하고 역함수의 치역을 밝혀라.

(1) $y=\sqrt{6+x}$ (2) $y=x^2+2$ (3) $y=4-x^2$

(4) $y=\dfrac{1}{x-1}$ (5) $y=x^2+2x+1$ (6) $x^2+y^2=1$

(7) $y=\dfrac{x^2-1}{x-1}$ (8) $y=\dfrac{1}{x^2+1}$

04. 다음 명제의 참, 거짓을 판정하고, 참인 경우는 이유를 설명하고 거짓인 경우에는 반례를 들어라.

(1) 증가함수의 역함수는 증가함수이다.

(2) 감소함수의 역함수는 감소함수이다.

(3) 우함수는 일대일 함수이다.

(4) 기함수는 일대일 함수이다.

(5) f 와 g 가 일대일 함수이면 합성함수 $g\circ f$ 도 일대일 함수이다.

(6) f 와 g 가 증가함수이면 합성함수 $g\circ f$ 도 증가함수이다.

(7) f 와 g 가 감소함수이면 합성함수 $g\circ f$ 도 감소함수이다.

4.2 지수함수

정의 2 지수함수

$a>0$, $a\neq 1$이라 하자. $f(x)=a^x$로 정의된 함수를 **지수함수**(exponential function)라 한다. 이 때 상수 a를 **밑**(base)이라 한다.

※ 주의 1 : 함수 $f(x)=2^x$은 변수 x가 지수이기 때문에 지수함수라 하며, 다항함수 $g(x)=x^2$와 혼동하지 말 것.

※ 주의 2 : 지수함수에서 $a>0$이라는 조건은 중요하다. 왜냐하면 $x=1/2$이고 $a=-6$와 같은 음수인 경우 $a^x=(-6)^{1/2}=\sqrt{-6}$은 실수가 아니기 때문이다.

$a, b>0$일 때 모든 실수 x, y에 대하여 다음의 지수법칙이 성립한다

(a) $a^{x+y}=a^x a^y$ (b) $a^{x-y}=a^x \div a^y$

(c) $(a^x)^y=a^{xy}$ (d) $(ab)^x=a^x b^x$

◆ 모든 실수 x에 대하여 a^x는 유일한 양의 값을 가지므로 $y=a^x$가 정의된다. 즉, $f(x)=a^x$의 정의역은 모든 실수의 집합이고 치역은 양의 실수의 집합이 된다. $f(x)=a^x$의 그래프는 아래에 그려져 있다. $a>1$이면 x가 커질수록 a^x도 커지므로 $f(x)=a^x$는 증가함수이며, 특히 x가 무한대로 증가할수록 a^x는 무한대로 급격히 증가한다. 반대로 $0<a<1$이면 x가 커질수록 a^x는 작아지는데 x가 음의 무한대로 접근할수록 a^x는 무한대로 급격히 증가하고 x가 양의 무한대로 접근할 때는 a^x는 0으로 한없이 가까워진다. 따라서 $f(x)=a^x$는 감소함수이다.

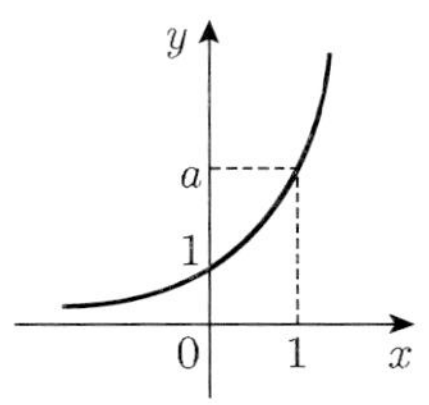

$a>1$인 경우

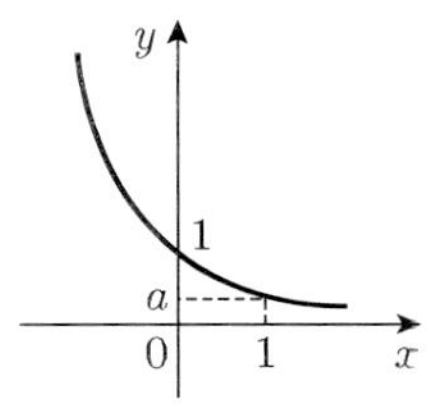

$0<a<1$인 경우

예제 1 $y=2^x$, $y=3^x$, $y=\left(\frac{1}{2}\right)^x$ 과 $y=\left(\frac{1}{3}\right)^x$의 그래프를 같은 좌표평면에 그려라.

풀이 $2^0=3^0=1$, $2^1<3^1$, $2^2<3^2$, ⋯이므로 다음 결과를 예측할 수 있다.

$x\ge 0$일 때, $2^x\le 3^x$이다.

또한 $2^{-1}>3^{-1}$, $2^{-2}>3^{-2}$, ⋯이므로 다음 결과도 예측할 수 있다.

$x<0$일 때, $2^x\ge 3^x$이다.

$y=3^{-x}$의 그래프는 $y=3^x$의 그래프를 y-축에 대칭시켜 그릴 수 있다.

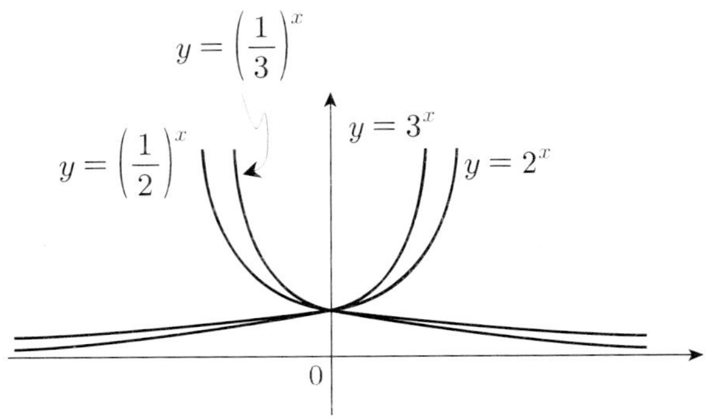

지수함수의 기본 성질

> (1) $f(x)=a^x$의 그래프는 $a^0=1$이므로 항상 $(0,1)$을 지난다.
>
> (2) $f(x)=a^x$는 정의역 $(-\infty,\infty)$과 치역 $(0,\infty)$을 갖는다.
>
> (3) $a>1$이면 $f(x)=a^x$는 증가함수이고
>
> $0<a<1$이면 $f(x)=a^x$는 감소함수이다.

예제 2 $f(x)=2^x$ 일 때 다음을 계산하여라.

(1) $f(-1)$　　(2) $f(3)$　　(3) $f\left(\frac{5}{2}\right)$

풀이 (1) $f(-1)=2^{-1}=\frac{1}{2}$이다.

(2) $f(3)=2^3=8$

(3) $f\left(\frac{5}{2}\right)=2^{\frac{5}{2}}=(2^5)^{\frac{1}{2}}=\sqrt{32}=4\sqrt{2}$

예제 3 다음 함수의 그래프를 그려라.

$$f(x)=-2^{-x}+2$$

풀이 $y = 2^{-x} = (\frac{1}{2})^x$ 의 그래프를 x축에 대해 대칭이동한 후 y축을 따라 2만큼 수직이동하여 그래프를 그리면 아래와 같다.

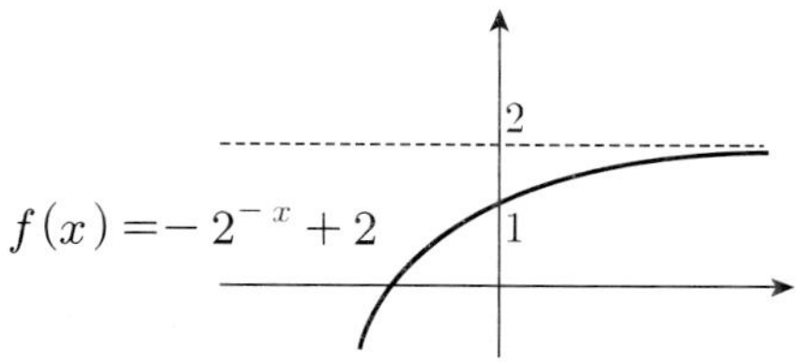

◆ $f(x) = a^x$ 는 증가함수이거나 또는 감소함수이므로 일대일함수이고 따라서 다음이 성립한다.

(ㄱ) $a^u = a^v \Rightarrow u = v$

(ㄴ) $a^u = b^u,\ u \neq 0 \Rightarrow a = b$

◆ 지수에 미지수가 들어있는 방정식을 지수방정식이라 하고, 위 관계식은 지수방정식을 풀 때 다음처럼 사용할 수 있다.

지수방정식 풀이법
(1) 밑을 같게 할 수 있으면 $a^{f(x)} = a^{g(x)}$ 의 꼴로 고쳐 $f(x) = g(x)$를 푼다.
(2) 밑을 같게 할 수 없을 경우 $a^{f(x)} = b^{g(x)}$ 의 꼴로 정리한 다음 양변에 로그를 취한다. (다음 절 4.3 로그함수 참조)
Note. a^x 를 포함할 때, $a^x = X\ (X > 0)$로 치환하여 푼다.

예제 4 x 에 대한 다음 방정식을 풀어라.

(1) $2^{3x} = 2^6$ (2) $2^5 = (x-3)^5$ (3) $\left(\frac{1}{3}\right)^x = 81$

풀이 (1) $3x = 6$, 즉 $x = 2$이다.

(2) $2 = x - 3$, 즉 $x = 5$이다.

(3) $\left(\frac{1}{3}\right)^x = (3^{-1})^x = 3^{-x}$ 이고 $81 = 3^4$이므로 주어진 식은 $3^{-x} = 3^4$으로 고쳐 쓸 수 있다. $x = -4$이다.

예제 5 $x^{\frac{4}{3}} = 81$일 때 x를 구하여라.

풀이 식의 양변에 $\frac{3}{4}$제곱을 취하면

$x=(x^{\frac{4}{3}})^{\frac{3}{4}}=81^{\frac{3}{4}}=(3^4)^{\frac{3}{4}}=3^3=27$
방정식의 양쪽에 같은 수의 제곱을 하는 과정은, 잘못된 답으로 이끌 수도 있으므로 구한 답을 확인하는 것이 필요하다. x에 27을 대입하면
$27^{\frac{4}{3}}=(\sqrt[3]{27})^4=3^4=81$
결국 해는 $x=27$이다.

◆ π와 더불어 자주 등장하는 무리수로 자연대수 e가 있다. 수 e는 자연수 n이 점점 커질 때 식

$$A(n)=\left(1+\frac{1}{n}\right)^n$$

에 의해 근사되는 값이다. 수열의 극한으로 나타내면

$$e=\lim_{n\to\infty}\left(1+\frac{1}{n}\right)^n$$

로 쓸 수 있다.

◆ $f(x)=e^x$를 **자연지수함수**라 한다. $e\approx 2.71828$이므로

(i) $x\ge 0$일 때 $2^x<e^x<3^x$,

(ii) $x<0$일 때 $3^x<e^x<2^x$

이 성립한다. 따라서 $y=e^x$의 그래프는 $y=2^x$의 그래프와 $y=3^x$의 그래프 사이에 놓인다.

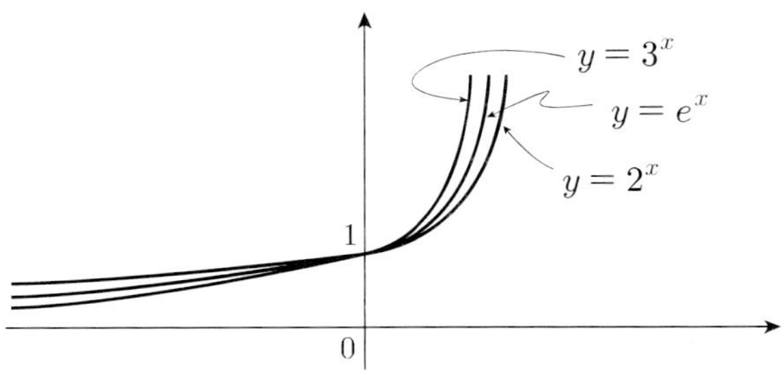

연습문제 4.2

01. $f(x) = \left(\dfrac{1}{3}\right)^x$ 일 때, 다음을 계산하여라.

(1) $f(2)$　　(2) $f(-1)$　　(3) $f\left(\dfrac{1}{2}\right)$　　(4) $f(0)$

02. 다음 함수의 그래프를 그려라.

(1) $f(x) = 4^x$　　(2) $f(x) = 4^{-x}$　　(3) $f(x) = 2^{|x|}$

(4) $f(x) = 2^{-|x|}$　　(5) $f(x) = -2^x$　　(6) $f(x) = -\left(\dfrac{1}{2}\right)^x$

03. 다음 방정식을 풀어라.

(1) $4^x = 2$　　(2) $\left(\dfrac{1}{2}\right)^x = 4$　　(3) $2^{3-y} = 8$

(4) $\dfrac{1}{27} = b^{-1}$　　(5) $e^{-5x} = (e^2)^x$　　(6) $27^{4z} = 9^{z+1}$

04. 아래에 정의된 함수의 그래프를 그리고 $f(x) = 2^x$ 의 그래프와 비교하여라. 절편은 반드시 표시하여라.

(1) $f(x) = 2^{x+1}$　　(2) $f(x) = 2^x + 2$　　(3) $f(x) = 2^{x+1} + 2$

(4) $f(x) = 3^{x-2}$　　(5) $f(x) = 3^x - 4$　　(6) $f(x) = 3^{x-2} - 4$

05. 다음 지수방정식을 풀어라.

(1) $2^{3x+2} = 2^{2x}$　　(2) $3^{2x} + 3^x - 6 = 0$

(3) $4^x + 4^{-x} = 2^x + 2^{-x}$　　(4) $\left(\sqrt{4+\sqrt{15}}\right)^x + \left(\sqrt{4-\sqrt{15}}\right)^x = 8$

06. 다음 명제의 참, 거짓을 판정하여라.

(1) $y = 2^x$의 그래프를 x축에 대하여 대칭이동하면 $y = \dfrac{1}{2^x}$의 그래프이다.

(2) $y = 2^x$의 그래프를 x축의 방향으로 평행이동하면 $y = 3^x$의 그래프를 얻을 수 있다.

4.3 로그함수

앞 절에서 지수함수 $f(x)=a^x$는 증가 또는 감소이므로 일대일함수가 된다는 것을 알았다. 따라서 f 의 역함수 f^{-1}가 항상 존재한다. f 의 정의역과 치역이 $(-\infty,\infty)$ 및 $(0,\infty)$이므로 f^{-1}의 정의역과 치역은 $(0,\infty)$ 및 $(-\infty,\infty)$이다. $f(x)=a^x$는 a와 지수 x에 의해 결정되는 함수이므로 그 역함수 또한 a와 x에 의해 결정되는 형태로 정의하면 편리할 것이다. 이러한 점을 고려하여

$$f^{-1}(x)=\log_a x\ ,\ \ x>0$$

으로 정의한다. 이 역함수 $f^{-1}(x)$를 **밑이 a 인 로그함수**라 하다. 여기서 밑 a는 1이 아닌 양수이다.

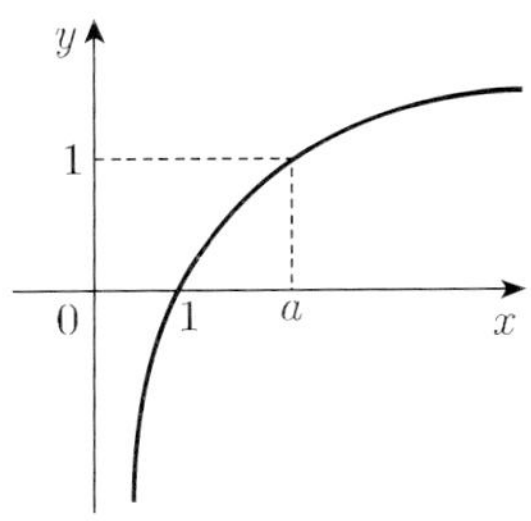

$a>1$일 때

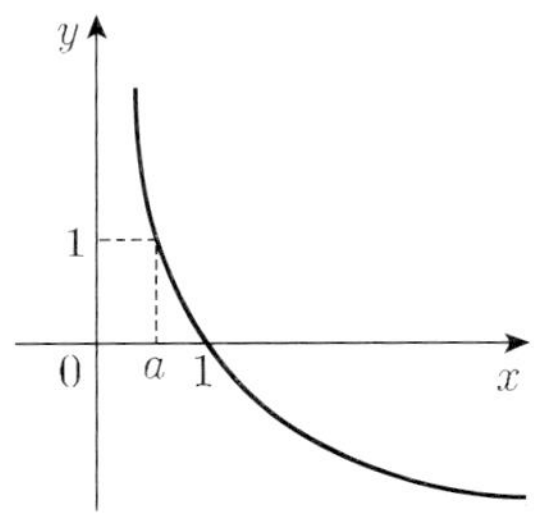

$0<a<1$일 때

지수함수와 로그함수의 관계

$$y=\log_a x\ \Leftrightarrow\ x=a^y$$

예시 다음은 동치관계인 수식들이다.

(1) $2^3=8\quad\Leftrightarrow\quad\log_2 8=3$

(2) $\left(\dfrac{1}{2}\right)^{-4}=16\ \Leftrightarrow\ \log_{\frac{1}{2}}16=-4$

(3) $10^5=100{,}000\quad\Leftrightarrow\quad\log_{10}100{,}000=5$

(4) $3^{-4}=\dfrac{1}{81}\quad\Leftrightarrow\quad\log_3\dfrac{1}{81}=-4$

(5) $5^1=5\quad\Leftrightarrow\quad\log_5 5=1$

예제 1 x 에 대하여 풀어라.

(1) $\log_3 x = -2$ (2) $\log_x 81 = 4$ (3) $\log_5 125 = x$

풀이 (1) 동치인 지수 형태로 바꿔 쓰면 $x = 3^{-2} = \frac{1}{9}$

(2) 동치인 지수 형태로 바꾸면 $x^4 = 81 = 3^4$이고 $a^u = b^u$ 일 때 $a = b$이므로, $x = 3$ 이다.

(3) 지수형태로 바꾸면 $5^x = 125 = 5^3$이므로 $x = 3$이다.

◆ 지수함수와 로그함수는 서로 역함수이다. 따라서 지수함수의 정의역이 모든 실수의 집합이므로, 로그함수의 치역은 모든 실수의 집합이다. 같은 방법으로 지수함수의 치역과 로그함수의 정의역은 모든 양수의 집합이다.

예제 2 다음과 같이 정의된 로그함수의 그래프를 그려라.

(1) $f(x) = \log_2 x$ (2) $g(x) = \log_{\frac{1}{2}} x$

풀이 (1) $f(x) = \log_2 x$는 $y = 2^x$의 역함수이다. 따라서 f 의 그래프는 $y = 2^x$의 그래프를 그린 후 $y = x$ 에 대해 대칭 이동하여 그린다.

(2) $g(x) = \log_{1/2} x$ 는 $y = (1/2)^x$ 의 역함수이다. 따라서 g 의 그래프는 $y = (1/2)^x$ 의 그래프는 $y = x$ 에 대해 대칭 이동하여 그린다.

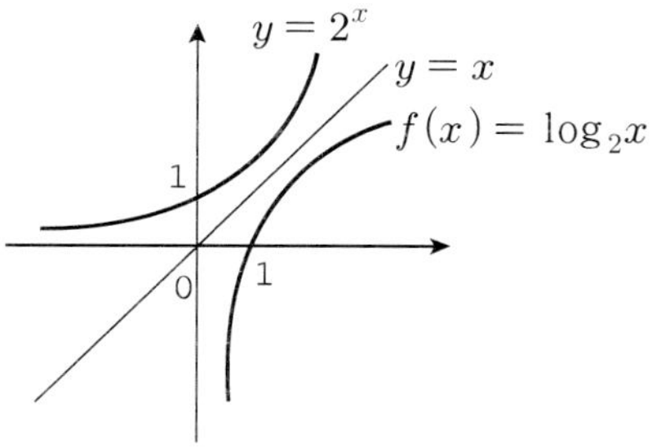

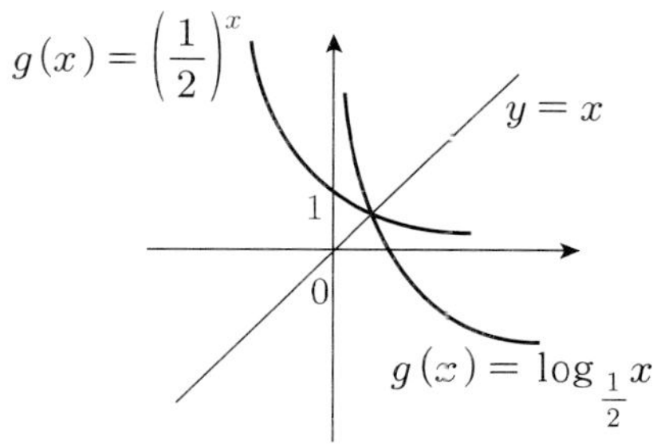

로그함수의 성질

(1) $f(x) = \log_a x$는 $(1, 0)$을 항상 지난다.

(2) $f(x) = \log_a x$의 정의역은 $(0, \infty)$이고 치역은 $(-\infty, \infty)$이다.

(3) $a > 1$일 때 $f(x) = \log_a x$는 증가함수이고,

$0 < a < 1$일 때 $f(x) = \log_a x$는 감소함수이다.

◆ $f(x) = \log_a x$ 도 지수함수와 마찬가지로 증가함수 또는 감소함수이므로 일대일함수이다. 이로부터 다음과 같은 결과를 얻는다.

(a) $\log_a u = \log_a v \Rightarrow u = v$

(b) $\log_a u = \log_b u,\ u \neq 1 \Rightarrow a = b$

예제 3 x 에 대하여 풀어라.

(1) $\log_5(x+1) = \log_5 25$ (2) $\log_{x-1} 77 = \log_5 77$

풀이 (1) $x+1=25$이므로 $x=24$이다.

(2) $x-1=5$이므로 $x=6$이다.

로그의 기본성질

(1) $\log_a xy = \log_a x + \log_a y$

(2) $\log_a \dfrac{x}{y} = \log_a x - \log_a y$

(3) $\log_a x^r = r \cdot \log_a x$, r 은 실수

증명 동치인 지수 형태를 사용하여 증명하자.

(I) $m = \log_a x$ 이고 $n = \log_a y$ 라 하자. 로그의 정의로부터

$$a^m = x \text{ 이고 } a^n = y$$

이므로 두 식을 곱하면

$$a^m \cdot a^n = xy$$

지수의 성질에 의해

$$a^{m+n} = xy$$

로그의 정의를 다시 적용하면

$$\log_a xy = m + n$$

따라서

$$\log_a xy = \log_a x + \log_a y$$

성질 (2)와 (3)도 유사하게 증명할 수 있다.

예시 (1) $\log_6 63 = \log_6 7 \cdot 9 = \log_6 7 + \log_6 9$

(2) $\log_9 \dfrac{15}{7} = \log_9 15 - \log_9 7$

(3) $\log_5 \sqrt{8} = \log_5 8^{\frac{1}{2}} = \dfrac{1}{2}\log_5 8$

(4) $\log_a\left(\dfrac{xy}{z}\right) = \log_a x + \log_a y - \log_a z$

예제 4 다음 식을 단순한 로그 형태로 고쳐라.

$$\log_a \frac{(x-1)^{-2}(y+2)^3}{\sqrt{x}}$$

풀이
$$\begin{aligned}\log_a \frac{(x-1)^{-2}(y+2)^3}{\sqrt{x}} &= \log_a (x-1)^{-2}(y+2)^3 - \log_a \sqrt{x} \\ &= \log_a (x-1)^{-2} + \log_a (y+2)^3 - \log_a \sqrt{x} \\ &= -2\log_a (x-1) + 3\log_a (y+2) - \frac{1}{2}\log_a x\end{aligned}$$

※ 주의 (1) $\log_a (x+y) \neq \log_a x + \log_a y$

(2) $\dfrac{\log_a x}{\log_a y} \neq \log_a x - \log_a y$

예제 5 로그의 성질을 이용하여 다음 식을 로그 앞의 수가 1인 단일 로그로 나타내시오.

(1) $\log_3 (x+2) + \log_3 x - \log_3 2$

(2) $2\log_a m - 3\log_a n$

풀이 로그의 성질을 이용하자.

(1) $\log_3 (x+2) + \log_3 x - \log_3 2 = \log_3 \dfrac{(x+2)x}{2}$

(2) $2\log_a m - 3\log_a n = \log_a m^2 - \log_a n^3 = \log_a \dfrac{m^2}{n^3}$

◆ $f(x) = a^x$, $g(x) = \log_a x$ 라 하면 합성함수의 정의에 의해

$$f[g(x)] = a^{\log_a x}, \qquad g[f(x)] = \log_a a^x$$

이고 f 와 g 는 서로 역함수 관계이므로 다음과 같은 중요한 성질을 얻는다.

(1) $a^{\log_a x} = x$, $x > 0$

(2) $\log_a a^x = x$, x 는 모든 실수

예시 역함수관계로부터 다음을 쉽게 알 수 있다.

(1) $\log_5 5^3 = 3$ (2) $7^{\log_7 10} = 10$ (3) $\log_r r^{k+1} = k+1$

◆ **자연로그** : 우리는 10진법을 사용하므로 밑 10의 로그가 계산에 가장 편리하다. 밑 10인 로그를 **상용로그**라 한다. 상용로그 $\log_{10}x$는 간단히 $\log x$로 쓴다. 인구의 성장과 감소 또는 자연현상의 많은 문제에서 e를 밑으로 하는 로그를 사용한다. 이러한 로그를 **자연로그**(natural logarithm)라 한다. x에 대한 자연로그 $\log_e x$를 간단히 $\ln x$로 쓴다.

자연로그의 성질

(a) $e^{\ln x} = x, \quad x > 0$

(b) $\ln e^x = x$

예시 역함수 관계로부터

(1) $e^{\ln 5} = 5$　　　(2) $\ln e^2 = 2$

◆ 다른 밑의 로그를 사용하는 것이 계산에 종종 편리하다. 다음 공식은 어떤 밑의 로그를 다른 밑의 로그로 바꾸는데 사용된다.

밑의 변경 $\log_a x = \dfrac{\log_b x}{\log_b a}$

증명 $x = a^{\log_a x}$의 양변을 밑이 b인 로그를 취하고 정리하면

$\log_b x = \log_b a^{\log_a x}$

이고 $\log_b x = (\log_a x)(\log_b a)$이므로

$$\log_a x = \frac{\log_b x}{\log_b a}$$

예제 6 자연로그를 써서 나타내어라.

(1) $\log_5 27$　　　(2) $\log_2 0.1$

풀이 (1) $x = 27, a = 5$과 $b = e$라 하고 위의 정리를 적용하면

$$\log_5 27 = \frac{\log_e 27}{\log_e 5} = \frac{\ln 27}{\ln 5}$$

(2) $\log_2 0.1 = \dfrac{\ln 0.1}{\ln 2} = -\dfrac{\ln 10}{\ln 2}$

예제 7 방정식 $7^x = 12$를 풀어라.

풀이 임의의 밑 b를 이용하여 양변에 로그를 취할 수 있지만, 가장 적절한 밑은 e이다. 따라서 양변에 밑이 e인 자연로그를 취하면 $\ln 7^x = \ln 12$ 이다. 로그 성질에 의해 $x\ \ln 7 = \ln 12$ 가 되므로 $x = \dfrac{\ln 12}{\ln 7}$ 이다.

◆ 로그의 진수 또는 밑에 미지수를 포함한 방정식을 로그방정식이라 하며, 로그방정식을 풀 때 다음을 주목하자.

(1) 밑을 통일하고 다음을 적용한다 :

(i) $\log_a f(x) = \log_a g(x) \ \Rightarrow\ f(x) = g(x)$,

(ii) $\log_a f(x) = b \ \Rightarrow\ f(x) = a^b$.

(2) $\log_a x = t$ 로 치환하여 푼다.

(3) 지수에 로그가 있으면 양변에 로그를 취한다.

예제 8 다음 로그방정식을 풀어라.

$$\log(2x+8) = 1 + \log(x-4)$$

풀이 x를 포함한 항을 왼쪽으로 상수는 오른쪽으로 모으면

$\log(2x+8) - \log(x-4) = 1$

인데 로그함수의 성질을 써서 한 개의 로그로 정리하면

$\log\dfrac{2x+8}{x-4} = 1$

이다. 동치인 지수 형태로 바꾸면 $\dfrac{2x+8}{x-4} = 10^1 = 10$이므로

$2x+8 = 10x-40$

로부터 $x=6$을 얻는다.

예제 9 다음 로그방정식을 풀어라.

$$\log_2 x = 3 - \log_2(x+2)$$

풀이 $\log_2 x + \log_2(x+2) = 3$은 $\log_2 x(x+2) = 3$로 바꿀 수 있으므로 $x(x+2) = 2^3$, 즉 $x^2+2x-8=0$ 을 얻는다. 인수분해하면 $(x-2)(x+4)=0$이므로 $x=2$ 또는 $x=-4$ 이다. 한편 $x>0$이므로 $x=-4$는 버린다. 따라서 해는 $x=2$이다.

연습문제 4.3

01. 다음을 계산하여라.

(1) $\log_5 25$ (2) $\log_8 8$ (3) $\log_{10} 0.001$

(4) $\log_{25} 5$ (5) $\log_4 \frac{\sqrt[3]{4}}{2}$ (6) $\log_{\frac{1}{3}} \frac{9^{-4}}{3}$

(7) $e^{\ln 2}$ (8) $\ln e^4$ (9) $\ln \sqrt{e}$

02. 다음을 로그의 합, 차와 곱으로 쓰시오. 가능한 한 간단히 하여라.

(1) $\log_3 \frac{2}{5}$ (2) $\log_2 \frac{2\sqrt{3}}{5}$ (3) $\log_4 (2^x 4^y)$ (4) $\log_m \sqrt{\frac{5r^3}{z^3}}$

03. 다음의 각 식을 계수가 1인 하나의 로그로 표현하여라.

(1) $\log_a x + \log_a y - \log_a m$ (2) $2\log_m a - 3\log_m b^2$

(3) $\log_a (pq^2) + 2\log_a \frac{p}{q}$ (4) $\log_b (x+2) + \log_b 7x - \log_b 8$

04. x 에 대하여 풀어라.

(1) $\log_2 x = 3$ (2) $\log_{16} x = \frac{1}{2}$ (3) $\log_{1/2} x = 3$

(4) $\log_5 \frac{1}{25} = x$ (5) $\log_x 4 = \frac{1}{2}$ (6) $\log_x \frac{1}{8} = -\frac{1}{3}$

05. 다음 방정식의 그래프를 그려라. 단, 절편은 반드시 표시하여라.

(1) $y = \log_{10}|x|$ (2) $y = |\log_{10} x|$ (3) $y = |\log_{10}|x||$

06. 다음 로그를 자연로그로 변환하여라.

(1) $\log_2 3$ (2) $\log_{0.1} 0.001$ (3) $\log e$ (4) $\log_{\frac{1}{2}} \frac{2}{3}$

07. 다음의 그래프를 그리고 $y = \ln x$ 의 그래프와 비교하여라.

(1) $y = \ln x + 3$　(2) $y = \ln(x+3)$　(3) $y = \ln(x+3) - 3$

(4) $y = \ln(x-4)$　(5) $y = \ln x - 4$　(6) $y = \ln(x-4) - 6$

08. 다음 방정식의 그래프를 그려라. 절편을 반드시 표시할 것.

(1) $y = \ln|x|$　(2) $y = |\ln x|$　(3) $y = |\ln|x||$

09. 다음 방정식의 그래프를 그려라.

(1) $y = \log x^2$　(2) $y = 2\log x$

10. 다음 함수의 그래프의 개형을 그리고 $y = \log_3 x$ 의 그래프와 비교하여라.

(1) $y = 3^x$　(2) $y = \log_{\frac{1}{3}} x$

(3) $y = \log_3(-x)$

11. 다음 방정식을 풀어라.

(1) $3^x = 6$　(2) $3^{a+2} = 5$

(3) $5^{2-x} = 12$　(4) $4^{3m-1} = 12^{m+2}$

(5) $2^x = -3$　(6) $\left(1 + \frac{n}{4}\right)^3 = 12$

(7) $\ln(t-1) = 1$　(8) $\log_2(\log_2 x) = 1$

(9) $\log_a(x+4) - \log_a(x+2) = \log_a x$　(10) $\log_3(3m^2)^{\frac{1}{4}} = 3$

(11) $\ln(y+2) = \ln(y-7) + \ln 4$　(12) $\ln x^2 = (\ln x)^2$

12. 함수 $f(x) = \ln(\ln x)$의 그래프를 그려라.

삼각함수

Chapter

05

5.1 삼각함수의 정의

◆ 평면 위의 한 점 O에서 시작하는 반직선 OX와 OP를 생각하자. 이때 $\angle XOP$는 반직선 OP와 반직선 OX사이의 각도를 의미한다. 시계바늘이 회전하는 방향과 반대로 회전하는 경우를 **양의 방향**, 같은 방향으로 회전할 경우를 **음의 방향**으로 정하여 회전방향을 구별한다. OX를 출발하여 OP에 이를 때까지 회전한 각의 크기는 회전수와 회전방향에 의존한다. 이 각을 OX와 OP에 의해 만들어지는 **일반각**이라 한다. 이때 O를 **극점**, OX를 **극축**이라 한다.

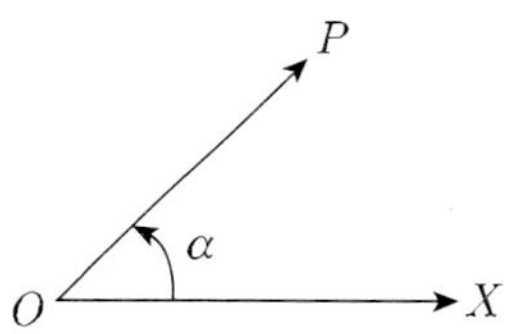

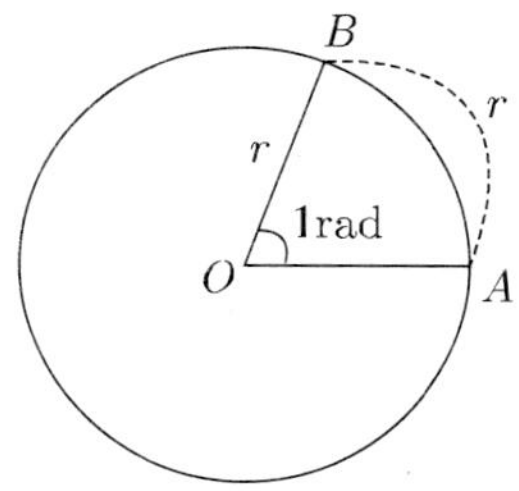

OX와 OP가 이루는 한 각을 α라 하면, 일반각은 다음과 같이 표현된다.

$$360^\circ \times n + \alpha \ , \ n\text{은 정수}$$

좌표평면에 일반각을 표현하여 보자. 양의 x 축을 극축으로 하고, OP가 1사분면, 2사분면, 3사분면, 4사분면에 있을 때를 고려하여, OP에 의해 만들어진 일반각을 각각 1사분면, 2사분면, 3사분면, 4사분면의 **각**이라 한다.

◆ 호도법이란 각의 크기를 **실수로서 파악할 수 있는 단위법**을 말한다.

정의 1 라디안

반지름이 r인 원에서, 호의 길이가 반지름 r과 같은 각의 크기를 1rad(라디안)라 한다. 따라서 비례식

$$\text{원둘레 } 2\pi r : \text{호의 길이 } r = \text{원둘레의 각 } 360^\circ : \text{원호 } 1\,\text{rad}$$

로부터

$$1\,\text{rad} = 360° \times \frac{r}{2\pi r} = \frac{180°}{\pi}$$

가 성립한다. 결국 1rad은 반지름과 상관없이 일정하며

$$\pi\,\text{rad} = 180°$$

이며 1rad을 단위로 각의 크기를 재는 방법을 **호도법**이라 한다.

※ **참고** (1) 1 rad는 약 57°17′45″이다.
(2) 호도법에서는 보통 rad단위를 생략하고 쓴다.
예를 들어 π rad는 π로 쓴다.

◆ 도(°)와 라디안(rad) 사이의 관계는 다음과 같다.

$$1\,\text{rad} = \frac{180°}{\pi}, \quad 1° = \frac{\pi}{180}\ \text{rad}$$

예제 1 다음에 주어진 각도를 라디안으로 고치시오.

(1) 30° (2) 45° (3) 60° (4) 90°

(5) 180° (6) 270° (7) 360° (8) 0°

풀이 (1) $30° = 30 \times 1° = 30 \times \frac{\pi}{180} = \frac{\pi}{6}$ (2) $45° = 45 \times \frac{\pi}{180} = \frac{\pi}{4}$

(3) $60° = 60 \times \frac{\pi}{180} = \frac{\pi}{3}$ (4) $90° = 90 \times \frac{\pi}{180} = \frac{\pi}{2}$

(5) $180° = 180 \times \frac{\pi}{180} = \pi$ (6) $270° = 270 \times \frac{\pi}{180} = \frac{3\pi}{2}$

(7) $360° = 360 \times \frac{\pi}{180} = 2\pi$ (8) $0° = 0$

예제 2 호도법으로 주어진 아래의 각도를 도(°)로 고치시오.

(1) $\frac{\pi}{3}$ (2) $\frac{2}{3}\pi$ (3) 3π (4) $\frac{\pi}{12}$

풀이 (1) $\frac{\pi}{3}\,\text{rad} = \frac{\pi}{3} \times 1\text{rad} = \frac{\pi}{3} \times \frac{180°}{\pi} = 60°$

(2) $\frac{2}{3}\pi \times \frac{180°}{\pi} = 120°$

(3) $3\pi \times \frac{180°}{\pi} = 540°$ (4) $\frac{\pi}{12} \times \frac{180°}{\pi} = 15°$

부채꼴의 호의 길이와 면적

반경이 r, 중심각이 θ rad인 부채꼴의 호의 길이를 l, 면적을 S라 하면

$$l = r\theta \ , \qquad S = \frac{1}{2}r^2\theta = \frac{1}{2}rl$$

가 성립한다.

증명 비례식 $S : \pi r^2 = \theta : 2\pi$와 $l : 2\pi r = \theta : 2\pi$ 으로부터

$S = \frac{1}{2}r^2\theta$ 와 $l = r\theta$

을 얻는다. 한편 $l = r\theta$을 $S = \frac{1}{2}r^2\theta$에 대입하면

$S = \frac{1}{2}r^2\theta = \frac{1}{2}rl$

예제 3 중심각이 $\frac{3}{5}\pi$이고 호의 길이가 3π인 부채꼴의 면적을 구하시오.

풀이 $\theta = \frac{3}{5}\pi$과 $\ell = 3\pi = r\theta$로부터 $r = 5$이므로, 부채꼴의 면적은

$S = \frac{1}{2}r\ell = \frac{15}{2}\pi$

◆ 좌표평면에서 일반각의 표현을 생각하자. OP는 고정되어 있으므로 양의 x 축을 극축으로 하여 x 축과 OP가 이루는 한 각을 θ라 하자. 선분 OP 위의 임의의 점 $P_1(x_1, y_1), P_2(x_2, y_2), P_3(x_3, y_3), \cdots, P_n(x_n, y_n)$으로부터 x 축에 그은 수선과 만나는 점을 각각 $Q_1, Q_2, Q_3, \cdots, Q_n$이라 하고

$$\overline{OP_1} = r_1 \ , \ \overline{OP_2} = r_2 \ , \ \overline{OP_3} = r_3 , \ \cdots \ , \ \overline{OP_n} = r_n$$

로 놓자. 그러면

$$\Delta OP_1Q_1 \ , \ \Delta OP_2Q_2 \ , \ \Delta OP_3Q_3 \ , \ \cdots \ , \ \Delta OP_nQ_n$$

등은 모두 닮은 삼각형이므로 다음의 세 경우의 비례 관계를 얻는다.

(I) $\dfrac{\overline{Q_1P_1}}{\overline{OP_1}} = \dfrac{\overline{Q_2P_2}}{\overline{OP_2}} = \dfrac{\overline{Q_3P_3}}{\overline{OP_3}} = \cdots = \dfrac{\overline{Q_nP_n}}{\overline{OP_n}}$

따라서 $\dfrac{y_1}{r_1} = \dfrac{y_2}{r_2} = \dfrac{y_3}{r_3} = \cdots = \dfrac{y_n}{r_n}$

(II) $\dfrac{\overline{OQ_1}}{\overline{OP_1}} = \dfrac{\overline{OQ_2}}{\overline{OP_2}} = \dfrac{\overline{OQ_3}}{\overline{OP_3}} = \cdots = \dfrac{\overline{OQ_n}}{\overline{OP_n}}$

따라서 $\dfrac{x_1}{r_1} = \dfrac{x_2}{r_2} = \dfrac{x_3}{r_3} = \cdots = \dfrac{x_n}{r_n}$

(III) $\dfrac{\overline{Q_1P_1}}{\overline{OQ_1}} = \dfrac{\overline{Q_2P_2}}{\overline{OQ_2}} = \dfrac{\overline{Q_3P_3}}{\overline{OQ_3}} = \cdots = \dfrac{\overline{Q_nP_n}}{\overline{OQ_n}}$

따라서 $\dfrac{y_1}{x_1} = \dfrac{y_2}{x_2} = \dfrac{y_3}{x_3} = \cdots = \dfrac{y_n}{x_n}$

◆ 위 결과는 선분 OP 위에 어떤 점을 잡더라도 그로부터 주어지는 일반각과 연관된 함수가 있음을 짐작케 한다. OP 위의 임의의 점 P의 좌표를 (x,y), $\overline{OP}=r$ $(r>0)$, x축과 OP가 이루는 각을 θ라 하면

$$\frac{y}{r}\ ,\quad \frac{x}{r}\ ,\quad \frac{y}{x}$$

는 θ에 따라 결정되는 유일한 값은 갖는다. 따라서 $\dfrac{y}{r}$, $\dfrac{x}{r}$, $\dfrac{y}{x}$는 모두 θ에 관한 함수가 된다.

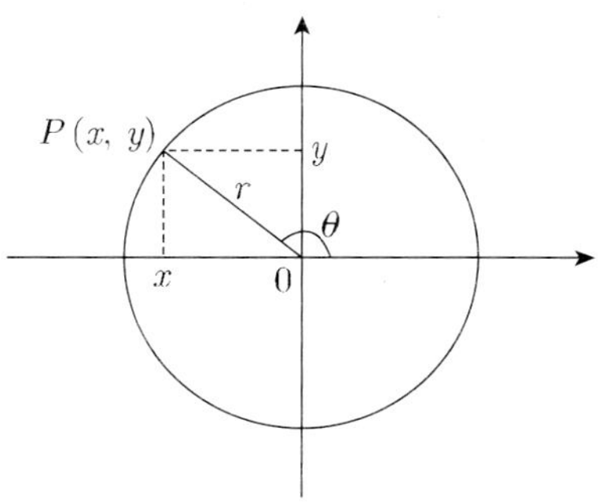

$\dfrac{y}{r}$을 θ의 **사인**(sine), $\dfrac{x}{r}$을 θ의 **코사인**(cosine), $\dfrac{y}{x}$을 θ의 **탄젠트**(tangent)라 하고, 기호로 각각 다음과 같이 표현한다.

$$\sin\theta = \frac{y}{r}, \qquad \cos\theta = \frac{x}{r}, \qquad \tan\theta = \frac{y}{x}$$

위의 곱의 역수도 생각할 수 있으므로 기호로 다음과 같이 표현한다.

$$\csc\theta = \frac{r}{y}, \qquad \sec\theta = \frac{r}{x}, \qquad \cot\theta = \frac{x}{y}$$

정의 2 삼각함수

점 $P(x,y)$, OP를 나타내는 각을 θ, $\overline{OP}=r$ $(r>0)$이라 하자.

$$\sin\theta = \frac{y}{r}, \qquad \cos\theta = \frac{x}{r}, \qquad \tan\theta = \frac{y}{x}$$

$$\csc\theta = \frac{r}{y}, \qquad \sec\theta = \frac{r}{x}, \qquad \cot\theta = \frac{x}{y}$$

를 일반각 θ에 대한 **삼각함수**(trigonometric functions)라 한다.

예제 4 다음 값을 구하여라.

(1) $\sin 30^\circ$ (2) $\cos 120^\circ$ (3) $\tan 210^\circ$ (4) $\cot(-765^\circ)$

풀이 삼각함수의 값은 P의 좌표와 관계가 없으므로 $\overline{OP}=1$이라 하자.

(1) 점 P의 좌표는 $\left(\frac{\sqrt{3}}{2}, \frac{1}{2}\right)$ 이므로 $\sin 30^\circ = \frac{1}{2}$.

(2) 점 P의 좌표는 $\left(-\frac{1}{2}, \frac{\sqrt{3}}{2}\right)$이므로 $\cos 120^\circ = -\frac{1}{2}$.

(3) 점 P의 좌표는 $\left(-\frac{\sqrt{3}}{2}, -\frac{1}{2}\right)$이므로 $\tan 210^\circ = \frac{1}{\sqrt{3}}$.

(4) 점 P의 좌표는 $\left(\frac{1}{\sqrt{2}}, -\frac{1}{\sqrt{2}}\right)$이므로 $\cot(-765^\circ) = -1$

◆ 삼각함수의 정의로부터 삼각함수들 사이에 다음과 같은 관계식이 성립함을 알 수 있다.

삼각함수의 상호관계

$$\frac{\sin\theta}{\cos\theta} = \tan\theta, \qquad \frac{1}{\cos\theta} = \sec\theta, \qquad \frac{1}{\sin\theta} = \csc\theta$$

예시 $\sin 30^\circ = \frac{1}{2}$, $\cos 30^\circ = \frac{\sqrt{3}}{2}$이므로

$\tan 30^\circ = \frac{\sin 30^\circ}{\cos 30^\circ} = \frac{1/2}{\sqrt{3}/2} = \frac{1}{\sqrt{3}}$이다.

◆ 각에 대해 정의된 삼각함수는 직각삼각형의 각 변의 비와 관계가 있다. 밑변이 a, 높이가 b, 빗변이 r 그리고 밑변과 빗변의 사잇각이 θ인 직각삼각형을 생각해보자. 단위원을 그려 OP 와 단위원이 만나는 점을 $N(x,y)$라 하자. 수선 NM을 그리면 삼각형 $\triangle OMN$와 $\triangle OQP$는 닮은꼴이 된다. 대응하는 변은 비례하므로

$$\frac{\overline{MN}}{\overline{ON}}=\frac{\overline{QP}}{\overline{OP}}, \qquad \frac{\overline{OM}}{\overline{ON}}=\frac{\overline{OQ}}{\overline{OP}}$$

이다. $\overline{OM}=x$, $\overline{MN}=y$, $\overline{QP}=b$, $\overline{OQ}=a$, $\overline{OP}=r$ 을 대입하면

$$\frac{y}{1}=\frac{b}{r} \quad \text{그리고} \quad \frac{x}{1}=\frac{a}{r}$$

삼각함수의 정의에 의해 $\sin\theta=y$, $\cos\theta=x$ 이므로 이를 대입하면 다음의 관계가 성립한다.

$$\sin\theta=y=\frac{b}{r}, \qquad \cos\theta=x=\frac{a}{r}, \qquad \tan\theta=\frac{\sin\theta}{\cos\theta}=\frac{b}{a}$$

◆ **삼각방정식**

$\sin x=1$, $\sin^2 x+\cos x=1$과 같이 삼각함수의 각의 크기를 미지수로 하는 방정식을 **삼각방정식**(trigonometric equation)이라 한다. 유한개의 해를 갖는 대수적 방정식과 달리 삼각방정식에서는 한 개의 해가 발견되면 삼각함수의 주기성질 때문에 해는 무수히 존재 한다. 이러한 복잡성을 잘 처리하기 위해 먼저 구간 $[0,2\pi)$에서 먼저 방정식의 해 α를 구한다. 그 때 모든 정수 n에 대하여 $\alpha+2n\pi$도 해가 된다.

◆ **삼각방정식의 해** : 주어진 삼각방정식에 대해

(ㄱ) 각의 크기가 제한되어 있는 경우의 해를 **특수해**라 하며,

(ㄴ) 각의 크기에 대한 제한이 없는 모든 경우의 해를 **일반해**라고 한다.

예제 5 방정식 $\cos x=0$의 일반해를 풀어라.

풀이 $\cos x=0$을 만족하는 구간 $[0,2\pi)$에 속하는 해는 $\pi/2$와 $3\pi/2$이다. 따라서 이를 포함하는 모든 해는

$x=\frac{\pi}{2}+2n\pi$ 또는 $x=\frac{3}{2}\pi+2n\pi$, n는 정수

한편 $\frac{3}{2}\pi=\frac{\pi}{2}+\pi$이므로 $x=\frac{3}{2}\pi+2n\pi=\frac{\pi}{2}+(2n+1)\pi$ 와 같이 쓸 수 있다 따

라서 일반해는 다음처럼 나타낼 수 있다.

$x=\frac{\pi}{2}+n\pi$, n는 정수

예제 6 $2\sin^2 x+\sin x-1=0$의 해를 구간 $[0,2\pi)$에서 구하여라.

풀이 방정식의 좌변을 인수분해 하면 $(2\sin x-1)(\sin x+1)=0$

따라서 $2\sin x-1=0$ 또는 $\sin x+1=0$

즉 $\sin x=\frac{1}{2}$ 또는 $\sin x=-1$

구간 $[0,2\pi)$에 속하는 $\sin x=\frac{1}{2}$의 해는 $\frac{\pi}{6}$, $\frac{5}{6}\pi$이고 $\sin x=-1$의 해는 $\frac{3}{2}\pi$이므로 구하는 특수해는 $\frac{\pi}{6}$, $\frac{5}{6}\pi$ 그리고 $\frac{3}{2}\pi$이다.

예제 7 $\tan x\ \cos^2 x-\tan x=0$의 모든 해를 구하여라.

풀이 인수분해 하면 $\tan x(\cos x-1)(\cos x+1)=0$ 이므로

$\tan x=0$ 또는 $\cos x=1$ 또는 $\cos x=-1$

먼저 $[0,2\pi)$에서 세 개의 방정식의 해를 구해보면

(i) $\tan x=0$: $x=0$ 또는 $x=\pi$

(ii) $\cos x=1$: $x=0$

(iii) $\cos x=-1$: $x=\pi$

주어진 방정식의 해는 임의의 정수 n에 대해 $x=0+2n\pi$ 와 $x=\pi+2n\pi$이다. $x=\pi+2n\pi=(2n+1)\pi$이므로 두 경우를 하나의 식으로 쓸 수 있다. 즉 방정식의 일반해는 $x=n\pi$, n는 정수, 이다 .

◆ 변수에 상수가 곱해져 있을 때에는 변수치환을 통하여 해를 구할 수 있다.

예제 8 $\sin 3\theta=0$의 모든 해를 구간 $[0,2\pi)$에서 구하여라.

풀이 $x=3\theta$로 치환하면 $\sin x=0$, $0\le\frac{x}{3}<2\pi$ 또는 $\sin x=0$, $0\le x<6\pi$이고 위 방정식의 해는 $x=0,\pi,2\pi,3\pi,4\pi,5\pi$이다. $\theta=x/3$이므로

$\theta=0,\frac{\pi}{3},\frac{2\pi}{3},\pi,\frac{4\pi}{3},\frac{5\pi}{3}$.

◆ 다음에 삼각방정식을 푸는 몇 가지 방법을 정리해본다 :

(1) 우선 각을 통일한다.

(2) 하나의 삼각함수로 고친 다음 이차방정식이나 치환에 의해 푼다.

(3) 합과 차를 곱으로 고치는 공식을 써서 $AB=0$의 꼴로 바꾼 뒤 $A=0$ 또는 $B=0$을 이용한다.

(4) $\sin x=\sin\alpha$, $\cos x=\cos\alpha$, $\tan x=\tan\alpha$의 꼴로 유도하여 일반해을 이용한다.

※ 참조. $a\sin x+b\cos x=c$의 꼴로 유도하여 삼각함수의 합성공식을 쓰는 방법도 있다 (5.3 절에서 합성공식 참조).

연습문제 5.1

01. 다음의 각은 몇 사분면의 각인가?

(1) $210°$ (2) $-500°$ (3) $1000°$ (4) $-1000°$

02. 다음 각을 라디안으로 나타내어라.

(1) $210°$ (2) $720°$ (3) $-225°$ (4) $-300°$

03. 다음 라디안을 각으로 나타내어라.

(1) $\frac{5}{6}\pi$ (2) $\frac{2}{3}\pi$ (3) $\frac{5}{4}\pi$ (4) -6π

04. 다음 값을 구하여라.

(1) $\cos 30°$ (2) $\sin 45°$ (3) $\cos 60°$ (4) $\sin 90°$

(5) $\sin 60°$ (6) $\cos 45°$ (7) $\sin 120°$ (8) $\tan(-45°)$

05. 호의 길이가 π이고 중심각이 $\frac{2}{3}\pi$인 부채꼴의 넓이를 구하시오.

06. 부채꼴의 넓이가 $\frac{4}{3}\pi$이고 중심각이 $\frac{5}{3}\pi$일 때 부채꼴의 반지름의 길이를 구하라.

07. 다음 방정식을 만족하는 θ의 값을 구하여라. 단, $\theta \in [0, 2\pi]$이다.

(1) $\cos\theta = 0$　　(2) $\sin\theta = 1$　　(3) $\tan\theta = 1$

(4) $\cos\theta = -1$　　(5) $\sin\theta = \frac{\sqrt{3}}{2}$　　(6) $\cos\theta = \frac{1}{2}$

(7) $\sin\theta = -\frac{1}{2}$　　(8) $\sin\theta = 3$　　(9) $\tan\theta = \sqrt{3}$

(10) $\cos\theta = \frac{3}{2}$　　(11) $\sec\theta = \sqrt{2}$　　(12) $\csc\theta = -\frac{2}{\sqrt{3}}$

08. 구간 $[0, 2\pi)$에서 주어진 방정식의 모든 해를 구하여라.

(1) $2\sin\theta - 1 = 0$　　(2) $\cos\theta + 1 = 0$

(3) $\tan\theta + 1 = 0$　　(4) $2\cos^2 x - 3\cos x + 1 = 0$

(5) $2\sin^2 x + 3\sin x + 1 = 0$　　(6) $\sin^2\alpha + 1 = 0$

09. 다음 방정식의 모든 해를 구하여라.

(1) $2\sin^2 x - 1 = 0$　　(2) $\tan 3x - 1 = 0$

(3) $\sec 2x - 2 = 0$　　(4) $4\cos^2 2t - 3 = 0$

(5) $\sin 2t + 3\cos t = 0$　　(6) $\tan^2 x - \tan x = 0$

10. 제곱공식을 사용하여 다음 각 물음에 답하라.

(1) $\sin\theta = \frac{3}{5}$이고 θ가 1사분면의 각일 때 $\cos\theta$을 구하여라.

(2) $\tan\theta = -\frac{3}{4}$이고 θ가 2사분면의 각일 때 $\cos\theta$을 구하여라.

(3) $\cos\theta = -\frac{5}{13}$이고 θ가 3사분면의 각일 때 $\sin\theta$을 구하여라.

5.2 삼각함수의 그래프

◆ 호도법을 이용하면, 앞에서 정의된 6개의 삼각함수들은 실수집합에서 정의된 삼각함수로 생각할 수 있다. 예를 들어, 실수 θ 에 대하여 $\sin\theta$는 $\sin(\theta \text{ rad})$로 해석하면 된다. 이제 삼각함수에 대한 정의역, 치역을 살펴보자. θ rad를 나타내는 OP와 단위원과의 교점 P의 좌표를 (x, y)라 하면

$$\cos\theta = x \quad , \quad \sin\theta = y$$

(i) 모든 θ에 대하여 x, y가 대응되므로 $\sin\theta$와 $\cos\theta$의 정의역은 실수 R이다. x, y는 모두 -1에서 1사이의 값을 가지므로 $\sin\theta$와 $\cos\theta$의 치역은 $[-1,1]$이다.

(ii) $\tan\theta = \dfrac{y}{x}$이므로 $x \neq 0$에 대응하는 모든 θ에 대하여 $\tan\theta$가 정의된다. $x=0$가 되는 θ는 y축, 즉 $\theta = \dfrac{2n+1}{2}\pi$ (n은 정수)이다. 따라서 $\tan\theta$의 정의역은

$$\mathrm{R} - \left\{\frac{2n+1}{2}\pi : n \in \boldsymbol{Z}\right\}$$

θ가 y축에 접근하면 $\tan\theta$는 $\pm\infty$의 값을 가지므로 치역은 R이다.

(iii) $\csc\theta = \dfrac{1}{\sin\theta}$이므로 $\sin\theta \neq 0$인 모든 θ에 대하여 $\csc\theta$가 정의된다. $\sin\theta = 0$인 θ는 $\theta = n\pi$ (n은 정수)이다. 따라서 $\csc\theta$의 정의역은

$$\mathrm{R} - \{n\pi : n \in \boldsymbol{Z}\}$$

치역은 $[-1,1]$에 속하는 원소의 역수의 모임이므로 $(-\infty, -1] \cup [1, \infty)$이다.

(iv) $\sec\theta = \dfrac{1}{\cos\theta}$이므로 $\cos\theta \neq 0$인 모든 θ에 대하여 $\sec\theta$가 정의된다. $\cos\theta = 0$인 θ는 $\theta = \dfrac{2n+1}{2}\pi$ (n은 정수)이다. 따라서 $\sec\theta$의 정의역은

$$\mathrm{R} - \left\{\frac{2n+1}{2}\pi : n \in \boldsymbol{Z}\right\}$$

치역은 $[-1,1]$에 속하는 원소의 역수의 모임이므로 $(-\infty, -1] \cup [1, \infty)$이다.

(v) $\cot\theta = \dfrac{\cos\theta}{\sin\theta}$이므로 $\sin\theta \neq 0$인 모든 θ에 대하여 정의된다. 따라서 정의역은

$$\mathrm{R} - \{n\pi : n \in \boldsymbol{Z}\}$$

이다. 또한 $\cot\theta$의 치역은 R이다.

예제 1 다음 삼각함수들의 값을 구하여라.

(1) $\sin\dfrac{\pi}{6}$ (2) $\sin\dfrac{\pi}{4}$ (3) $\sin\dfrac{\pi}{3}$ (4) $\sin\dfrac{\pi}{2}$ (5) $\sin\pi$

풀이 (1) $\dfrac{\pi}{6}\,\mathrm{rad} = \dfrac{\pi}{6} \times \dfrac{180^\circ}{\pi} = 30^\circ$ 이므로 $\sin\dfrac{\pi}{6} = \dfrac{1}{2}$이다.

(2) $\dfrac{\pi}{4}$는 45° 이므로 $\sin\dfrac{\pi}{4} = \dfrac{1}{\sqrt{2}}$이다.

(3) $\dfrac{\pi}{3}$은 60° 이므로 $\sin\dfrac{\pi}{3} = \dfrac{\sqrt{3}}{2}$이다.

(4) $\dfrac{\pi}{2}$는 90° 이므로 $\sin\dfrac{\pi}{2} = 1$이다.

(5) π는 180° 이므로 $\sin\pi = 0$이다.

◆ 삼각함수에 대한 그래프 그려보자. $\sin\theta$와 $\cos\theta$는 식 $\cos\theta = x$, $\sin\theta = y$을 이용하여 그릴 수 있다 .

$f(\theta) = \sin\theta$ 의 그래프를 그리면 다음과 같다.

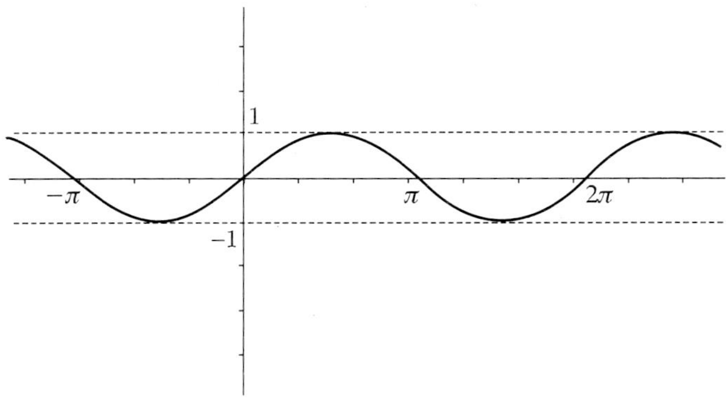

$f(\theta) = \cos\theta$ 의 그래프는 다음과 같다.

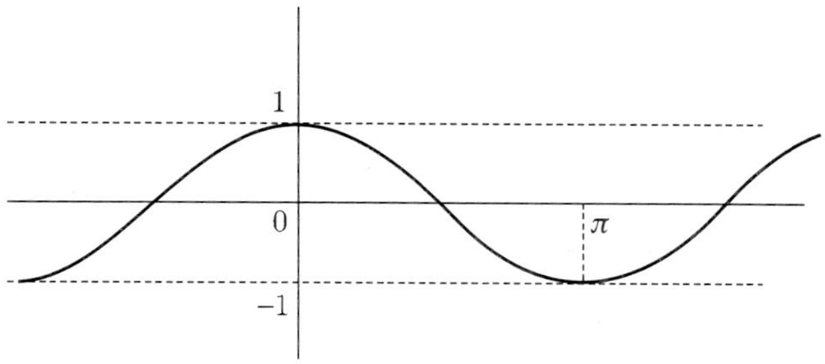

$f(\theta) = \tan\theta$ 의 그래프는 다음과 같다.

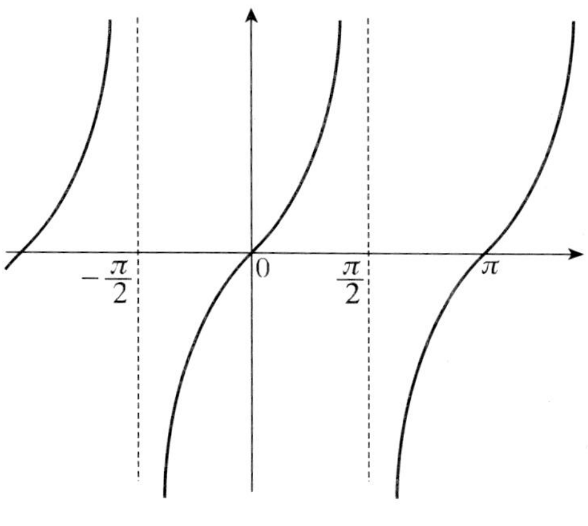

예제 2 다음의 그래프를 같은 좌표평면에 그리고 $y = \sin x$ 와의 차이점을 설명하여라.

(1) $y = 2\sin x$, $y = \frac{1}{2}\sin x$ (2) $y = \sin 2x$, $y = \sin\frac{1}{2}x$

풀이

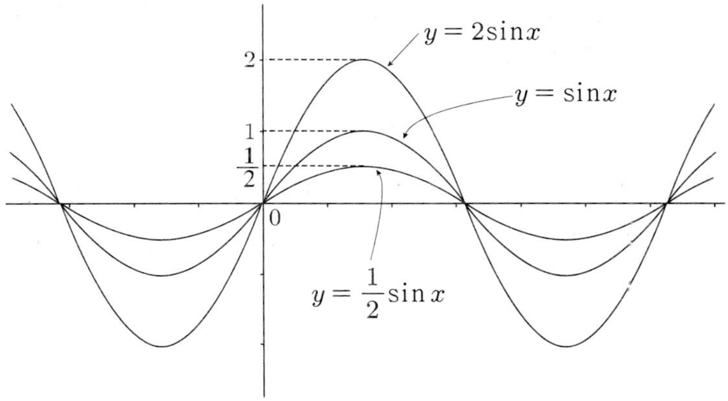

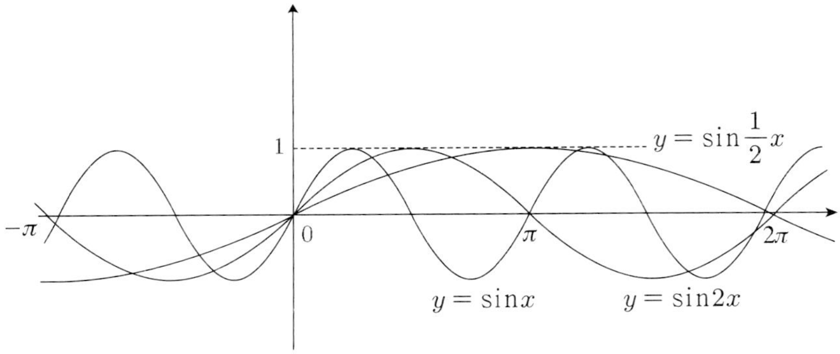

$2\sin x$는 $\sin x$보다 크기가 2배로 늘어나고 $\frac{1}{2}\sin x$는 $\sin x$보다 크기가 반으로 줄어든다.

$\sin 2x$는 $\sin x$보다 진동수가 2배로 늘어나고 $\sin\frac{1}{2}x$는 $\sin x$보다 진동수가 절반으로 줄어든다.

예제 3 $y=4\sin(x-1)+2$의 치역을 구하여라.

풀이 주어진 함수의 치역을 구하면 된다.

$-1\le\sin(x-1)\le 1$

의 양변에 4를 곱하면

$-4\le 4\sin(x-1)\le 4$

위의 부등식의 양변에 2를 더하면

$-4+2\le 4\sin(x-1)+2\le 4+2$

$-2\le 4\sin(x-1)+2\le 6$

따라서 치역은 $[-2,6]$이다.

◆ 삼각함수에 대한 그래프는 어떤 구간을 기준으로 항상 같은 모양을 하고 있다. 예를 들어, 삼각함수의 변환공식

$$\sin(2\pi+x)=\sin x,\qquad x\in\mathrm{R}$$

으로부터 알 수 있듯이 2π를 단위로 $f(x)=\sin x$의 그래프의 모양이 같다. 이때 2π를 $\sin x$의 주기라 한다. 다음은 일반적인 주기함수의 정의이다.

정의 1 주기함수

$f(x+p)=f(x)$을 만족하는 실수 p가 존재할 때, f 를 주기함수라 한다.
또한 p를 f 의 주기라 한다.

◆ 모든 x 에 대하여 $\sin(x+2\pi)=\sin(x+4\pi)=\sin(x-2\pi)$이므로 주기는 유일하지 않다. 따라서 $f(x+p)=f(x)$을 만족하는 최소의 양수 p를 **기본주기**라 한다. 그러면 $y=\sin x$ 의 주기는 $2n\pi$ (n는 정수)이고, 기본주기는 2π이다. $y=\cos x$ 의 주기는 $2n\pi$ (n는 정수)이고, 기본주기는 2π이다. $y=\tan x$ 의 주기는 $n\pi$ (n는 정수)이고, 기본주기는 π이다.

예제 4 $y=\sin 2x$, $y=\sin\frac{1}{2}x$ 의 기본주기를 구하여라.

풀이 $\sin 2(p+x)=\sin 2x$ 을 만족하는 최소의 양수 p를 구하면 된다. $2x=y$라 두면

$$\sin(2p+y)=\sin y$$

이므로 $2p=2\pi$가 되어야 한다. 따라서 $p=\pi$이다. $\sin\frac{1}{2}(p+x)=\sin\frac{1}{2}x$를 만족하는 최소 양수 p를 구하면 된다. $x=2y$라 두면

$$\sin\left(\frac{1}{2}p+y\right)=\sin y$$

이므로 $\frac{1}{2}p=2\pi$가 되어야 한다. 따라서 $p=4\pi$이다.

◆ 일반적으로 $y=\sin ax$, $y=\cos ax$, $y=\tan ax$ 의 기본주기는 각각 $\frac{2\pi}{|a|}$, $\frac{2\pi}{|a|}$, $\frac{\pi}{|a|}$ 이다.

◆ 다음은 나머지 세 삼각함수의 그래프들이다.

(1) $y=\csc x$의 그래프

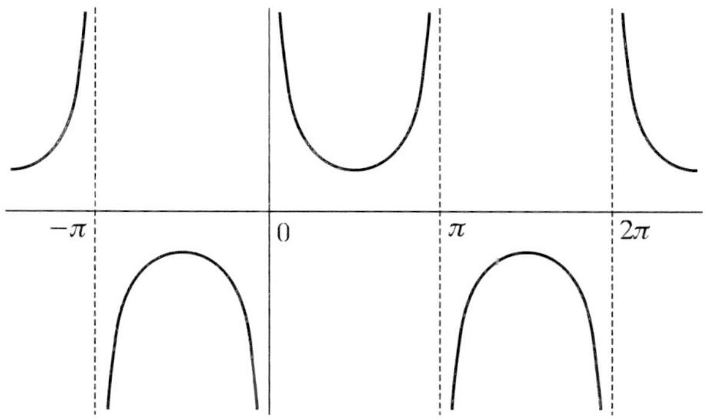

(2) $y = \sec x$의 그래프

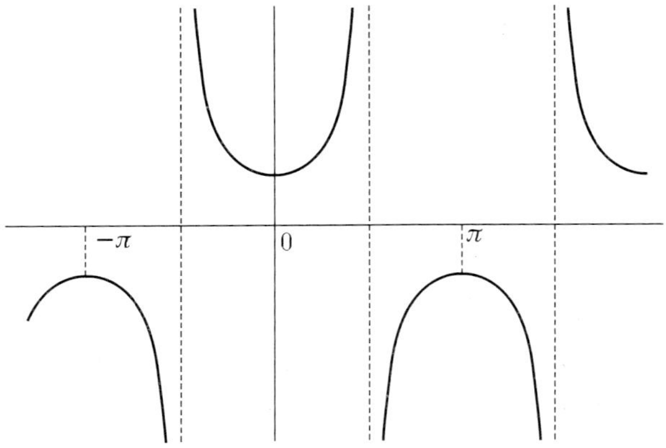

(3) $y = \cot x$의 그래프

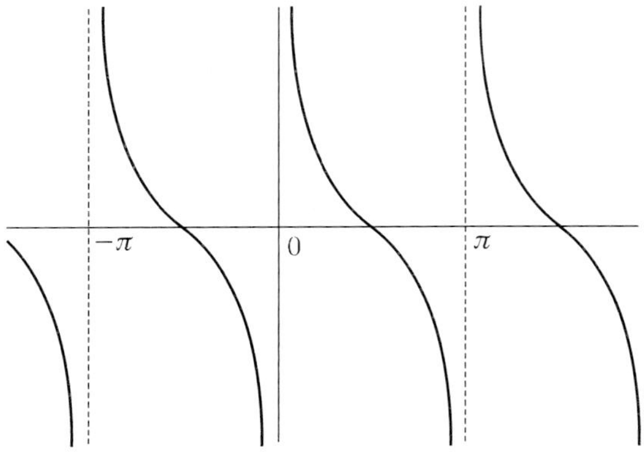

연습문제 5.2

01. 다음 함수의 치역과 기본주기를 구하고 그래프를 그리시오.

(1) $f(x) = \sin(3x)$ (2) $f(x) = \sin(-3x)$

(3) $f(x) = \sin\dfrac{x}{3}$ (4) $f(x) = -\sin(3x)$

02. 다음 함수의 그래프를 그리시오.

(1) $f(x) = \cos(2x)$ (2) $f(x) = \cos(-2x)$

(3) $f(x) = 2\cos x$ (4) $f(x) = -2\cos(-x)$

03. 수평 및 수직 이동을 이용하여 다음 함수의 그래프를 그려라.

(1) $f(x) = 2\sin(x-\pi)$ (2) $f(x) = \cos(x+\dfrac{\pi}{2})$

(3) $f(x) = \cos(2x-\pi)$ (4) $f(x) = \sin\left(\dfrac{x}{2}+\dfrac{\pi}{2}\right)$

(5) $f(x) = \dfrac{1}{3}\sin\left(3x+\dfrac{3\pi}{4}\right)$ (6) $f(x) = \tan\left(x-\dfrac{\pi}{4}\right)$

04. $\sin(-x) = -\sin x$와 $\cos(-x) = \cos x$를 사용하여 다음 방정식의 독립변수에 대한 계수의 부호를 +로 바꾸어라.

(1) $y = -2\sin(-2x+\pi)$ (2) $y = 3\cos\left(-\dfrac{x}{3}+2\pi\right)$

(3) $y = -5\sin(-2x-\pi)$ (4) $y = -\tan(-2x-1)$

05. 다음 함수의 기본주기를 구하여라.

(1) $f(x) = \sin(5x+2)$ (2) $f(x) = \cos\left(\dfrac{1}{3}x+\dfrac{\pi}{4}\right)$

(3) $f(x) = \tan 4x$ (4) $f(x) = \dfrac{1}{2}\sin\left(-\dfrac{x}{\pi}+\pi\right)$

06. 다음 함수의 최댓값과 최솟값을 구하여라.

(1) $f(x) = \sqrt{2}\, sin(3x+2)$ (2) $f(x) = \dfrac{2}{3}\cos(x-\pi)$

(3) $f(x) = -2\sin(4x+\pi)$ (4) $f(x) = \sqrt{3}\cos(\pi-2x)$

07. 다음 함수의 그래프를 그리고 주기함수인 경우에는 주기를 구하여라.

(1) $f(x) = |\sin x|$ (2) $f(x) = \sin|x|$

(3) $f(x) = |\cos x|$ (4) $f(x) = \cos|x|$

(5) $f(x) = |\tan x|$ (6) $f(x) = \tan|x|$

5.3 삼각함수의 중요공식

◆ 삼각함수에 대한 지수는 특별히 다음과 같이 표현한다.

$$\sin^n\theta = (\sin\theta)^n,\ n \neq -1$$

삼각함수의 제곱공식

$$\sin^2\theta + \cos^2\theta = 1$$

$$1 + \tan^2\theta = \sec^2\theta$$

$$1 + \cot^2\theta = \csc^2\theta$$

증명 우선 $\sin^2\theta + \cos^2\theta = 1$을 증명하여 보자.
단위원 위의 모든 점의 좌표 (x,y)는 방정식 $x^2+y^2=1$을 만족하므로 $x=\cos\theta$, $y=\sin\theta$를 단위원의 방정식에 대입하면
$x^2+y^2=(\cos\theta)^2+(\sin\theta)^2=1$
즉,
$\sin^2\theta+\cos^2\theta=1$
나머지는 $\sin^2\theta+\cos^2\theta=1$의 양변을 $\sin^2\theta$와 $\cos^2\theta$의 역수를 차례로 곱하면 얻어진다.

예제 1 다음 식을 간단히 하시오

(1) $(\sin\theta+\cos\theta)^2+(\sin\theta-\cos\theta)^2$ (2) $\dfrac{\cos\theta}{\sin\theta}-\dfrac{\sin\theta}{1-\cos\theta}$

풀이 (1) $(\sin\theta+\cos\theta)^2+(\sin\theta-\cos\theta)^2=2(\sin^2\theta+\cos^2\theta)=2$

(2) $\dfrac{\cos\theta}{\sin\theta}-\dfrac{\sin\theta}{1-\cos\theta}=\dfrac{\cos\theta-1}{\sin\theta(1-\cos\theta)}$

$$=\frac{-1}{\sin\theta}=-\csc\theta$$

◆ 일반각은 어떤 하나의 각에 회전수를 더한 각으로 표현되었기 때문에, 일반각에 대한 삼각함수의 값은, 어떤 특수한 하나의 각에 대한 삼각함수의 값만 알면 계산할 수 있을 것이다. 이것을 가능하게 하는 것이 삼각함수에 대한 변환공식이다.

삼각함수의 변환공식

(1) $\begin{cases} \sin(90^\circ \pm\theta) = \cos\theta \\ \cos(90^\circ \pm\theta) = \mp \sin\theta \\ \tan(90^\circ \pm\theta) = \mp \cot\theta \end{cases}$ (2) $\begin{cases} \sin(180^\circ \pm\theta) = \mp \sin\theta \\ \cos(180^\circ \pm\theta) = -\cos\theta \\ \tan(180^\circ \pm\theta) = \pm \tan\theta \end{cases}$

(3) $\begin{cases} \sin(270^\circ \pm\theta) = -\cos\theta \\ \cos(270^\circ \pm\theta) = \pm \sin\theta \\ \tan(270^\circ \pm\theta) = \mp \cot\theta \end{cases}$ (4) $\begin{cases} \sin(360^\circ \times n+\theta) = \sin\theta \\ \cos(360^\circ \times n+\theta) = \cos\theta \\ \tan(360^\circ \times n+\theta) = \tan\theta \end{cases}$

(5) $\begin{cases} \sin(-\theta) = -\sin\theta \\ \cos(-\theta) = \cos\theta \\ \tan(-\theta) = -\tan\theta \end{cases}$ 부호는 복호동순, n는 정수

예제 2 다음의 값을 구하여라.

(1) $\sin 585^\circ$ (2) $\cos 570^\circ$ (3) $\tan(-2100^\circ)$

풀이 (1) $\sin 585^\circ = \sin(360^\circ + 225^\circ) = \sin 225^\circ$

$= \sin(180^\circ + 45^\circ) = -\sin 45^\circ = -\dfrac{1}{\sqrt{2}}$

(2) $\cos(570^\circ) = \cos(360^\circ + 210^\circ) = \cos 210^\circ$

$= \cos(180^\circ + 30^\circ) = -\cos 30^\circ = -\dfrac{\sqrt{3}}{2}$

(3) $\tan(-2100^\circ) = -\tan(360^\circ \times 6 - 60^\circ)$

$= -\tan(-60^\circ) = \tan 60^\circ = \sqrt{3}$

◆ 지금부터 삼각형 $\triangle ABC$에서 각 $\angle A$, $\angle B$, $\angle C$의 크기를 A, B, C로 대변 BC, CA, AB의 길이를 a, b, c라 표기하자.

사인공식

삼각형 $\triangle ABC$에 대한 사인공식은 다음과 같다.

$$\frac{a}{\sin A} = \frac{b}{\sin B} = \frac{c}{\sin C} = 2R \quad (R\text{은 } \triangle ABC\text{의 외접원 반지름})$$

예제 3 삼각형 $\triangle ABC$에서

(1) $B = 70^\circ, C = 50^\circ, a = 8\,\text{cm}$일 때, 외접원의 반지름을 구하여라.

(2) $a = 5\text{cm}$, $R = 5\text{cm}$일 때, $\angle A$를 구하여라.

풀이 (1) $A=180^\circ-(B+C)=180^\circ-(70^\circ+50^\circ)=60^\circ$ 이므로 사인공식에 의해

$2R=\dfrac{a}{\sin A}$ 이다. $a=8$, $A=60^\circ$ 이므로

$$2R=\frac{8}{\sin 60^\circ}=\frac{16}{\sqrt{3}}$$

따라서 $R=\dfrac{8\sqrt{3}}{3}$ cm 이다

(2) $a=5$, $R=5$를 $\dfrac{a}{\sin A}=2R$에 대입하면 $\sin A=\dfrac{1}{2}$

$0^\circ<A<180^\circ$ 이므로 $A=30^\circ$ 또는 $A=150^\circ$ 이다.

코사인공식

삼각형 $\triangle ABC$에 대한 코사인공식은 다음과 같다.

$$a^2=b^2+c^2-2bc\cos A$$
$$b^2=c^2+a^2-2ca\cos B$$
$$c^2=a^2+b^2-2ab\cos C$$

증명 A의 각의 크기를 중심으로 증명한다. B와 C에 대해서는 역할을 바꾸면 된다.

(1) $A<90^\circ$ 인 경우

(i) $B<90^\circ$ 일 때 : 직각삼각형 BCD에서 $\overline{BC}^2=\overline{CD}^2+\overline{DB}^2$ 이므로

$a^2=(b\sin A)^2+(|c-b|\cos A)^2=b^2(\sin^2A+\cos^2A)+c^2-2bc\cos A$

$\therefore\ a^2=b^2+c^2-2bc\ \cos A$

(ii) $B=90^\circ$ 일 때 : $b^2+c^2-2bc\cos A=b^2+c^2-2c^2=b^2-c^2=a^2$

(iii) $B>90^\circ$ 일 때는 첫 번째와 같다.

(2) $A>90^\circ$ 인 경우

$\overline{BC}^2=\overline{CD}^2+\overline{DB}^2$이므로

$a^2=b\sin(180^\circ-A)^2+c+b\cos(180^\circ-A)^2$

$=(b\sin A)^2+(c-b\cos A)^2$

$\therefore a^2=b^2+c^2-2bc\cos A$

(3) $A=90^\circ$ 인 경우

$b^2+c^2-2bc\cos A=b^2+c^2-2bc\cos 90^\circ=b^2+c^2=a^2$

각각의 경우에 항상 $a^2=b^2+c^2-2bc\cos A$가 성립한다.

예제 4 $\triangle ABC$에서 $a=17, b=15, c=8$일 때, $\angle A$의 크기를 구하여라.

풀이 코사인공식을 변형한 식

$$\cos A = \frac{b^2+c^2-a^2}{2bc}$$

에 $a=17, b=15, c=8$을 대입하면

$$\cos A = \frac{15^2+18^2-17^2}{2\times 15\times 8}=0$$

이고 $\angle A$는 삼각형의 내각이므로 $A=90^\circ$이다.

예제 5 $\triangle ABC$에서 $a=3, b=5, c=7$일 때, 최대각의 크기를 구하여라.

풀이 $a<b<c$이므로 $A<B<C$이다. 따라서 삼각형의 최대각은 $\angle C$이다.

$$\cos C = \frac{a^2+b^2-c^2}{2ab}$$

에 $a=3, b=5, c=7$을 대입하면

$$\cos C = -\frac{15}{30} = -\frac{1}{2}$$

이고 $0^\circ < C < 180^\circ$이므로 $C=120^\circ$이다.

◆ 삼각함수와 코사인공식을 써서 삼각형의 면적을 각과 변 또는 변만으로 나타내는 공식을 유도할 수가 있다.

$\triangle ABC$의 면적을 S라 하면

(a) $S=\frac{1}{2}bc\sin A=\frac{1}{2}ca\sin B=\frac{1}{2}ab\sin C$

(b) $S=\sqrt{s(s-a)(s-b)(s-c)},\quad s=(a+b+c)/2$

(b)에 의해 주어진 삼각형면적 구하는 공식을 **헤론의 공식**이라 부른다.

예제 6 다음 삼각형의 면적을 구하여라.

(1) $b=3\text{cm},\ c=4\text{cm},\ A=30^\circ$ (2) $a=7\text{cm},\ b=8\text{cm},\ c=9\text{cm}$

풀이 (1) b, c, A가 주어졌으므로 $S=\frac{1}{2}bc\sin A$를 이용하면

$$S=\frac{1}{2}\times 3\times 4\times \sin 30^\circ = \frac{1}{2}\times 3\times 4\times \frac{1}{2} = 3\text{cm}^2$$

(2) $s=\frac{7+8+9}{2}=12$이므로 헤론의 공식에 의해

$$S=\sqrt{12\times 5\times 4\times 3}=12\sqrt{5}\ \text{cm}^2$$

삼각함수의 덧셈공식

(1) $\sin(\alpha \pm \beta) = \sin\alpha\cos\beta \pm \cos\alpha\sin\beta$

(2) $\cos(\alpha \pm \beta) = \cos\alpha\cos\beta \mp \sin\alpha\sin\beta$

(3) $\tan(\alpha \pm \beta) = \dfrac{\tan\alpha \pm \tan\beta}{1 \mp \tan\alpha\tan\beta}$ (부호는 복호동순)

증명 원점 O가 중심인 단위원 위에 놓여있는 두 점 P, Q를 생각하고 양의 x축과 선분 OP 사이의 각을 α, 선분 OQ 사이의 각을 β라 놓자. 즉 양의 x축 위에서 한 점 X를 취하면

$\overline{OP} = \overline{OQ} = 1$, $\angle POX = \alpha$, $\angle QOX = \beta$

이다. 코사인공식으로부터

$\overline{PQ}^2 = \overline{OP}^2 + \overline{OQ}^2 - 2\overline{OP}\,\overline{OQ}\cos(\alpha - \beta) = 2 - 2\cos(\alpha - \beta)$.

한편 피타고라스 정리에 의해

$\overline{PQ}^2 = (\cos\alpha - \cos\beta)^2 + (\sin\alpha - \sin\beta)^2 = 2 - 2(\cos\alpha\cos\beta + \sin\alpha\sin\beta)$.

결국

$2 - 2\cos(\alpha - \beta) = 2 - 2(\cos\alpha\cos\beta + \sin\alpha\sin\beta)$

이다. 정리하면

$\cos(\alpha - \beta) = \cos\alpha\cos\beta + \sin\alpha\sin\beta$

β 대신에 $-\beta$을 대입하면

$\cos(\alpha + \beta) = \cos\alpha\cos\beta - \sin\alpha\sin\beta$이고

α 대신에 $\dfrac{\pi}{2} - \alpha$를 대입하면

$\sin(\alpha + \beta) = \sin\alpha\cos\beta + \cos\alpha\sin\beta$

예제 7 $\sin 15°$을 구하여라.

풀이 삼각함수의 덧셈공식으로부터

$$\sin 15° = \sin(45° - 30°) = \sin 45°\cos 30° - \cos 45°\sin 30°$$
$$= \frac{1}{\sqrt{2}} \times \frac{\sqrt{3}}{2} - \frac{1}{\sqrt{2}} \times \frac{1}{2} = \frac{\sqrt{6} - \sqrt{2}}{4}$$

삼각함수의 합성

$a\sin\theta + b\cos\theta$ 형태의 삼각함수를 $r\sin(\theta + \alpha)$ 또는 $r\cos(\theta - \beta)$의 꼴로 변형하는 것을 삼각함수의 합성이라 한다.

(1) $a\sin\theta + b\cos\theta = \sqrt{a^2 + b^2}\left(\dfrac{a}{\sqrt{a^2 + b^2}}\sin\theta + \dfrac{b}{\sqrt{a^2 + b^2}}\cos\theta\right)$

$$= \sqrt{a^2+b^2}(\cos\alpha\sin\theta + \sin\alpha\cos\theta)$$
$$= \sqrt{a^2+b^2}\sin(\theta+\alpha)$$

(2) $$a\sin\theta + b\cos\theta = \sqrt{a^2+b^2}\left(\frac{a}{\sqrt{a^2+b^2}}\sin\theta + \frac{b}{\sqrt{a^2+b^2}}\cos\theta\right)$$
$$= \sqrt{a^2+b^2}\cos(\theta-\beta)$$

(단, $\cos\beta = \dfrac{b}{\sqrt{a^2+b^2}}$, $\sin\beta = \dfrac{a}{\sqrt{a^2+b^2}}$)

이때 최댓값은 $\sqrt{a^2+b^2}$ 이고 최솟값은 $-\sqrt{a^2+b^2}$ 이다.

◆ 이 합성공식은 삼각함수의 합을 단일 삼각함수로 나타낼 수 있다는 것을 보여준다. 즉, $a\sin\theta + b\cos\theta(a \neq 0, b \neq 0)$을 sin 또는 cos 만의 함수로 변형할 수 있다. 삼각함수 합성은 그래프, 주기, 최댓값, 최솟값, 방정식, 부등식을 푸는데 중요하므로 문제를 통해 익히기 바란다.

예제 8 $3\sin\theta - 3\sqrt{3}\cos\theta$를 $r\sin(\theta+\alpha)$의 형태로 나타내어라.

풀이 점 $P(1, -\sqrt{3})$을 생각하면

$1 = 2\cos(-60^\circ)$, $-\sqrt{3} = 2\sin(-60^\circ)$

따라서

$$3\sin\theta - 3\sqrt{3}\cos\theta = 3[2\cos(-60^\circ)\sin\theta + 2\sin(-60^\circ)\cos\theta)$$
$$= 6\sin(\theta - 60^\circ)$$

삼각함수의 배각공식

(1) $\sin 2\alpha = 2\sin\alpha\cos\alpha$

(2) $\cos 2\alpha = \cos^2\alpha - \sin^2\alpha = 2\cos^2\alpha - 1 = 1 - 2\sin^2\alpha$

(3) $\tan 2\alpha = \dfrac{2\tan\alpha}{1-\tan^2\alpha}$

삼각함수의 3배각공식

(1) $\sin(3\theta) = \sin(\theta + 2\theta) = \sin\theta\cos 2\theta + \cos\theta\sin 2\theta$

$$= \sin\theta(1-2\sin^2\theta) + \cos\theta \cdot 2\sin\theta\cos\theta$$

$$= \sin\theta(1-2\sin^2\theta)+2\sin\theta(1-\sin^2\theta)$$

$$= 3\sin\theta - 4\sin^3\theta$$

(2) $\cos 3\theta = 4\cos^3\theta - 3\cos\theta$

(3) $\tan 3\theta = \dfrac{3\tan\theta - \tan^3\theta}{1-3\tan^2\theta}$

삼각함수의 반각공식

(1) $\sin^2\dfrac{\alpha}{2} = \dfrac{1-\cos\alpha}{2}$

(2) $\cos^2\dfrac{\alpha}{2} = \dfrac{1+\cos\alpha}{2}$

(3) $\tan^2\dfrac{\alpha}{2} = \dfrac{1-\cos\alpha}{1+\cos\alpha}$

적화공식

(1) $\sin\alpha\cos\beta = \dfrac{1}{2}\ \sin(\alpha+\beta)+\sin(\alpha-\beta)$

(2) $\cos\alpha\cos\beta = \dfrac{1}{2}\ \cos(\alpha+\beta)+\cos(\alpha-\beta)$

(3) $\sin\alpha\sin\beta = -\dfrac{1}{2}\ \cos(\alpha+\beta)-\cos(\alpha-\beta)$

예제 9 반각의 공식을 사용하여 θ는 2사분면의 각으로 $\sin\theta = \dfrac{3}{5}$일 때 다음 값을 구하여라.

(1) $\sin\dfrac{\theta}{2}$ (2) $\cos\dfrac{\theta}{2}$ (3) $\cos\theta$ (4) $\tan\theta$

풀이 (1) $\sin^2\dfrac{\theta}{2} = \dfrac{1-\cos\theta}{2} = \dfrac{9}{10}$ 이므로 $\sin\dfrac{\theta}{2} = \dfrac{3}{\sqrt{10}}$.

(2) $\cos^2\dfrac{\theta}{2} = \dfrac{1+\cos\theta}{2} = \dfrac{1}{10}$ 이므로 $\cos\dfrac{\theta}{2} = \dfrac{1}{\sqrt{10}}$.

(3) $\sin\theta = \dfrac{3}{5}$이고 θ는 2사분면의 각이므로 $\cos\theta = -\dfrac{4}{5}$.

(4) $\sin\theta = \dfrac{3}{5}$이고 $\cos\theta = -\dfrac{4}{5}$이므로 $\tan\theta = -\dfrac{3}{4}$.

예제 10 배각의 공식을 사용하여 $\tan\alpha = 2$ 이고 α가 1사분면의 각일 때 다음 값을 구하여라.

(1) $\sin 2\alpha$ (2) $\cos 2\alpha$ (3) $\tan 2\alpha$

풀이 (1) $\sin 2\alpha = 2\sin\alpha\cos\alpha = 2\ \frac{2}{\sqrt{5}}\ \frac{1}{\sqrt{5}} = \frac{4}{5}$

(2) $\cos 2\alpha = \cos^2\alpha - \sin^2\alpha = \frac{1}{5} - \frac{4}{5} = -\frac{3}{5}$

(3) $\tan 2\alpha = \frac{\sin 2\alpha}{\cos 2\alpha} = -\frac{4}{3}$

◆ **참고** : $\tan\frac{\alpha}{2} = t$ 일 때 삼각함수를 t에 의해 다음처럼 나타낼 수 있다:

(1) $\sin\alpha = 2\sin\frac{\alpha}{2}\cos\frac{\alpha}{2} = 2\tan\frac{\alpha}{2}\cos^2\frac{\alpha}{2} = \dfrac{2\tan\frac{\alpha}{2}}{\sec^2\frac{\alpha}{2}}$

$$= \frac{2\tan\frac{\alpha}{2}}{1+\tan^2\frac{\alpha}{2}} = \mathbf{\frac{2t}{1+t^2}}$$

(2) $\cos\alpha = \cos^2\frac{\alpha}{2} - \sin^2\frac{\alpha}{2} = (\cos^2\frac{\alpha}{2})\left(1-\tan^2\frac{\alpha}{2}\right) = \dfrac{1-\tan^2\frac{\alpha}{2}}{\sec^2\frac{\alpha}{2}}$

$$= \frac{1-\tan^2\frac{\alpha}{2}}{1+\tan^2\frac{\alpha}{2}} = \mathbf{\frac{1-t^2}{1+t^2}}$$

(3) $\tan\alpha = \dfrac{\sin\alpha}{\cos\alpha} = \mathbf{\dfrac{2t}{1-t^2}}$

연습문제 5.3

01. 다음 식을 간단히 하여라.

(1) $\dfrac{1+\sin\theta}{\cos\theta}+\dfrac{\cos\theta}{1+\sin\theta}$　　(2) $(1-\tan^4\theta)\cos^2\theta+\tan^2\theta$

02. 변환공식을 써서 다음 값을 구하여라.

(1) $\sin(120^\circ)$　(2) $\cos(210^\circ)$　(3) $\tan(300^\circ)$

(4) $\sec(390^\circ)$　(5) $\csc(720^\circ)$　(6) $\cot(-960^\circ)$

03. 덧셈공식을 써서 다음 값을 구하여라.

(1) $\sin 75^\circ$　(2) $\cos 75^\circ$　(3) $\tan 75^\circ$

(4) $\sin 15^\circ$　(5) $\cos 15^\circ$　(6) $\tan 15^\circ$

04. 합성공식을 사용하여 다음 식을 $r\sin(\theta+\alpha)$ $(r>0)$의 형태로 변형하여라.

(1) $\dfrac{\sqrt{3}}{2}\sin\theta+\dfrac{1}{2}\cos\theta$　　(2) $-\sin\theta+3\cos\theta$

05. (1) θ 가 예각으로 $\sin\theta-\cos\theta=\dfrac{1}{2}$ 일 때, $\sin\theta\cos\theta$ 의 값을 구하여라.

(2) θ 가 제3사분면의 각으로 $\tan\theta=\dfrac{3}{4}$ 일 때, $\sin\theta+\cos\theta$ 의 값을 구하여라.

06. θ가 $0<\theta\leq\dfrac{\pi}{4}$이고 $\tan\theta+\dfrac{1}{\tan\theta}=2$일 때 다음 식의 값을 구하시오.

(1) $\sin\theta\cos\theta$　(2) $\sin\theta+\cos\theta$　(3) $\sin^3\theta+\cos^3\theta$

07. 다음 값을 구하여라.

(1) $\sin 75^\circ-\sin 15^\circ$　　(2) $\cos 5^\circ+\cos 125^\circ+\cos 115^\circ$

08. 다음 식을 간단히 하시오

(1) $\sin\theta + \sin(\pi+\theta) + \sin(2\pi+\theta) + \sin(3\pi+\theta)$

(2) $\sin(\pi-\theta)\sin(\pi+\theta) - \cos(\pi-\theta)\cos(\pi+\theta)$

(3) $\dfrac{\tan(-\theta) - \tan(8\pi+\theta)}{\tan(\pi+\theta)\tan(-3\pi-\theta)}$

(4) $\sin(\frac{\pi}{2}-\theta)\sin(\pi-\theta) - \cos(\frac{\pi}{2}+\theta)\cos(\pi+\theta)$

(5) $\dfrac{\sin(2\pi-\theta)}{\cos(\pi+\theta)} + \dfrac{\cos(\frac{\pi}{2}+\theta)}{\sin(\frac{\pi}{2}-\theta)}$

09. $0 < \theta < \frac{\pi}{2}$인 θ에 대해 $\sin\theta = \alpha$라 할 때 다음을 α에 대한 식으로 나타내시오.

(1) $\cos(\frac{\pi}{2}-\theta)$　　(2) $\sin(\frac{\pi}{2}+\theta)$ (3) $\tan(-\frac{\pi}{2}+\theta)$

10. $\sin\alpha + \cos\alpha = \frac{1}{2}$일 때, 다음의 값을 구하여라.

(1) $\sin 2\alpha$　　(2) $\sin^3\alpha + \cos^3\alpha$

미 분

Chapter 06

뉴턴(1642~1727)은 독립적으로 발전되어 온 구적법과 접선법이 역관계에 있다는 사실을 밝혀내고 일반적인 계산법과 기호법으로 유율론을 창안하여 미적분학의 기본정리를 확립하였다. 케임브리지 대학을 졸업하고 2년간 시골에서 연구할 때(1665~1667) 그의 3대 발견인 ① 빛의 분석 ② 역학체계의 확립(만유인력) ③ 미적분학의 기초이론에 관한 기틀이 닦여졌다고 한다.

1687년에 관성법칙, 힘, 속도, 가속도, 작용, 반작용, 만유인력의 법칙 등 자연현상을 수학적으로 표현하는 방법을 다룬 "자연철학의 수학적 원리(Philosophiae Naturalis Principa Mathematica)"를 저술하였다. 뉴턴은 갈릴레오의 역학과 케플러의 천문학을 결합하여 미분방정식으로 자연현상을 표현하고 자연과학을 연구하는 뉴턴 역학을 창조하였다. 이것은 그 후 과학과 기술의 발전에 필수 불가결한 기초 지식으로 인식 되었으며 과학뿐만 아니라 인류문명의 역사에 지대한 영향력을 끼친 위대한 업적으로 평가된다.

뉴턴과 거의 동시에 미적분학을 발견한 사람은 라이프니츠(1646~1716)였다. 그는 라이프치히에서 출생하고 20세에 알트도르프 대학에서 법학박사학위를 취득하고 정치 외교의 실무에 종사하면서 철학 연구에 몰두하였다.

또한 그는 1672년 외교관으로 파리에 머물며 수학을 연구하였다. 파스칼, 페르마, 월리스, 데카르트의 수학을 연구하고 독립적으로 미적분학의 기호를 확립하고 전개하였다. 그는 "좌표", "함수"라는 용어를 처음으로 사용하였다. 17세기 과학혁명의 시대에는 수많은 자연법칙이 발견되었고 대부분은 변화하는 여러 양 사이의 관계로 표현되고 이러한 관계의 대부분은 함수로 표현되므로 함수라는 용어는 수학의 역사에서 획기적인 중요성을 갖는 것이었다.

뉴턴은 자연철학자로서 역학연구의 수단으로 수학을 이용하는 경험주의적인 입장을 취했으나 라이프니츠는 인간의 사유를 합리적으로 표현하는 철학자로서 기하학적 기호적으로 보편수학을 다루는 형식주의적인 입장이었다. 그러나 두 사람 모두 미적분학의 기초는 명확하게 하지 못하고 엄밀한 논리적인 기초와 논리의 전개는 19세기 후반에야 완성되었다.

6.1 함수의 극한과 연속성

정의 1 함수의 극한 (1)

함수 $f(x)$에서 x가 a에 가까이 접근할 때 $f(x)$의 값이 유일한 실수 L에 가까이 접근한다면 '함수 $f(x)$는 극한 L에 **수렴한다**(converges to L)'고 하고

기호로는

$$\lim_{x \to a} f(x) = L \quad \text{또는} \quad x \to a \text{ 이면 } f(x) \to L$$

으로 나타낸다.

- L을 $f(x)$의 **극한**(limit of f at $x = a$)이라고 한다.
- f가 a에서 극한을 갖지 않으면 f는 a에서 **발산한다**(diverges at a)고 한다.
- f가 a에서 정의 될 필요는 없다.

예제 1 $\lim_{x \to 1}(3x-2)$을 구하여라.

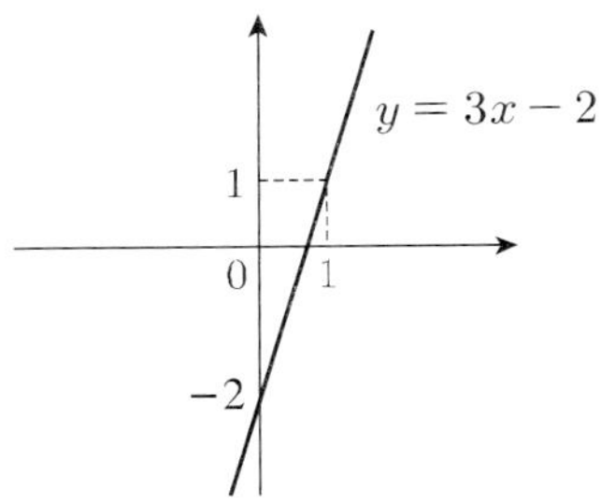

그림 6-1

풀이 $\lim_{x \to 1}(3x-2) = 1$

◆ 우극한과 좌극한

- **좌극한** : $x \to a^-$ 는 x가 a 보다 작은 값을 가지면서 a에 한없이 가까워질 때, $f(x)$가 일정한 값 L에 한없이 가까워지면 $\lim_{x \to a^-} f(x) = L$로 나타내며, L을 $x \to a^-$ 일 때의 $f(x)$의 **좌극한**(left-hand limit)이라 한다.

• **우극한** : $x \to a^+$는 x가 a 보다 큰 값을 가지면서 a에 한없이 가까워질 때, $f(x)$가 일정한 값 L에 한없이 가까워지면 $\lim_{x \to a^+} f(x) = L$로 나타내며, L을 $x \to a^+$일 때의 $f(x)$의 **우극한**(right-hand limit)이라 한다.

$$\lim_{x \to a} f(x) = L \iff \lim_{x \to a^-} f(x) = \lim_{x \to a^+} f(x) = L$$

▶ $\lim_{x \to a} f(x) = L$은 좌극한과 우극한이 같을 경우이다.

예제 2 함수$f(x)$의 그래프가 다음 〈그림 6-2〉과 같이 주어질 때, 물음에 답하여라.

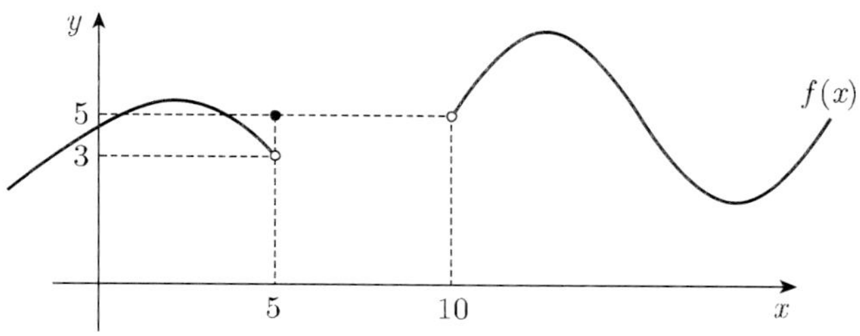

그림 6-2

(1) $\lim_{x \to 5^-} f(x)$　　(2) $\lim_{x \to 5^+} f(x)$

(3) $\lim_{x \to 10^-} f(x)$　　(4) $\lim_{x \to 10^+} f(x)$

풀이 (1) 3　　(2) 5　　(3) 5　　(4) 5

정리 2 극한의 성질

$\lim_{x \to a} f(x) = L$, $\lim_{x \to a} g(x) = M$이 존재할 때, 다음이 성립한다.

(1) $\lim_{x \to a} \{cf(x)\} = c\lim_{x \to a} f(x) = cL$, (단, c 는 상수)

(2) $\lim_{x \to a} \{f(x) \pm g(x)\} = \lim_{x \to a} f(x) \pm \lim_{x \to a} g(x) = L \pm M$ (복호동순)

(3) $\lim_{x \to a} \{f(x)g(x)\} = \lim_{x \to a} f(x) \lim_{x \to a} g(x) = LM$

(4) $\lim_{x \to a} \dfrac{f(x)}{g(x)} = \dfrac{\lim_{x \to a} f(x)}{\lim_{x \to a} g(x)} = \dfrac{L}{M}$, (단, $M \neq 0$)

예제 3 다음 극한값을 구하여라.

(1) $\lim_{x\to 1}(x^2+1)$ (2) $\lim_{x\to 1}\sqrt{2x-1}$

(3) $\lim_{x\to 0}\frac{x}{\sqrt{x+9}-3}$

풀이 (1) $\lim_{x\to 1}(x^2+1)=1^2+1=2$

(2) $\lim_{x\to 1}\sqrt{2x-1}=\sqrt{2-1}=1$

(3) $\lim_{x\to 0}\frac{x}{\sqrt{x+9}-3}=\lim_{x\to 0}\frac{x(\sqrt{x+9}+3)}{(\sqrt{x+9}-3)(\sqrt{x+9}+3)}$

$=\lim_{x\to 0}\frac{x(\sqrt{x+9}+3)}{(x+9-9)}=\lim_{x\to 0}(\sqrt{x+9}+3)=6$

◆ $x\to\infty$ 일 때, $f(x)=\frac{1}{x}$ 의 극한값에 대하여 생각해 보자.

$f(x)=\frac{1}{x}$ 의 그래프 그림 6-3에 의하여, $x\to\infty$ 일 때 $f(x)=\frac{1}{x}$ 의 값은 0에 한없이 가까워진다. 또한, $x\to-\infty$ 일 때 $f(x)=\frac{1}{x}$ 의 값은 0에 한없이 가까워진다.

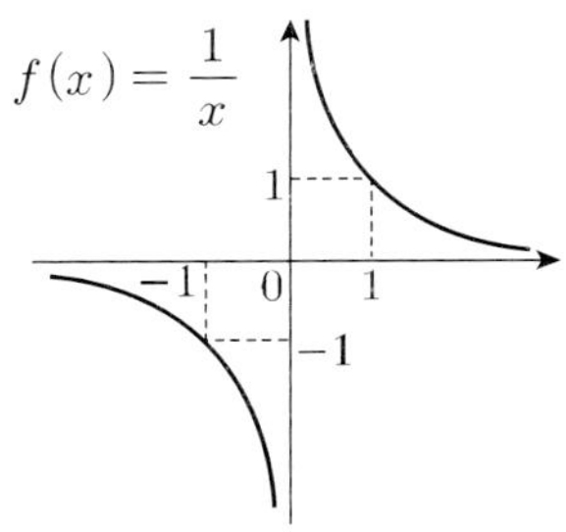

그림 6-3

예제 4 $\lim_{x\to\infty}\left(\frac{2x+1}{x}\right)$ 을 구하여라.

풀이 $\lim_{x\to\infty}\left(\frac{2x+1}{x}\right)=\lim_{x\to\infty}\left(2+\frac{1}{x}\right)=2+\lim_{x\to\infty}\frac{1}{x}=2+0=2$

정의 3 함수의 극한 (2)

(1) $x \to \infty$ 일 때, $f(x)$의 값이 일정한 값 L에 한없이 가까워지면 '$x \to \infty$ 일 때, $f(x)$는 L에 수렴한다'라고 하고, 기호로는

$$\lim_{x \to \infty} f(x) = L \quad \text{또는} \quad x \to \infty \text{일 때} \quad f(x) \to L$$

으로 나타낸다.

(2) $x \to -\infty$ 일 때, $f(x)$의 값이 일정한 값 L에 한없이 가까워지면 '$x \to -\infty$ 일 때, $f(x)$는 L에 수렴한다'라고 하고, 기호로는

$$\lim_{x \to -\infty} f(x) = L \quad \text{또는} \quad x \to -\infty \text{일 때} \quad f(x) \to L$$

으로 나타낸다.

예제 5 다음 극한값을 구하여라.

(1) $\displaystyle\lim_{x \to \infty} \frac{1}{x^2+1}$　　(2) $\displaystyle\lim_{x \to \infty} \frac{3x^2-1}{x-x^2}$

(3) $\displaystyle\lim_{x \to 2^+} \frac{1}{\sqrt{x-2}}$　　(4) $\displaystyle\lim_{x \to \infty} \frac{1}{\sqrt{x-2}}$

(5) $\displaystyle\lim_{x \to \infty} (-2^{-x}+2)$

풀이

(1) $\displaystyle\lim_{x \to \infty} \frac{1}{x^2+1} = \lim_{x \to \infty} \frac{\frac{1}{x^2}}{1+\frac{1}{x^2}} = \frac{\lim_{x \to \infty} \frac{1}{x^2}}{1+\lim_{x \to \infty} \frac{1}{x^2}} = \frac{0}{1+0} = 0$

(2) $\displaystyle\lim_{x \to \infty} \frac{3x^2-1}{x-x^2} = \lim_{x \to \infty} \frac{3-\frac{1}{x}}{\frac{1}{x}-1} = \frac{3-\lim_{x \to \infty} \frac{1}{x}}{\lim_{x \to \infty} \frac{1}{x}-1} = -3$

(3) $\displaystyle\lim_{x \to 2^+} \frac{1}{\sqrt{x-2}} = \infty$　　〈그림 6-4〉 참조

(4) $\displaystyle\lim_{x \to \infty} \frac{1}{\sqrt{x-2}} = 0$

(5) $\displaystyle\lim_{x \to \infty} (-2^{-x}+2) = \lim_{x \to \infty} \left(-\frac{1}{2^x}+2\right) = 0+2 = 2$　　〈그림 6-5〉 참조

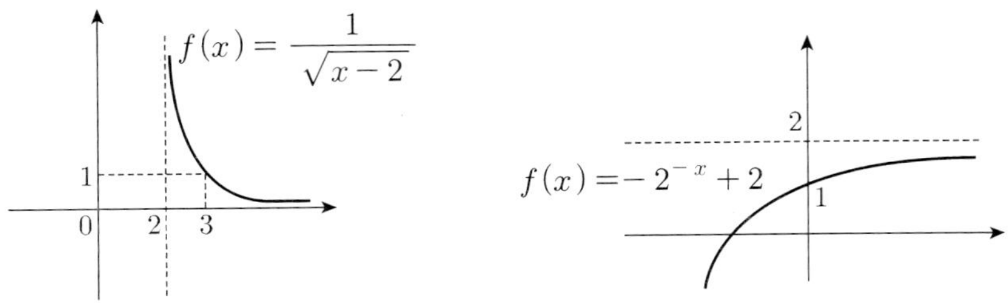

◆ $x \to a$ 또는 $x \to \infty$ 또는 $x \to -\infty$일 때, $f(x)$의 극한 문제가 다음과 같은 $\frac{0}{0}$, $\frac{\infty}{\infty}$, $\infty-\infty$ 형태이면, 이것을 **부정형**(indeterminate form)이라고 한다. 부정형은 다른 형태도 있지만 간단히 위의 형태만 생각해 보자.

(1) $\frac{0}{0}$형

① 주어진 분수식의 분모, 분자를 각각 인수분해 한 다음 약분 후에 극한을 구한다.

② 무리식을 포함하는 분수식이면 근호($\sqrt{\ }$)가 있는 곳을 유리화하여 계산한 다음 극한을 구한다.

(2) $\frac{\infty}{\infty}$형

① 분모의 최고차 항으로 분모, 분자를 나눈 후에 극한을 구한다.

② 무리식을 포함하는 분수식이면 근호($\sqrt{\ }$)가 있는 곳을 유리화 하여 계산한 다음에 극한을 구한다.

(3) $\infty-\infty$형

무리식이면 근호($\sqrt{\ }$)가 있는 곳을 유리화하여 계산한 다음에 극한을 구한다.

예제 6 다음 극한값을 구하여라.

(1) $\lim_{x \to a} \frac{x^3-a^3}{x-a}$ (2) $\lim_{x \to \infty} \frac{2x^2-1}{x-3}$

(3) $\lim_{x \to \infty} \frac{\sqrt{x^2+2}-\sqrt{2}}{x}$ (4) $\lim_{x \to \infty} (\sqrt{x+1}-\sqrt{x})$

풀이 (1) $\lim_{x \to a} \frac{(x-a)(x^2+ax+a^2)}{x-a} = \lim_{x \to a} \frac{(x^2+ax+a^2)}{1} = \lim_{x \to a}(a^2+a^2+a^2) = 3a^2$

(2) $\lim_{x\to\infty}\frac{2x^2-1}{x-3}=\lim_{x\to\infty}\frac{2x-\frac{1}{x}}{1-\frac{3}{x}}=\frac{2\lim_{x\to\infty}x-\lim_{x\to\infty}\frac{1}{x}}{1-\lim_{x\to\infty}\frac{3}{x}}=\frac{\infty-0}{1-0}=\infty$

(3) (i) $\lim_{x\to\infty}\frac{\sqrt{x^2+2}-\sqrt{2}}{x}$

$$=\lim_{x\to\infty}\frac{(\sqrt{x^2+2}-\sqrt{2})(\sqrt{x^2+2}+\sqrt{2})}{x(\sqrt{x^2+2}+\sqrt{2})}=\lim_{x\to\infty}\frac{x^2+2-2}{x(\sqrt{x^2-2}+\sqrt{2})}$$

$$=\lim_{x\to\infty}\frac{x}{(\sqrt{x^2+2}+\sqrt{2})}=\lim_{x\to\infty}\frac{1}{(\sqrt{1+\frac{2}{x^2}}+\frac{\sqrt{2}}{x})}=\frac{1}{(\sqrt{1+0}+0)}=1$$

(ii) $\lim_{x\to\infty}\frac{\sqrt{x^2+2}-\sqrt{2}}{x}=\lim_{x\to\infty}\frac{\sqrt{1+\frac{2}{x^2}}-\frac{\sqrt{2}}{x}}{1}=\sqrt{1+0}-0=1$

(4) $\lim_{x\to\infty}(\sqrt{x+1}-\sqrt{x})=\lim_{x\to\infty}\frac{(\sqrt{x+1}-\sqrt{x})(\sqrt{x+1}+\sqrt{x})}{\sqrt{x+1}+\sqrt{x}}$

$$=\lim_{x\to\infty}\frac{x+1-x}{\sqrt{x+1}+\sqrt{x}}=0$$

정리 4 압축정리

$\lim_{x\to a}g(x)=L$이고 $\lim_{x\to a}h(x)=L$이며, a을 포함하는 구간에서 $x\neq a$에 대하여,

$g(x)\le f(x)\le h(x)$이고 $\lim_{x\to a}g(x)=L=\lim_{x\to a}h(x)$가 성립하면

$$\lim_{x\to a}f(x)=L$$

이다.

예제 7 $\lim_{x\to 0}\frac{\sin x}{x}=1$을 증명하여라.

증명 (i) $x\to 0^+$의 경우 $(0<x<\frac{\pi}{2})$

삼각형OAB의 넓이≤부채꼴OAB의 넓이≤ 삼각형 OAC의 넓이

(그림 6-4)이므로 $\frac{1}{2}\sin x\le\frac{1}{2}x\le\frac{1}{2}\tan x$이고 $1\le\frac{x}{\sin x}\le\frac{1}{\cos x}$이다.

여기서 역수를 취하면 $1\ge\frac{\sin x}{x}\ge\cos x$이 된다.

$1 = \lim\limits_{x\to0^+} 1 \geq \lim\limits_{x\to0^+} \dfrac{\sin x}{x} \geq \lim\limits_{x\to0^+} \cos x = 0$ 이다. 그러므로 $\lim\limits_{x\to0^+} \dfrac{\sin x}{x} = 1$이다.

(ii) $x\to0^-$의 경우는 생략

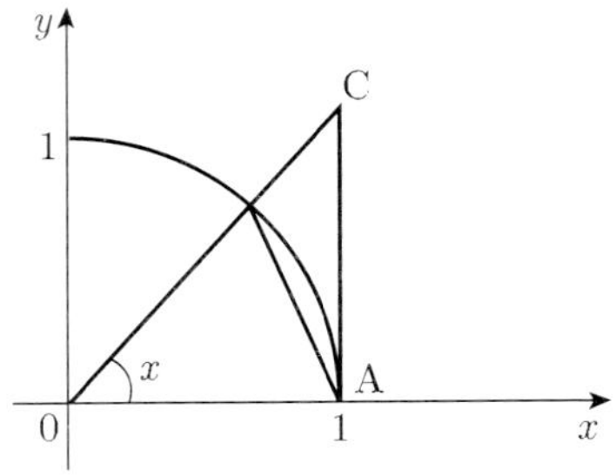

그림 6-6

정의 5 함수의 발산

(1) $x\to a$일 때, $f(x)$의 값이 한없이 커지면 $f(x)$는 '양의 무한대로 발산한다'라고 하고, 기호로는

$$x\to a\text{일 때} \quad f(x)\to\infty \quad \text{또는} \quad \lim_{x\to a} f(x) = \infty$$

으로 나타낸다.

(2) $x\to a$일 때, $f(x)$의 값이 음수이면서 그 절댓값이 한없이 커지면 $f(x)$는 '음의 무한대로 발산한다'라고 하고, 기호로는

$$x\to a\text{일 때} \quad f(x)\to-\infty \quad \text{또는} \quad \lim_{x\to a} f(x) = -\infty$$

으로 나타낸다.

예제 8 다음 극한값을 구하여라.

(1) $\lim\limits_{x\to\left(\frac{\pi}{2}\right)^-} \tan x$ (2) $\lim\limits_{x\to0^+} \log x$

풀이 (1) $\lim_{x\to\left(\frac{\pi}{2}\right)^-} \tan x = \infty$ (2) $\lim_{x\to 0^+} \log x = -\infty$

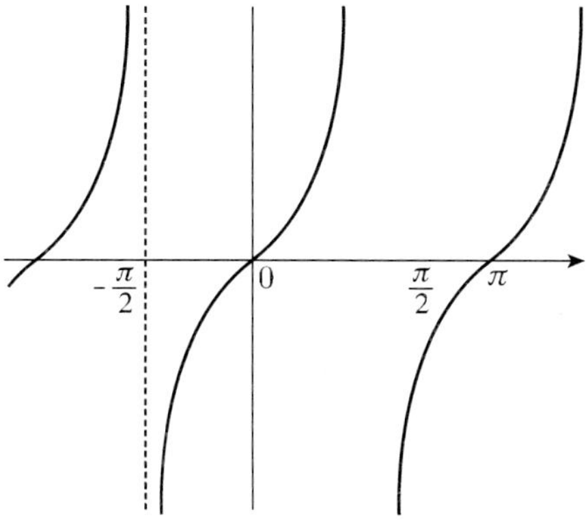

그림 6-7

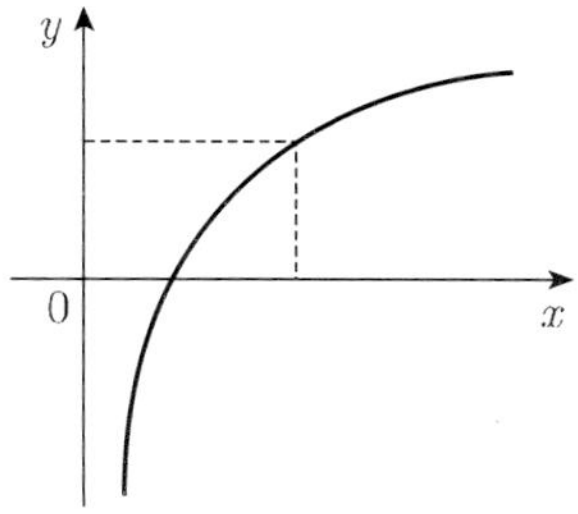

그림 6-8

정의 6 함수의 연속

함수 $f(x)$는 다음 세 조건을 만족할 때 $x=a$에서 **연속**(continuous at $x=a$)이라고 한다.

(1) $f(a)$가 정의되어 있고,

(2) 극한값 $\lim_{x\to a} f(x)$가 존재하며,

(3) $\lim_{x\to a} f(x) = f(a)$.

▶함수 $f(x)$가 $x=a$에서 연속이 아닐 때, $f(x)$는 $x=a$에서 **불연속**이라고 한다.

▶함수 $f(x)$가 구간 I의 모든 점에서 연속일 때, $f(x)$는 I에서 **연속**이라고 한다.

예제 8 $f(x)=|x|$는 $x=0$에서 연속임을 보여라.

풀이 $f(0)=0$이고 $\lim_{x\to 0}|x|=0$이므로

$\lim_{x\to 0}|x| = f(0) = 0$이다.

따라서 $f(x)$는 $x=0$에서 연속이다.

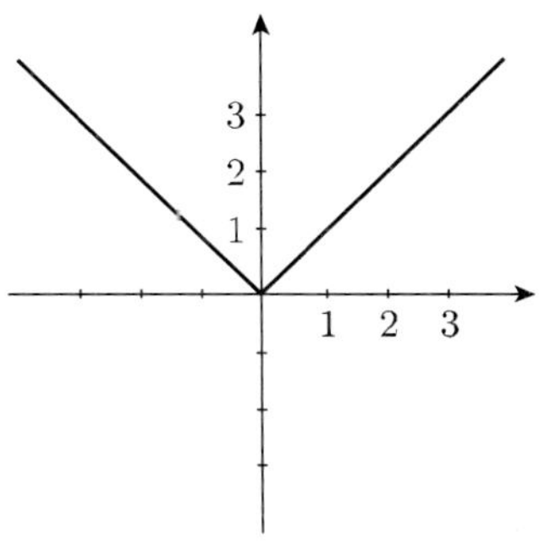

그림 6-9

예제 9 함수 $f(x)=\begin{cases} \dfrac{x^2-4x+3}{x-1} & (x \neq 1) \\ -2 & (x=1) \end{cases}$ 에서 $x=1$의 연속성을 조사하여라.

풀이 (i) $f(1)=-2$ 정의되고

(ii) $\lim_{x\to 1} f(x)=\lim_{x\to 1}\dfrac{x^2-4x+3}{x-1}$

$=\lim_{x\to 1}\dfrac{(x-1)(x-3)}{x-1}$

$=\lim_{x\to 1}(x-3)=-2$ 이다.

그러므로 $\lim_{x\to 1} f(x)=-2$이고 $x=1$에서 연속이다.

◆ **연속함수의 성질**

함수 $f(x)$, $g(x)$가 $x=a$ 에서 연속이면 다음 함수들도 $x=a$에서 연속이다.

(1) $cf(x)$ (c는 상수)

(2) $f(x)\ \pm\ g(x)$ (복호동순)

(3) $f(x)g(x)$

(4) $\dfrac{f(x)}{g(x)}$ ($\lim_{x\to a} g(x)\neq 0$)

▸ 폐구간$[a,b]$ 에서 정의된 연속함수는 중간값 정리, 최대·최솟값의 정리의 성질을 가진다.

정리 7 중간값 정리

함수 $f(x)$가 폐구간$[a,b]$ 에서 연속이고, $f(a)f(b)<0$ 이면 $f(c)=0$이 되는 c 가 개구간 (a,b)내에 적어도 하나 존재한다.

예제 10 중간값 정리를 이용하여 $2x^5+x^4-x^3-2x^2+5x-2=0$이 구간 $[-1,1]$에서 적어도 하나의 실근을 가짐을 보여라.

풀이 $f(x)=2x^5+x^4-x^3-2x^2+5x-2$라 놓으면 구간 $[-1,1]$에서 연속이고 $f(-1)<0$이고 $f(1)>0$이므로 중간값 정리를 이용하여 $f(c)=0$인 c가 적어도 하나의 실근이 $(-1,1)$ 안에 존재한다.

연습문제 6.1

01. 다음 극한을 구하여라.

(1) $\lim_{x \to 0} \frac{1}{x^2}$

(2) $\lim_{x \to -\infty} \frac{1}{x}$

(3) $\lim_{x \to 3} \frac{1}{(x-3)^2}$

(4) $\lim_{x \to 2} |x-2|$

(5) $\lim_{x \to 0} (x^2 - 5x + 1)$

(6) $\lim_{x \to 0} \frac{1}{x}\left(\frac{1}{x+2} - \frac{1}{2}\right)$

(7) $\lim_{x \to \infty} (\sqrt{x+2} - \sqrt{x+1})$

02. 다음 극한을 구하여라.

(1) $\lim_{x \to 0} \frac{\tan x}{x}$

(2) $\lim_{x \to 0} \frac{\cos x - 1}{x}$

(3) $\lim_{x \to 0} \frac{\sin 5x}{2x}$

(4) $\lim_{x \to 0} \frac{\sin(\tan x)}{x}$

(5) $\lim_{x \to 0^+} \ln x$

03. 다음 함수의 연속성을 주어진 점에서 조사하여라.

(1) $f(x) = x^2 + 1 \quad (x = 1)$

(2) $f(x) = \frac{|x|}{x} \quad (x = 0)$

04. 중간값 정리를 이용하여, $x^3 - x^2 + 1 = 0$이 구간 $[-1, 1]$에서 적어도 하나의 실근을 가짐을 보여라.

6.2 도함수

정의 1 평균변화율, 미분가능하다, 미분계수

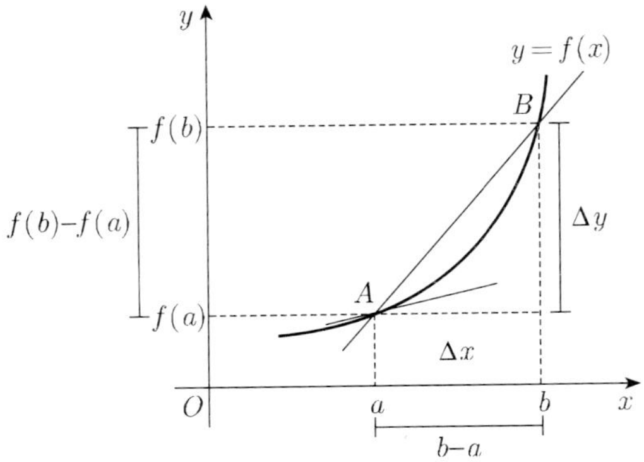

그림 6-10

(1) 함수 $y = f(x)$에서 x가 a에서 b까지 변할 때,

x의 증분 $\triangle x = b - a$에 대한 y의 증분 $\triangle y$는 $\triangle y = f(b) - f(a)$으로 나타내면

이때, $\dfrac{\triangle y}{\triangle x} = \dfrac{f(b) - f(a)}{b - a} = \dfrac{f(a + \triangle x) - f(a)}{\triangle x}$는 x 가 a 에서 b 까지 변할 때,

f의 **평균변화율**(average rate of change)이라 한다. (그림 6-10)

(2) $\lim\limits_{\triangle x \to 0} \dfrac{\triangle y}{\triangle x} = \lim\limits_{\triangle x \to 0} \dfrac{f(a + \triangle x) - f(a)}{\triangle x}$가 존재 할 때, 함수$f$는 a에서 **미분가능하다**(differentiable)라고 하고 이 극한값을 $x = a$에서의 $f(x)$의 **미분계수**(derivative)하고, $f'(a)$로 나타낸다.

▶ 미분계수 $f'(a)$가 존재하지 않으면, 함수 $f(x)$는 $x = a$에서 **미분가능하지 않다**고 한다.

▶ 함수f가 정의역의 모든 점에서 미분가능 할 때, f을 **미분가능한 함수**라고 한다.
이 함수를 f의 도함수라 하고 기호는 다음과 같이 나타낸다.

$$f', \ \frac{df(x)}{dx}, \ \frac{dy}{dx}, \ y', Df(x), D_x f(x)$$

▶ $x = a$에서 f의 미분계수 $f'(a) = \lim\limits_{\triangle x \to 0} \dfrac{f(a + \triangle x) - f(a)}{\triangle x}$에서 $\triangle x = x - a$으로

놓으면 $\triangle x \to 0$일 때, $x \to a$이므로 $f'(a) = \lim\limits_{\triangle x \to 0} \dfrac{f(x) - f(a)}{x - a}$이다.

예제 1 x가 1에서 3까지 변할 때, 함수 $f(x)=x^2-1$의 평균변화율과 $x=c\ (1<x<3)$의 미분계수가 같아지는 c을 구하여라.

풀이 $\dfrac{\Delta y}{\Delta x}=\dfrac{f(3)-f(1)}{3-1}=\dfrac{8-0}{2}=4$이고

$$f'(c)=\lim_{\Delta x\to 0}\frac{f(c+\Delta x)-f(c)}{\Delta x}=\lim_{\Delta x\to 0}\frac{(c+\Delta x)^2-1-(c^2-1)}{\Delta x}$$
$$=\lim_{\Delta x\to 0}(2c+\Delta x)=2c$$

따라서 $\dfrac{\Delta y}{\Delta x}=4=2c$이고 $c=2$이다.

예제 2 $x=2$에서 $f(x)=x^2$을 도함수의 정의를 이용하여 미분계수를 구하여라.

풀이 $$f'(2)=\lim_{\Delta x\to 0}\frac{f(2+\Delta x)-f(2)}{\Delta x}=\lim_{\Delta x\to 0}\frac{(2+\Delta x)^2-2^2}{\Delta x}$$
$$=\lim_{\Delta x\to 0}\frac{(4+\Delta x)\Delta x}{\Delta x}=\lim_{\Delta x\to 0}(4+\Delta x)=4$$

정리 2

함수 $f(x)$가 $x=a$에서 미분가능하면 $f(x)$는 $x=a$에서 연속이다.

증명 함수 $f(x)$가 $x=a$에서 미분가능하기 때문에 $f'(a)$이 존재하고

$$\lim_{x\to a}f(x)=\lim_{x\to a}\left[\frac{f(x)-f(a)}{(x-a)}(x-a)+f(a)\right]$$
$$=f'(a)\cdot 0+f(a)$$
$$=f(a)$$

▶ 다음 **예제 3**은 **정리 2**의 역은 성립하지 않음을 보여준다.

예제 3 $f(x)=|x-1|$는 $x=1$에서 연속이지만 미분가능하지 않음을 보여라.

풀이 $\lim_{x\to 1}f(x)=\lim_{x\to 1}|x-1|=\lim_{x\to 1}|1-1|=0=f(1)$이다. 그러므로 $f(x)$는 $x=1$에서 연속이다. 한편 $x>1$경우 $f'(1)=\lim_{x\to 1}\dfrac{f(x)-f(1)}{x-1}=\lim_{x\to 1}\dfrac{|x-1|}{x-1}=\lim_{x\to 1}\dfrac{x-1}{x-1}=1$이고 $x<1$경우 $f'(1)=\lim_{x\to 1}\dfrac{f(x)-f(1)}{x-1}=\lim_{x\to 1}\dfrac{|x-1|}{x-1}=\lim_{x\to 1}\dfrac{-(x-1)}{x-1}=-1$이다. 그러므로 $x=1$에서 미분가능하지 않다.

접선의 방정식

> $x=a$에서 $f'(x)$이 존재하고 접점$P(a, f(a))$에서 곡선$f(x)$의 접선의 방정식은
>
> $$y-f(a)=f'(a)(x-a)$$
>
> 이다.

▶ 법선의 방정식은 $y-f(a)=-\dfrac{1}{f'(a)}(x-a)$이다. (단, $f'(a)\neq 0$)

예제 4 $x=2$에서 $f(x)=x^2$의 접선의 방정식과 법선의 방정식을 구하여라.

풀이 **예제 2**에 의해서 $f'(2)=4$이고 접점$P(2,4)$에서 접선의 방정식은 $y-f(2)=f'(2)(x-2)$이고 $y=4x-4$이다. 또한 법선의 방정식은 $y-f(2)=-\dfrac{1}{4}(x-2)$이고 $y=-\dfrac{1}{4}x+\dfrac{9}{2}$이다.

미분의 기본공식

> 함수 $f(x)$, $g(x)$가 미분가능 임의의 상수 c라 할 때,
>
> (1) $y=cf(x) \Rightarrow \quad y'=cf'(x)$
>
> (2) $y=[f(x)\pm g(x)] \Rightarrow \quad y'=[f'(x)\pm g'(x)]$ (복호동순)
>
> (3) $y=f(x)g(x) \Rightarrow \quad y'=f'(x)g(x)+f(x)g'(x)$
>
> (4) $y=\dfrac{f(x)}{g(x)} \Rightarrow \quad y'=\dfrac{f'(x)g(x)-f(x)g'(x)}{(g(x))^2}$
>
> (5) $y=x^n \Rightarrow y'=nx^{n-1}$ (n : 양의 정수)

증명 (3) $F(x)=(fg)(x)=f(x)g(x)$라 하면

$$\begin{aligned}
F' &= \lim_{\Delta x\to 0}\frac{F(c+\Delta x)-F(c)}{\Delta x}\\
&= \lim_{\Delta x\to 0}\frac{f(c+\Delta x)g(c+\Delta x)-f(c)g(c)}{\Delta x}\\
&= \lim_{\Delta x\to 0}\frac{\{f(c+\Delta x)-f(c)\}g(c+\Delta x)+f(c)\{g(c+\Delta x)-g(c)\}}{\Delta x}\\
&= \lim_{\Delta x\to 0}\frac{f(c+\Delta x)-f(c)}{\Delta x}\lim_{\Delta x\to 0}g(c+\Delta x) \;+\; f(c)\lim_{\Delta x\to 0}\frac{g(c+\Delta x)-g(c)}{\Delta x}\\
&= f'(c)g(c)+f(c)g'(c)
\end{aligned}$$

임의의 상수 c이므로 $y'=f'(x)g(x)+f(x)g'(x)$이다.

예제 5 $f(x)=3x^3$의 도함수를 구하여라.

풀이 $f'(x)=\frac{d}{dx}\{3x^3\}=3\frac{d}{dx}(x^3)=3\cdot 3x^2=9x^2$

예제 6 $F(x)=x^3g(x)$이고 $g(2)=2, g'(2)=6$이라면 $F'(2)$을 구하여라.

풀이
$$F'(x)=\frac{d}{dx}\{x^3g(x)\}$$
$$=g(x)\frac{d}{dx}(x^3)+x^3\frac{d}{dx}(g(x))$$
$$=g(x)3x^2+x^3g'(x)$$

따라서, $F'(2)=g(2)3(2)^2+2^3g'(2)=24+48=72$

예제 7 $y=\frac{x^2+2}{x^3-1}$에 대하여 y'을 구하여라.

풀이 $y'=\frac{2x(x^3-1)-(x^2+2)3x^2}{(x^3-1)^2}=-\frac{x(x^3+6x+2)}{(x^3-1)^2}$

예제 8 $y=x^{-\frac{1}{3}}$에 대하여 y'을 구하여라.

풀이 $y'=-\frac{1}{3}x^{-\frac{1}{3}-1}=-\frac{1}{3}x^{-\frac{4}{3}}$

◆ $y=\{f(x)\}^n$의 도함수를 생각해 보자. 여기서 n은 자연수이다.

① $y=\{f(x)\}^2=f(x)f(x)$이고 미분의 기본 공식 (3)에 의해서

$y'=\frac{d}{dx}\{f(x)\}^2=(f(x)f(x))'=f'(x)f(x)+f(x)f'(x)=2f(x)f'(x)$이다.

② $y=\{f(x)\}^3=\{f(x)\}^2f(x)$일 때, $y'=\frac{d}{dx}\{f(x)\}^3=\frac{d}{dx}(\{f(x)\}^2f(x))$

$=(\{f(x)\}^2)'f(x)+\{f(x)\}^2f'(x)=2f(x)f'(x)f(x)+\{f(x)\}^2f'(x)$

$=2\{f(x)\}^2f'(x)+\{f(x)\}^2f'(x)=3\{f(x)\}^2f'(x)$이다.

이와 같은 방법으로

계속하면 $y'=n\{f(x)\}^{n-1}f'(x)$을 얻을 수 있다.

예제 9 $y=(x^2-2)^7$일 때, y'을 구하여라.

풀이 $y'=7(x^2-2)^{7-1}(2x)=14x(x^2-2)^6$

정의 3 고계 도함수

만약 함수 $f(x)$의 도함수 $f'(x)$이 미분가능하면 $f'(x)$의 도함수는 $f''(x)$ 또는 $\dfrac{d^2f(x)}{dx^2}$, $f^{(2)}(x)$로 표기하고 $f(x)$의 **이계도함수**(second derivative)라 한다. 한편 함수 $f^{(n-1)}(x)$이 미분가능하면 n계 도함수(**고계도함수**, $n \ge 2$인 자연수)라 한다.

▶ (1) $f^{(0)}(x) = f(x)$으로 약속한다.

(2) $f^{(n)}(x) = \dfrac{d^n f(x)}{dx^n}$

예제 10 다음 함수의 이계도함수를 구하여라.

(1) $y = x^3 + x^2 - 1$ (2) $y = (x^2 - 2)^3$

풀이 (1) $y' = 3x^2 + 2x$ 이고 $y'' = 6x + 2$

(2) $y' = 3(x^2-2)^2(2x) = 6x(x^2-2)^2$이고 $y'' = 6(x^2-2)^2 + 24x^2(x^2-2)$

$y'' = 6(x^2-2)(5x^2-2)$

연습문제 6.2

01. 도함수를 구하여라.

(1) $g(x) = 3x^2 - 5x$

(2) $f(x) = \dfrac{x^2}{x-1}$

(3) $f(x) = (5x^3)(2x^5)$

(4) $y = (3x^2 - 2x + 1)^4$

(5) $f(x) = (x-1)^3(x^2+1)^2$

02. 다음 함수의 평균변화율을 주어진 구간에서 구하여라.

(1) $f(x) = x^3 + x \quad [0,1]$

(2) $f(x) = \dfrac{1}{\sqrt{x}} \quad [1,4]$

03. $f(x) = x\sqrt{x}$ 에서 $x = 1$의 미분계수를 구하여라.

04. $f(x) = \sqrt{x}$ 위의 점 $(4,2)$에서 접선과 법선의 방정식을 구하여라.

05. 다음 함수 $f(x) = \dfrac{1}{x}$의 이계도함수를 구하여라.

6.3 미분법

합성함수 미분법(연쇄법칙)

함수 g가 x에 관해서 미분가능하고 함수 f가 $g(x)$에 미분가능하면 합성함수 $f \circ g$는 x에 관해서 미분가능하다.

만약 $y = f(g(x))$, $t = g(x)$ 이면 $y = f(t)$이고

$$\frac{dy}{dx} = \frac{dy}{dt}\frac{dt}{dx}$$

이다.

▶ $y' = (f \circ g)'(x) = (f(g(x))' = f'(g(x))g'(x)$

예제 1 $y = (x^3+1)^3$의 도함수를 구하여라.

풀이 $t = x^3+1$이라 하고 $y = t^3$이라 하자. 연쇄법칙에 의해서
$\frac{dy}{dx} = \frac{dy}{dt} \cdot \frac{dt}{dx} = \frac{d}{dt}\{t^3\} \ \frac{d}{dx}\{x^2+1\} = (3t^2)(2x) = 6x(x^2+1)^2$ 이다.

정의 1 음함수의 미분법

두 변수 x, y을 포함하는 방정식 $f(x,y) = 0$이 어떤 함수를 정의할 때, y을 x의 음함수라 한다.

(1) 식에 포함되어 있는 y을 x에 관한 함수로 간주 하여 식의 양변을 x에 관한 미분을 한다.

(2) $\frac{dy}{dx}$을 포함하는 모든 항을 좌변으로 이동한다.

(3) $\frac{dy}{dx}$에 관하여 푼다.

예제 2 다음 함수들을 음함수의 미분법으로 $\frac{dy}{dx}$을 구하여라.

(1) $x^2 - y^2 = 1$　　　　(2) $x^3 = y^3 - y^2 - 2y$

풀이 (1) $x^2 - y^2 = 1$에서 양변을 x에 대하여 미분하면 $2x - 2y\frac{dy}{dx} = 0$이고

따라서 $\dfrac{dy}{dx}=\dfrac{x}{y},\ y\neq 0$ 이다.

(2) $x^3=y^3-y^2-2y$에서 양변을 x에 대하여 미분하면

$3x^2=(3y^2-2y-2)\dfrac{dy}{dx}$이고 $\dfrac{dy}{dx}=\dfrac{3x^2}{3y^2-2y-2}$이다.

매개변수에 관한 미분법

매개변수를 t로 하는 미분가능한 함수 $x=f(t),\ y=g(t)$에 대하여 다음이 성립된다.

$$\frac{dy}{dx}=\frac{dy}{dt}\cdot\frac{dt}{dx}=\frac{g'(t)}{f'(t)},\quad (f'(t)\neq 0)$$

예제 3 $x=2t-1,\ y=t^2$에서 $\dfrac{dy}{dx}$을 구하여라.

풀이 $\dfrac{dx}{dt}=2,\quad \dfrac{dy}{dt}=2t$이고 $\dfrac{dy}{dx}=\dfrac{dy}{dt}\Big/\dfrac{dx}{dt}=t$이다.

역함수의 미분법

$f(x)$가 1-1함수이고 미분가능하면, $f'(x)\neq 0$일 때, 그 역함수 $y=f^{-1}(x)$도 미분가능하고

$$\frac{d}{dx}f^{-1}(x)=\frac{1}{f'(y)}$$

이다.

예제 4 g는 f의 역함수이고 $f(3)=7,\ f'(3)=3$일 때, $g'(7)$을 구하여라.

풀이 $g'(7)=\dfrac{1}{f'(g(7))}=\dfrac{1}{f'(3)}=\dfrac{1}{3}$

삼각함수의 미분공식

(1) $y=\sin x \Rightarrow y'=\cos x$

(2) $y=\cos x \Rightarrow y'=-\sin x$

(3) $y=\tan x \Rightarrow y'=\sec^2 x$

(4) $y=\cot x \Rightarrow y'=-\csc^2 x$

(5) $y=\sec x \Rightarrow y'=\sec x\tan x$

(6) $y=\csc x \Rightarrow y'=-\csc x\cot x$

증명 (1) $f(x)=\sin x$ 로 놓으면

$$f'(x)=\lim_{\Delta x\to 0}\frac{f(x+\Delta x)-f(x)}{\Delta x}=\lim_{\Delta x\to 0}\frac{\sin(x+\Delta x)-\sin x}{\Delta x}$$
$$=\lim_{\Delta x\to 0}\frac{\sin x\cos\Delta x+\cos x\sin\Delta x-\sin x}{\Delta x}$$
$$=\lim_{\Delta x\to 0}\left\{\frac{\sin x(\cos\Delta x-1)}{\Delta x}+\cos x\left(\frac{\sin\Delta x}{\Delta x}\right)\right\}$$
$$=\lim_{\Delta x\to 0}\sin x\lim_{\Delta x\to 0}\frac{\cos\Delta x-1}{\Delta x}+\lim_{\Delta x\to 0}\cos x\lim_{\Delta x\to 0}\left(\frac{\sin\Delta x}{\Delta x}\right)$$
$$=\sin x\cdot 0+\cos x\cdot 1=\cos x$$

예제 5 $f(x)=3\sin x$의 도함수를 구하여라.

풀이 $f'(x)=\dfrac{d}{dx}\{3\sin x\}=3\dfrac{d}{dx}(\sin x)=3\cdot\cos x=3\cos x$

예제 6 $f(x)=\cos(\cot x)$의 도함수를 구하여라.

풀이 $f'(x)=\dfrac{d}{dx}\{\cos(\cot x)\}=-\sin(\cot x)\cdot(-\csc^2 x)=\sin(\cot x)\csc^2 x$

예제 7 $f(x)=\sqrt{x^2+\tan x}$ 의 도함수를 구하여라.

풀이 $f'(x)=\dfrac{d}{dx}\{\sqrt{x^2+\tan x}\}=\dfrac{1}{2\sqrt{x^2+\tan x}}(2x+\sec^2 x)$

지수함수와 로그함수의 미분공식$(a\neq 1,\ a>0,\ x>0)$

(1) $y=\log_a x \Rightarrow y'=\dfrac{1}{x}\log_a e$ (2) $y=\ln x \Rightarrow y'=\dfrac{1}{x}$

(3) $y=a^x \Rightarrow y'=a^x\ln a$ (4) $y=e^x \Rightarrow y'=e^x$

증명 (1) $f(x)=\log_a x$ 로 놓고 도함수 정의에 의하여

$$f'(x)=\lim_{\Delta x\to 0}\frac{f(x+\Delta x)-f(x)}{\Delta x}=\lim_{\Delta x\to 0}\frac{\log_a(x+\Delta x)-\log_a x}{\Delta x}$$
$$=\lim_{\Delta x\to 0}\frac{1}{\Delta x}\log_a\left(1+\frac{\Delta x}{x}\right)=\lim_{\Delta x\to 0}\frac{1}{x}\log_a\left(1+\frac{\Delta x}{x}\right)^{\frac{x}{\Delta x}}$$
$$=\frac{1}{x}\lim_{\Delta x\to 0}\log_a\left(1+\frac{\Delta x}{x}\right)^{\frac{x}{\Delta x}}=\frac{1}{x}\log_a e$$

(3) $f(x)=a^x$로 놓고 자연로그를 양변에 취하면 $\ln y=x\ln a$이고 양변을 x에 대하여 미분하면

$$\frac{1}{y}\frac{dy}{dx}=\ln a \text{이고} \quad \frac{dy}{dx}=y\ln a=a^x\ln a$$

이다.

예제 8 다음에서 $\dfrac{dy}{dx}$을 구하여라.

(1) $y=\ln\cos x$ (2) $y=\log_2 x$ (3) $y=3^{\sin x}$

풀이 (1) $y'=\dfrac{1}{\cos x}\cdot(\cos x)'=\dfrac{-\sin x}{\cos x}=-\tan x$

(2) $y=\dfrac{\ln x}{\ln 2}$ 이고 $y'=\dfrac{1}{\ln 2}\cdot\dfrac{1}{x}=\dfrac{1}{x\ln 2}$

(3) $y'=3^{\sin x}\ln 3\,(\sin x)'=3^{\sin x}(\ln 3)\cos x$

로피탈의 정리

함수 f,g가 $x=a$을 포함하는 구간에서 미분가능하고 $f(a)=0$, $g(a)=0$이고 $g'(a)\neq 0$이면,

$$\lim_{x\to a}\frac{f(x)}{g(x)}=\frac{f'(a)}{g'(a)}$$

이다.

▶ 로피탈의 정리는 부정형 $\dfrac{0}{0}$뿐만 아니라 $\dfrac{\infty}{\infty}$인 경우에도 적용된다. $x\to a$일 때, $f(x)\to\pm\infty$이고 $g(x)\to\pm\infty$이면 $\displaystyle\lim_{x\to a}\frac{f(x)}{g(x)}=\frac{f'(a)}{g'(a)}$.

예제 9 다음에서 로피탈의 정리를 이용하여 극한값을 구하여라.

(1) $\displaystyle\lim_{x\to 0}\frac{2-2\cos x}{x}$ (2) $\displaystyle\lim_{x\to 0}\frac{x-\sin x}{x^2}$ (3) $\displaystyle\lim_{x\to\infty}\frac{e^x}{x}$

풀이 (1) $\displaystyle\lim_{x\to 0}\frac{2-2\cos x}{x}=\lim_{x\to 0}\frac{2\sin x}{1}=0$

(2) $\displaystyle\lim_{x\to 0}\frac{x-\sin x}{x^2}=\lim_{x\to 0}\frac{1-\cos x}{2x}=\lim_{x\to 0}\frac{\sin x}{2}=0$

(3) $\displaystyle\lim_{x\to\infty}\frac{e^x}{x}=\lim_{x\to\infty}\frac{e^x}{1}=\infty$

연습문제 6.3

01. 다음 함수에서 $\dfrac{dy}{dx}$을 구하여라.

(1) $y=(x^3-2x+1)^4$ (2) $y=\dfrac{t}{t+1},\ t=x^2-1$ (3) $y=x\sqrt[5]{x}$

02. 다음 함수를 미분하여라.

(1) $y=x^3\csc x$ (2) $y=\dfrac{\sec x}{1+\cos x}$ (3) $y=\tan(x^2+2x)$

(4) $y=3\sin x-\cos 4x$ (5) $y=\sec^2 x-\tan 2x$

03. 다음에서 $\dfrac{dy}{dx}$을 구하여라.

(1) $5y^2+\sin y=x^3$ (2) $\sin x^2+\cos y=1$ (3) $\cos(xy)=x$

(4) $x=2\cos t\ ,y=2\sin t$ (5) $xy^2=1$ (6) $y=2\sin x\cos x$

(7) $y=x^x,\ x>1$

04. 다음 로피탈의 정리를 이용하여 극한값을 구하여라.

(1) $\displaystyle\lim_{x\to 0}\frac{1-\cos x}{\sin x}$ (2) $\displaystyle\lim_{x\to 0}\frac{x^2}{1-e^x}$ (3) $\displaystyle\lim_{x\to\infty}\frac{\ln x}{x}$

6.4 미분의 응용

◆ 함수의 증가 · 감소

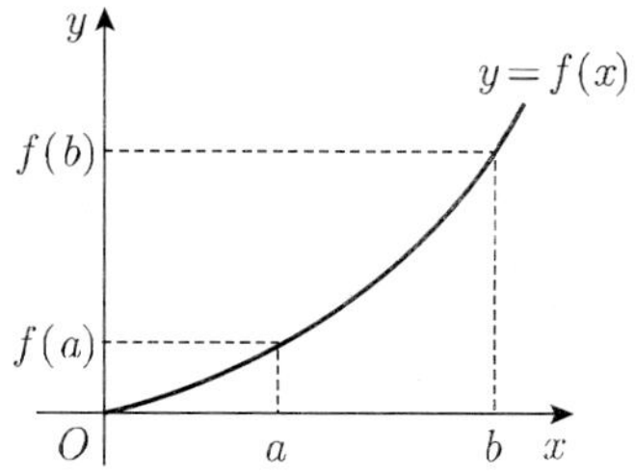

그림 6-11

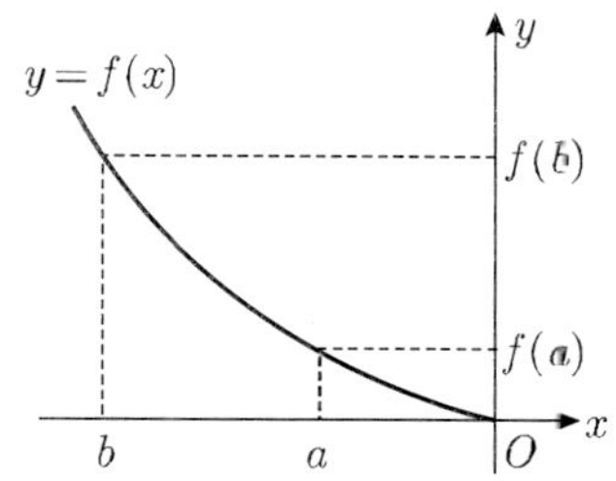

그림 6-12

▶ 함수 $f(x)$ 가 어떤 구간의 임의의 두 수 a, b 에 대하여

(1) $a < b \Rightarrow f(a) < f(b)$일 때 $f(x)$는 그 구간에서 **증가한다**(increasing)고 한다. (그림 6-11)

(2) $a < b \Rightarrow f(a) > f(b)$일 때 $f(x)$는 그 구간에서 **감소한다**(decreasing)고 한다. (그림 6-12)

▶ 함수 $f(x)$가 어떤 구간에서 미분가능하고, 그 구간에서

(1) $f'(x) > 0$ 이면, $f(x)$ 는 그 구간에서 **증가**한다.

(2) $f'(x) < 0$ 이면, $f(x)$ 는 그 구간에서 **감소**한다.

(3) $f'(x) = 0$ 이면, $f(x)$ 는 **상수함수**이다.

예제 1 함수 $y = x^3 - 3x$의 증가, 감소 구간을 구하여라.

풀이 $f(x) = x^3 - 3x$라 놓으면

$f'(x) = 3x^2 - 3 = 3(x-1)(x+1)$

따라서 $x = 1$ 과 $x = -1$에서 함수 $f(x)$의 증가, 감소를 나타내는 표를 만들면 다음과 같다.

x의 구간	$f'(x)$	$f(x)$
$-\infty < x < -1$	+	증가
$-1 < x < 1$	−	감소
$1 < x < \infty$	+	증가

따라서 함수 $y = x^3 - 3x$은 $-\infty < x < -1$ 또는 $1 < x < \infty$에서 증가하고 $-1 < x < 1$일 때는 감소한다.

예제 2 함수$y = e^x - x$는 구간 $[0, \infty)$에서 증가함수임을 증명하여라.

증명 $f(x) = e^x - x$라 놓으면

$f'(x) = e^x - 1$

구간 $[0, \infty)$이므로 $f'(x) \geq 0$이고 함수 $y = e^x - x$는 증가함수이다.

◆ 함수의 극대 · 극소

▶ **극대, 극댓값** : $x = a$에서 연속함수$f(x)$가 증가상태에서 감소상태로 변하면 $f(x)$는 $x = a$에서 **극대**(local maximum)라 하고, $f(a)$을 **극댓값**이라 한다. 아래 그림에서 $x = a$, $x = c$에서 극대이고, 극댓값은 $f(a)$, $f(c)$이다.

▶ **극소, 극솟값** : $x = a$에서 연속함수$f(x)$가 감소상태에서 증가상태로 변하면 $f(x)$는 $x = b$에서 **극소**(local minimum)라 하고, $f(b)$를 **극솟값**이라 한다. 아래 그림에서 $x = b$, $x = d$에서 극소이고, 극솟값은 $f(b)$, $f(d)$이다.

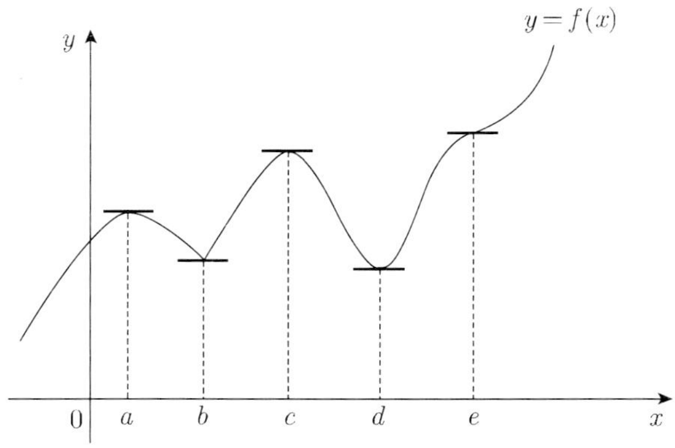

그림 6-13

▸ 그림 6-13에서 $f(e) = 0$는 극대도 극소도 아니다.

▶ **극값** : 극댓값, 극솟값을 통틀어 **극값**라고 한다.

예제 3 함수 $y = x^3 - 3x$의 극값을 구하여라.

풀이 $f(x) = x^3 - 3x$라 놓으면

$f'(x) = 3x^2 - 3 = 3(x-1)(x+1)$

예제 1을 참고로 하면 $x = -1$에서 극대이고 극댓값은 $f(-1) = 2$,

$x = 1$일 때 극소이고 극솟값은 $f(-1) = 2$이다.

예제 4 함수 $f(x) = x\ln x$의 극값을 구하여라.

풀이 $f'(x) = \ln x + x\dfrac{1}{x} = \ln x + 1$이고 $f'(x) = 0$에서 $\ln x + 1 = 0$이다.

그러므로 $\ln x = -1$이고 $x = e^{-1}$이다.

함수 $f(x)$의 증가, 감소를 나타내는 표를 만들면 다음과 같다

x	0	$\cdots$	e^{-1}	$\cdots$
$f'(x)$		$-$	0	$+$
$f(x)$		↘	극소	↗

따라서 $x = e^{-1}$에서 극소이고 극솟값은 $f(e^{-1}) = -e^{-1}$이다.

◆ 함수의 최대, 최솟값

폐구간 $[a,\ b]$에서 연속인 함수 $y = f(x)$에 대하여 $f(a)$, $f(b)$와 구간 $[a,\ b]$에 포함된 $f(x)$의 극값 중 가장 큰 값이 **최댓값**, 가장 작은 값이 **최솟값**이다.

▶ 최댓값, 최솟값 구하기

폐구간 $[a,\ b]$에서 연속인 함수 $y = f(x)$에 대하여

1) 구간 $[a,\ b]$에서의 모든 극댓값과 극솟값을 구한다.

2) 구간의 양 끝 값에서의 함수 값 $f(a)$, $f(b)$을 구한다.

3) 위 두 값을 비교하여 가장 큰 값을 최대, 가장 작은 값을 최소로 정한다.

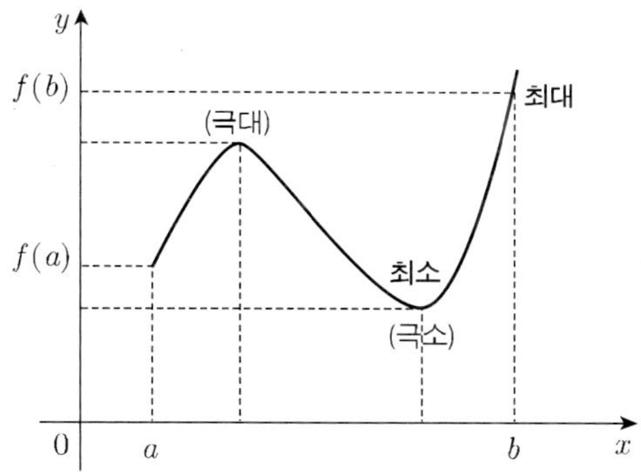

그림 6-14

예제 5 함수 $f(x) = x^4 - 6x^2 + 8x - 1$의 최댓값, 최솟값을 구하여라.

풀이 $f'(x) = 4x^3 - 12x + 8 = 4(x-1)^2(x+2)$이고 $f'(x) = 0$에서 $x = 1, -2$이다.

함수$f(x)$의 증가, 감소를 나타내는 표를 만들면 다음과 같다.

x	$\cdots$	-2	$\cdots$	1	$\cdots$
$f'(x)$	$-$	0	$+$	0	$+$
$f(x)$	↘	-11	↗	16	↗

따라서 최댓값은 없고 최솟값은 $f(-2)=-11$이다.

예제 6 함수 $f(x)=\sin x(1+\cos x)(0\le x\le\pi)$의 최댓값, 최솟값을 구하여라.

풀이 $f(x)=\sin x(1+\cos x)$에서

$$f'(x)=\cos x(1+\sin x)-\sin x(\sin x)$$
$$=2\cos^2 x+\cos x-1=(\cos x+1)(2\cos x-1)$$이다.

구간 $0\le x\le\pi$에서 $f'(x)=0$을 만족하는 $x=\frac{\pi}{3},\pi$이다.

함수$f(x)$의 증가, 감소를 나타내는 표를 만들면 다음과 같다.

x	0	$\cdots$	$\frac{\pi}{3}$	$\cdots$	π
$f'(x)$	2	$+$	0	$-$	0
$f(x)$	0	↗	$\frac{3\sqrt{3}}{4}$	↘	0

따라서 최댓값은 $\frac{3\sqrt{3}}{4}$이고 최솟값은 0이다.

◆ 함수의 그래프

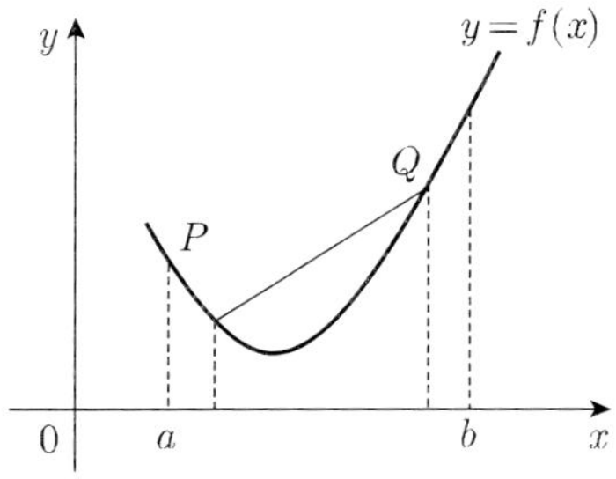

그림 6-15

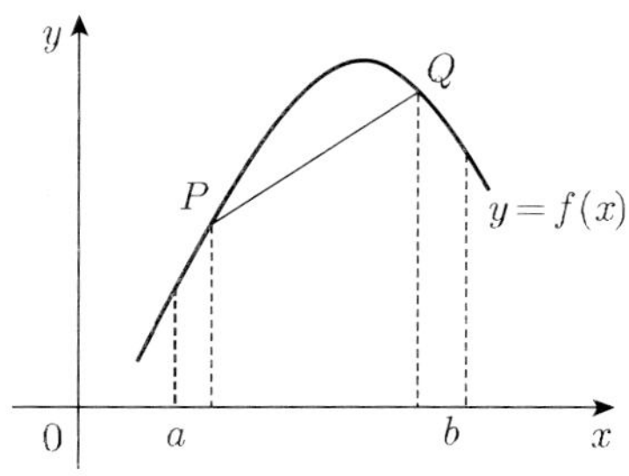

그림 6-16

〈그림 6-15, 6-16〉에서와 같이 구간 $[a,b]$ 위에서 곡선 $y=f(x)$ 위에 있는 임의의 두 점 P, Q에 대하여

(1) P, Q 사이에 있는 곡선이 선분 $\overline{PQ}$ 보다 항상 아래쪽에 있으면 곡선 $y=f(x)$는 구간 $[a,b]$ 위에서 **아래로 볼록**(lower convex)하다고 한다.

(2) P, Q 사이에 있는 곡선이 선분 $\overline{PQ}$ 보다 항상 위쪽에 있으면 곡선 $y=f(x)$는 구간 $[a,b]$ 위에서 **위로 볼록**(upper convex)하다고 한다.

정의 1 **변곡점**

곡선 $y=f(x)$ 위에 있는 한 점의 좌우에서 곡선의 모양이 위로 볼록에서 아래로 볼록으로 또는 아래로 볼록에서 위로 볼록으로 바뀔 때 이점을 **변곡점**이라 한다. 〈그림 6-17〉

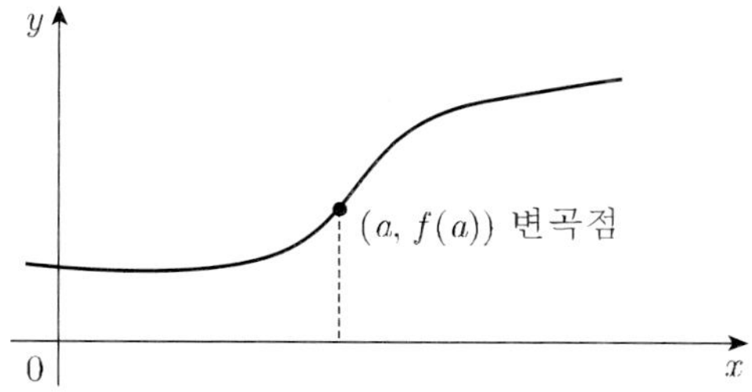

그림 6-17

곡선의 볼록성

함수$f(x)$에 대하여 어떤 구간에서 항상
(1) $f''(x)>0$ ⇒ 곡선 $y=f(x)$은 그 구간에서 아래로 볼록이며,
(2) $f''(x)<0$ ⇒ 곡선 $y=f(x)$은 그 구간에서 위로 볼록이다.

예제 7 함수 $f(x)=e^{-x^2}$의 극값, 볼록성을 조사하여라.

풀이 $f'(x)=-2xe^{-x^2}$이고 $f''(x)=-2e^{-x^2}+4x^2e^{-x^2}=(4x^2-2)e^{-x^2}$이며, $f''(x)=0$을 만족하는 x는 $x=\frac{1}{\sqrt{2}}$ 또는 $x=-\frac{1}{\sqrt{2}}$이다.

함수 $f(x)$의 증가, 감소를 나타내는 표를 만들면 다음과 같다.

x	$\cdots$	$-\frac{1}{\sqrt{2}}$	$\cdots$	0	$\cdots$	$\frac{1}{\sqrt{2}}$	$\cdots$
$f'(x)$	+	+	+	0	−	−	−
$f''(x)$	+	0	−	−	−	0	+
$f(x)$	↗	$\frac{1}{\sqrt{e}}$	↗	1	↘	$\frac{1}{\sqrt{e}}$	↘

구간 $\left(-\frac{1}{\sqrt{2}}, \frac{1}{\sqrt{2}}\right)$ 에서 위로 볼록하고, 구간 $\left(-\infty, -\frac{1}{\sqrt{2}}\right)$ 과 $\left(\frac{1}{\sqrt{2}}, \infty\right)$에서 아래로 볼록하다. (그림 6-18 참조)

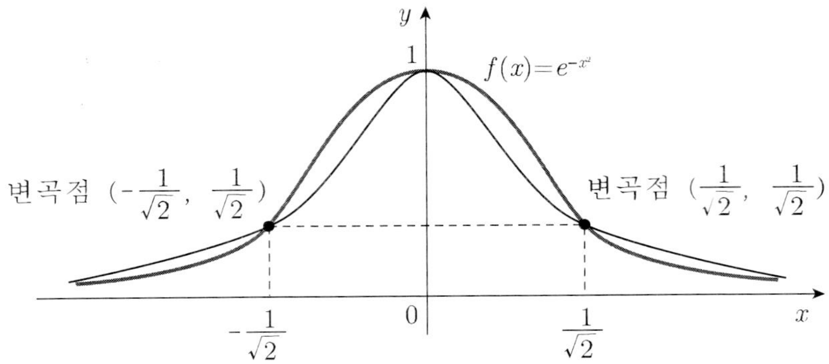

그림 6-18

속도와 가속도

수직선 위를 움직이는 점 P의 시각 t에서의 P의 x좌표가 $x=f(t)$로 나타낼 때,

(1) 시각 t에서의 속도 v는

$$v=\lim_{\Delta t\to 0}\frac{\Delta x}{\Delta t}=\frac{dx}{dt}=f\ '(t)$$

(2) 시각 t에서의 가속도 a는

$$a=\lim_{\Delta t\to 0}\frac{\Delta v}{\Delta t}=\frac{dv}{dt}=f\ ''(t)$$

예제 8 시각 t에서 점 P의 좌표(x,y)가 $x=2\cos t$, $y=2\sin x$일 때, $t=\frac{\pi}{4}$에서 점 P의 속도와 가속도를 구하여라.

풀이 $v_x=-2\sin x$, $v_y=2\cos x$이고

$t=\frac{\pi}{4}$에서의 속도는 $v=(v_x,v_y)=(-\sqrt{2}, \sqrt{2})$이다.

한편 가속도는 $a_x=-2\cos x, a_y=-2\sin x$이며 $t=\frac{\pi}{4}$에서의 가속도는

$a=(a_x,a_y)=(-\sqrt{2},-\sqrt{2})$이다.

연습문제 6.4

01. 함수 $f(x)=x^3-4x^2$의 극값을 구하여라.

02. 다음 함수의 증가, 감소를 조사하고 극값을 구하여라.

(1) $y=x-2\cos x,\quad [0,\pi]$

(2) $y=x^3-3x-2$, $[-2,2]$

(3) $y=e^x+e^{-x}$

03. 다음 함수의 주어진 구간에서 최댓값과 최솟값을 구하여라.

(1) $f(x)=x^3-3x^2,\ [-1,1]$

(2) $f(x)=x-2\sin x,\ [0,2\pi]$

04. 다음 함수 볼록성을 구하여라.

(1) $f(x)=e^{-x}\sin x\qquad (0<x<2\pi)$

(2) $f(x)=\cos x\qquad (0<x<2\pi)$

05. 평면 위를 움직이는 점 P의 좌표(x,y)가 시각 t에 대하여

$$x=t^2\cos 2t,\ y=t^2\sin 2t\ \ (0\le t\le\pi)$$

일 때, 3초 후의 속도와 가속도를 구하여라.

적 분

Chapter 07

7.1 부정적분 정의와 성질

◆ 미분하면 $f(x)$가 되는 함수 $F(x)$을 $f(x)$의 **부정적분**(indefinite integral)이라 하고, 기호로

$$\int f(x)dx$$

로 나타낸다. 일반적으로 한 개의 함수 $f(x)$의 부정적분은 무수히 많고 그 중 하나를 $F(x)$로 놓으면, 즉 $F'(x)=f(x)$일 때,

$$\int f(x)dx = F(x)+C\ ,\ C:\ \text{적분상수}$$

예를 들어 $f(x)=x^2$이라 하자. 미분하여 $2x$인 함수는 x^2만이 아니다. x^2+1, x^2-2 등과 같이 무수히 많다. 즉, $F(x)$가 $f(x)$의 부정적분이면

$$\int x^2dx = \frac{1}{3}x^3+C$$

이다. 두 함수가 어떤 구간에서 같은 도함수를 가지면 이 두 함수는 상수만큼의 차이가 있으므로 만약 $G(x)$, $F(x)$가 $f(x)$의 부정적분이면 $G'(x)=f(x)=F'(x)$이므로 $G(x)-F(x)=C$이고 $G(x)=F(x)+C$로 쓸 수 있다. 따라서 $f(x)$의 부정적분 중 하나를 $F(x)$라 하면 $f(x)$의 부정적분 전체는 $F(x)+C$의 꼴로 나타낼 수 있다.

정의 1 부정적분의 정의

$F'(x)=f(x)$일 때,

$$\int f(x)dx = F(x)+C \quad (\text{단, } C:\ \text{적분상수})$$

▶ $f(x)$의 부정적분을 구하는 것을 '$f(x)$을 적분(integration)한다'고 하며, 이때 $f(x)$을 피적분함수라 한다.

▶ $F'(x)=\dfrac{dF(x)}{dx}=\dfrac{d}{dx}\left(\displaystyle\int f(x)dx\right)$

예제 1 다음 부정적분을 구하여라.

(1) $\int 2x\,dx$ (2) $\int 1\,dx$ (3) $\int \cos x\,dx$

풀이 (1) $(x^2)'=2x$이므로 $\int 2xdx = x^2+C$

(2) $(x)'=1$이므로 $\int 1dx = x+C$

(3) $(\sin x)' = \cos x$이므로 $\int \cos x dx = \sin x + C$

부정적분의 기본 공식

함수 $f(x), g(x)$가 연속 함수일 때,

1. $\int k \ dx = kx + C$ $\quad k$: 상수 $\quad C$: 적분상수
2. $\int x^n \, dx = \dfrac{1}{n+1}x^{n+1} + C$ (단, $n \neq -1$)
3. $\int kf(x)dx = k\int f(x)dx + C$
4. $\int \{f(x) \pm g(x)\} dx = \int f(x)dx \pm \int g(x)dx + C$
5. $\int \dfrac{1}{x}dx = \ln|x| + C, \ x \neq 0$

▸ $\int \dfrac{f'(x)}{f(x)}dx = \ln|f(x)| + C, \ x \neq 0$

증명 4. $\int f(x)dx = F(x) + C_1, \ \int g(x)dx = G(x) + C_2$라 하면,

$\int f(x)dx \pm \int g(x)dx = F(x) \pm G(x) + C_1 + C_2$이고

$\{F(x) \pm G(x)\}' = F'(x) \pm G'(x) = f(x) \pm g(x)$ 이므로

$\int \{f(x) \pm g(x)\}dx = F(x) \pm G(x) + C$ 에서 $C = C_1 + C_2$이 성립하면

$\int \{f(x) \pm g(x)\}dx = \int f(x)dx \pm \int g(x)dx + C$ 이다.

예제 2 다음 부정적분을 구하여라.

(1) $\int 2x - 3dx$ $\qquad$ (2) $\int t^2 + 5dt$ $\qquad$ (3) $\int \dfrac{2x+1}{x^2+x+1}dx$

풀이 (1) $\int 2x - 3dx = \int 2xdx - \int 3dx = x^2 + C_1 - (3x + C_2) = x^2 - 3x + C_1 - C_2$

여기서 C_1와 C_2는 적분상수이다.

$C = C_1 - C_2$ 놓으면 $\int 2x - 3dx = x^2 - 3x + C$

(2) $\int t^2+5dt=\int t^2dt+\int 5dt=\frac{1}{3}t^3+C_1+5t+C_2$, $C=C_1-C_2$ 놓으면

$$\int t^2+5dt=\frac{1}{3}t^3+5t+C$$

(3) $\int \frac{2x+1}{x^2+x+1}dx=\int \frac{\frac{d}{dx}(x^2+x+1)}{(x^2+x+1)}dx=\ln|x^2+x+1|+C$

예제 3 다음 조건을 만족하는 함수 $f(x)$을 구하여라.

$$f(x)=\int 2x-3dx,\ f(1)=3$$

풀이 $f(x)=\int 2x-3dx=x^2-3x+C$ 이고 $f(1)=1-3+C=3$이고 $C=5$이므로 $f(x)=x^2-3x+5$이다.

삼각함수의 적분공식

(1) $\int \sin x dx=-\cos x+C$ (2) $\int \cos x dx=\sin x+C$

(3) $\int \csc^2 x\,dx=-\cot x+C$ (4) $\int \sec^2 x\,dx=\tan x+C$

(5) $\int \sec x\,dx=\ln|\sec x+\tan x|+C$

증명 (5) $\sec x=\frac{\sec x(\sec x+\tan x)}{(\sec x+\tan x)}$이고

$\frac{d}{dx}\ln(\sec x+\tan x)=\frac{\sec x(\sec x+\tan x)}{(\sec x+\tan x)}$이므로

$$\int \sec x\,dx=\int \frac{\sec x(\sec x+\tan x)}{(\sec x+\tan x)}dx$$

$$=\int \frac{d}{dx}\ln(\sec x+\tan x)\,dx=\ln|\sec x+\tan x|+C$$

예제 4 다음 부정적분을 구하여라.

(1) $\int \frac{1+\cos^3 x}{\cos^2 x}dx$ (2) $\int \sin^2\frac{t}{2}dt$ (3) $\int \tan^2 x dx$ (4) $\int \tan x dx$

풀이 (1) $\int \frac{1+\cos^3 x}{\cos^2 x}dx=\int\left(\frac{1}{\cos^2 x}+\cos x\right)dx=\int(\sec^2 x+\cos x)\,dx$

$$=\tan x+\sin x+C$$

(2) $\int \sin^2\frac{t}{2}dt = \int \frac{1-\cos t}{2}dt = \frac{1}{2}\int 1-\cos t\, dt = \frac{1}{2}(t-\sin t)+C$

(3) $\int \tan^2 x dx = \int (\sec^2 x - 1) = \tan x - x + C$

(4) $\tan x = \frac{\sin x}{\cos x}$에서 $t=\cos x$로 놓으면 $dt = -\sin x\, dx$이므로

$$\int \tan x dx = \int \frac{\sin x}{t}\frac{(-1)}{\sin x}dt = -\int \frac{1}{t}dt = -\ln|t| + C = -\ln|\cos x| + C$$

지수 · 로그함수의 적분공식

(1) $\int e^x dx = e^x + C$

(2) $\int a^x dx = \frac{1}{\ln a}a^x + C$ (단, $a > 0, a \neq 1$)

(3) $\int \ln x\, dx = x\ln x - x + C,\ x > 0$

예제 5 다음 부정적분을 구하여라.

(1) $\int e^{x-2}dx$ (2) $\int (3^x - 2)dx$

풀이 (1) $\int e^{x-2}dx = \int e^x e^{-2}dx = e^{-2}\int e^x dx = e^{-2}e^x + C = e^{x-2} + C$

(2) $\int (3^x - 2)dx = \int 3^x dx - \int 2dx = 3^x\frac{1}{\ln 3} - 2x + C$

치환적분법

$t = g(x)$일 때, $f(g(x))$가 정의되고 $g'(x)$가 연속이면

$$\int f(t)dt = \int f(g(x))g'(x)dx + C$$

▶ $\int f(t)dt = F(t)$라 놓으면 $\frac{dF(t)}{dt} = f(t)$ 합성함수 미분법에 의하여

$$F(t) = \int f(g(x))g'(x)dx + C$$

그러므로 $\int f(t)dt = \int f(g(x))g'(x)dx + C$

예제 6 다음 부정적분을 치환적분법을 이용하여 구하여라.

(1) $\displaystyle\int \frac{1}{x\ln x}dx$　　　(2) $\displaystyle\int \frac{\sin\sqrt{x}}{\sqrt{x}}dx$

풀이 (1) $t=\ln x$로 치환하면 $dt=\frac{1}{x}dx$이므로 $dx=xdt$이고

$$\int \frac{1}{x\ln x}dx=\int \frac{1}{xt}xdt=\int \frac{1}{t}dt=\ln|t|+C=\ln|\ln x|+C$$

이다.

(2) $t=\sqrt{x}$로 치환하면 $x=t^2$, $dx=2t\,dt$이므로

$$\int \frac{\sin\sqrt{x}}{\sqrt{x}}dx=\int \frac{\sin t}{t}2t\,dt=\int 2\sin t\,dt=-2\cos t+C=-2\cos(\sqrt{x})+C$$

이다.

◆ 두 함수 $f(x), g(x)$의 곱$f(x)g(x)$일 때, 곱의 미분법은

$$(f(x)g(x))'=f'(x)g(x)+f(x)g'(x)$$

이므로 양변을 적분하면

$$f(x)g(x)=\int f'(x)g(x)dx+\int f(x)g'(x)dx$$

이다. 그러므로

$$\int f'(x)g(x)dx=f(x)g(x)-\int f(x)g'(x)dx$$

이며 이러한 방법을 부분적분법이라고 한다.

부분적분법

$$\int f'(x)g(x)dx=f(x)g(x)-\int f(x)g'(x)dx$$

예제 7 다음 부정적분을 구하여라.

(1) $\displaystyle\int xe^x dx$　　　(2) $\displaystyle\int \ln x\,dx,\ x>0$

풀이 (1) $f(x)=x, g'(x)=e^x$라 놓으면 $f'(x)=1, g(x)=e^x$이다.

$$\int xe^x dx=xe^x-\int e^x dx=xe^x-e^x+C$$

(2) $f(x)=\ln x,\ g'(x)=1$라 놓으면 $f'(x)=\dfrac{1}{x},\ g(x)=x$이다.

$$\int \ln x dx = x\ln x - \int \frac{1}{x}\cdot x\,dx = x\ln x - x + C$$

삼각치환법

(1) $\sqrt{a^2-x^2}$ 으로 주어지면 $x=a\sin\theta$으로 치환

$\sqrt{a^2-x^2}=a\cos\theta \qquad (a>0,\ -\dfrac{\pi}{2}\le\theta\le\dfrac{\pi}{2})$

(2) $\sqrt{a^2+x^2}$ 으로 주어지면 $x=a\tan\theta$으로 치환

$\sqrt{a^2+x^2}=a\sec\theta \qquad (a>0,\ -\dfrac{\pi}{2}<\theta<\dfrac{\pi}{2})$

(3) $\sqrt{x^2-a^2}$ 으로 주어지면 $x=a\sec\theta$으로 치환

$\sqrt{x^2-a^2}=a\tan\theta \qquad (a>0,\ 0\le\theta<\dfrac{\pi}{2})$ 또는 $(-\pi\le\theta<-\dfrac{\pi}{2})$

예제 8 $\int\sqrt{1-x^2}\,dx$ 을 구하여라. (단, $1-x^2>0$)

풀이 $x=\sin\theta$라 놓으면 $\theta=\sin^{-1}x$이고 $dx=\cos\theta\,d\theta$이므로

$$\int\sqrt{1-x^2}\,dx=\int\cos^2\theta\,d\theta=\int\frac{1+\cos2\theta}{2}d\theta=\frac{1}{2}\theta+\frac{1}{4}\sin2\theta+C$$

$$=\frac{1}{2}\theta+\frac{1}{2}\sin\theta\cos\theta+C$$

$$=\frac{1}{2}\left(\sin^{-1}x+x\frac{\sqrt{1-x^2}}{x}\right)+C=\frac{1}{2}\left(\sin^{-1}x+\sqrt{1-x^2}\right)+C$$

예제 9 $\int\dfrac{1}{\sqrt{x^2+1}}dx$ 을 구하여라.

$$\int\sec x\,dx=\ln|\sec x+\tan x|+C$$

풀이 $x=\tan\theta$라 놓으면 $\sqrt{x^2+1}=\sec\theta$이고 $dx=\sec^2\theta\,d\theta$이므로

$$\int\frac{1}{\sqrt{x^2+1}}dx=\int\frac{\sec^2\theta}{\sec\theta}d\theta=\int\sec\theta\,d\theta=\ln|\sec\theta+\tan\theta|+C$$

$\sec\theta=x^2+1,\ \tan\theta=x$이므로 $\displaystyle\int\frac{1}{\sqrt{x^2+1}}dx=\ln|x^2+x+1|+C$

유리함수 $\dfrac{g(x)}{f(x)}$의 부정적분법

$\dfrac{g(x)}{f(x)}=\dfrac{Ax+B}{(x-a)(x-b)}$의 경우만 생각해 보자.

$\dfrac{Ax+B}{(x-a)(x-b)}=\dfrac{C_1}{x-a}+\dfrac{C_2}{x-b}$의 형태로 바꿔서 상수$C_1$, C_2을 구하면 된다.

예제 9 $\displaystyle\int \frac{x}{x^2-1}dx$ 을 구하여라.

풀이 $\dfrac{x}{(x-1)(x+1)}=\dfrac{C_1}{x-1}+\dfrac{C_2}{x+1}$라 놓으면

$\dfrac{C_1}{x-1}+\dfrac{C_2}{x+1}=\dfrac{C_1(x+1)+C_2(x-1)}{(x-1)(x+1)}=\dfrac{(C_1+C_2)x+C_1-C_2}{(x-1)(x+1)}=\dfrac{x}{x^2-1}$

이므로 $C_1=\dfrac{1}{2}$, $C_2=\dfrac{1}{2}$ 이다.

따라서, $\displaystyle\int \frac{x}{x^2-1}dx=\int \frac{\frac{1}{2}}{x-1}+\frac{\frac{1}{2}}{x+1}dx=\frac{1}{2}\ln|x-1|+\frac{1}{2}\ln|x+1|+C$

연습문제 7.1

01. 다음을 계산하여라.

(1) $\displaystyle\int\left(\frac{d}{dx}x^2\right)dx$　　(2) $\displaystyle\int\frac{t^3+8}{t+2}dt$

(3) $\displaystyle\int(\sqrt{x}+\sqrt[3]{x})dx$　　(4) $\displaystyle\int\frac{x^2}{x+1}dx$

02. 다음 부정적분을 구하여라.

(1) $\displaystyle\int\frac{x^2}{x-1}dx-\int\frac{1}{x-1}dx$　　(2) $\displaystyle\int\cos^2 x\,dx$

(3) $\displaystyle\int\sin 2x\cos x\,dx$　　(4) $\displaystyle\int\frac{e^x-e^{-x}}{e^x+e^{-x}}dx$

(5) $\displaystyle\int(e^x-1)e^x\,dx$　　(6) $\displaystyle\int(x^2-1)^3x\,dx$

(7) $\displaystyle\int\frac{1+x\cos x}{x}dx$

03. 다음 부정적분을 구하여라.

(1) $\displaystyle\int e^x\cos x\,dx$　　(2) $\displaystyle\int x^2e^{3x}\,dx$

04. 다음 부정적분을 구하여라.

(1) $\displaystyle\int\frac{1}{\sqrt{4+x^2}}dx$　　(2) $\displaystyle\int\frac{x}{\sqrt{1-x^2}}dx$

05. 다음 부정적분을 구하여라.

(1) $\displaystyle\int\frac{1}{x^2+x-2}dx$　　(2) $\displaystyle\int\frac{1}{x^2-4}dx$

06. $\displaystyle\int\frac{1}{x^2\sqrt{x^2+1}}dx$ 을 삼각치환법을 이용하여 구하여라.

7.2 정적분 정의와 성질

◆ 함수 $f(x)$가 구간 $[a,b]$에서 연속일 때, 구간 $[a,b]$을 n등분한 각 점과 양 끝 점을 $a=x_0$, x_1, x_2, $\cdots$, $x_n=b$라 하고, $\triangle x = x_k - x_{k-1} = \dfrac{b-a}{n}$ $(k=1,2,\cdots,n)$라 하면, 색칠한 부분의 직사각형의 넓이의 합은

$$\sum_{k=1}^{n} f(x_k)\triangle x$$

이고, 극한값 $\lim_{n\to\infty}\sum_{k=1}^{n} f(x_k)\triangle x$ 가 존재하고 이 극한값을 $f(x)$함수의 a에서 b까지의 **정적분**이라 하고 기호는

$$\int_a^b f(x)dx$$

이다.

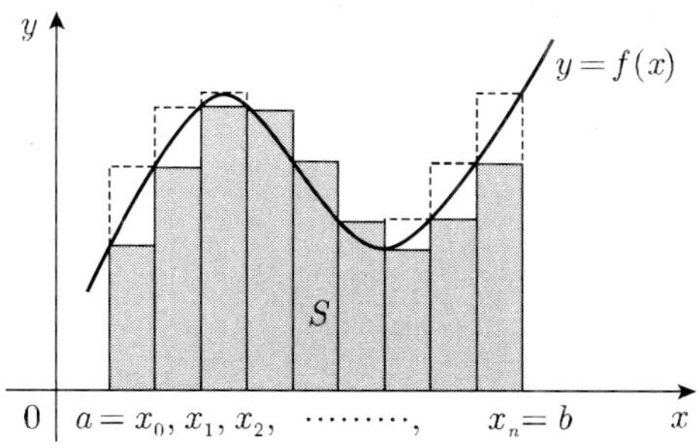

그림 7-1

정의 1 정적분

함수$f(x)$가 구간 $[a,b]$ 에서 연속일 때,

$$\int_a^b f(x)dx = \lim_{n\to\infty}\sum_{k=1}^{n} f(x_k)\triangle x$$

$$(\text{단}, \triangle x = \frac{b-a}{n}, x_k = a + k\triangle x, k=1,2,\cdots n)$$

예제 1 정적분의 정의에 대해서 $\int_0^1 2x\,dx$을 구하여라.

풀이 구간 [0,1]을 n등분하여 양 끝점을 포함하는 각 등분점의 x좌표는

$0,\ \frac{1}{n},\ \frac{2}{n},\ \cdots,\ \frac{n-1}{n}, 1$이므로

$\triangle x = \frac{1-0}{n} = \frac{1}{n},\quad f(x_k) = f\left(0+k\frac{1}{n}\right) = \frac{2k}{n}\quad (k=1,2,\cdots,n)$ 이다.

$$\int_0^1 2x\,dx = \lim_{n\to\infty}\sum_{k=1}^{n}\left(2\frac{k}{n}\right)\frac{1}{n} = \lim_{n\to\infty}\frac{2}{n^2}\sum_{k=1}^{n}k = \lim_{n\to\infty}\frac{2}{n^2}\frac{n(n+1)}{2} = 1$$

예제 2 다음 정적분을 구하여라.

(1) $\int_0^1 e^{x-2}dx$　　　(2) $\int_0^1 (3^x-2)dx$

풀이 (1) $\int_0^1 e^{x-2}dx = \int_0^1 e^x e^{-2}dx = e^{-2}\int_0^1 e^x = e^{-2}[e^x]_0^1 = e^{-2}[e-1]$

(2) $\int_0^1 (3^x-2)dx = \int_0^1 3^x dx - \int_0^1 2dx = \left[3^x\frac{1}{\ln 3} - 2x\right]_0^1 = \frac{3}{\ln 3} - 2 - \frac{1}{\ln 3}$

미분적분학의 기본정리

(1) 함수 $f(x)$가 구간 $[a, b]$ 에서 연속이고

$$F(x) = \int_a^x f(t)dt \text{이면}\quad \frac{d}{dx}\int_a^x f(t)dt = f(x)$$

(2) 함수 $f(x)$가 구간 $[a, b]$ 에서 연속이고 $F(x)$가 $f(x)$의 임의의 역도함수이면

$$\int_a^b f(x)dx = [F(x)]_a^b = F(b) - F(a)$$

예제 3 다음 함수를 x에 관하여 미분을 구하여라.

(1) $\int_0^x e^t dt$　　　(2) $\int_0^{\sin x} (t-1)dt$

풀이 (1) $\frac{d}{dx}\int_0^x e^t dt = e^x$

(2) $\sin x = u$놓으면 $\frac{du}{dx} = \cos x$이다. 합성함수 미분법에 의해서

$$\frac{d}{dx}\int_0^{\sin x}(t-1)dt = \frac{d}{du}\int_0^u (t-1)dt\,\frac{du}{dx} = (u-1)(\cos x) = (\sin x - 1)(\cos x)$$

정적분의 기본공식

(1) $\int_a^a f(x)\,dx = 0$

(2) $\int_a^b f(x)\,dx = -\int_b^a f(x)\,dx$

(3) $\int_a^b kf(x)\,dx = k\int_a^b f(x)\,dx$, k : 상수

(4) $\int_a^b \{f(x) \pm g(x)\}\,dx = \int_a^b f(x)\,dx \pm \int_a^b g(x)\,dx$ (복호동순)

(5) $\int_a^b f(x)\,dx = \int_a^c f(x)\,dx + \int_c^b f(x)\,dx$, $a \le c \le b$

증명 (4) $\int f(x)dx = F(x), \int g(x)dx = G(x)$ 라 놓으면

$$\int \{f(x) \pm g(x)\}\,dx = F(x) \pm G(x)$$

$$\int_a^b \{f(x) \pm g(x)\}\,dx = [F(x) \pm G(x)]_a^b = \{F(b) \pm G(b)\} - \{F(a) \pm G(a)\}$$

$$= [F(x)]_a^b \pm [G(x)]_a^b = \int_a^b f(x)\,dx \pm \int_a^b g(x)\,dx$$

예제 4 다음을 구하여라.

(1) $\int_0^2 x^2 - 2x + 2dx$ (2) $\int_{-1}^0 3x^2 - 2\ dx + \int_0^1 3x^2 - 2dx$

풀이 (1) $\int_0^2 x^2 - 2x + 2dx = [\frac{1}{3}x^3 - x^2 + 2x]_0^2 = \frac{8}{3} - 4 + 4 = \frac{8}{3}$

(2) $\int_{-1}^0 3x^2 - 2dx + \int_0^1 3x^2 - 2dx = \int_{-1}^1 3x^2 - 2dx = [x^3 - 2x]_{-1}^1$

$= [(1-2) - ((-1)^3 - (-2))] = -2$

우함수, 기함수의 정적분

(1) $f(x)$가 기함수이면 $\int_{-a}^a f(x)dx = 0$

(2) $f(x)$가 우함수이면 $\int_{-a}^a f(x)dx = 2\int_0^a f(x)dx$

예제 5 다음을 구하여라.

(1) $\int_{-\pi}^{\pi} \cos x dx$ (2) $\int_{-2}^{2} x^3 dx$

풀이 (1) $\int_{-\frac{\pi}{2}}^{\frac{\pi}{2}} \cos x dx = 2\int_{0}^{\frac{\pi}{2}} \cos x dx$ ($\because \cos x$가 우함수)

$= 2[\sin x]_0^{\frac{\pi}{2}} = 2[\sin\frac{\pi}{2} - 0] = 2$

(2) $\int_{-2}^{2} x^3 dx = 0$ ($\because x^3$가 기함수)

◆ **이상적분**(improper integral)

(1) 함수 $f(x)$가 $[a,b]$에서 불연속점이 있는 경우

(a) 함수 $f(x)$가 $[a,b]$에서 $x=a$을 제외하고 모든 점에서 연속이고

$\lim_{x\to a^+}\int_x^b f(x)dx$이 존재하면 이 값을 $[a,b]$에서의 $f(x)$의 적분이라 하고

$\int_a^b f(x)dx$라 한다.

즉, $\int_a^b f(x)dx = \lim_{x\to a^+}\int_x^b f(x)dx$

(b) 함수 $f(x)$가 $[a,b]$에서 $x=b$을 제외하고 모든 점에서 연속이고

$\lim_{x\to b^-}\int_a^x f(x)dx$이 존재하면 이 값을 $[a,b]$에서의 $f(x)$의 적분이라 하고

$\int_a^b f(x)dx$라 한다.

즉, $\int_a^b f(x)dx = \lim_{x\to b^-}\int_a^x f(x)dx$

(c) 함수 $f(x)$가 $[a,b]$에서 $x=c$ $(a<c<b)$을 제외하고 모든 점에서 연속이고

$\int_a^c f(x)dx$, $\int_c^b f(x)dx$이 존재하면 이 값을 $[a,b]$에서의 $f(x)$의 적분이라

하고 $\int_a^b f(x)dx$라 한다.

즉, $\int_a^b f(x)dx = \int_a^c f(x)dx + \int_c^b f(x)dx$

(2) 함수 $f(x)$가 유한폐구간이 아닌 경우

(a) 함수 $f(x)$가 $[a,\infty)$에서 연속이고 $a<b<\infty$ 대하여 $\lim_{b\to\infty}\int_a^b f(x)dx$이

존재하면 이 값을 $[a,\infty)$에서의 $f(x)$의 적분이라 하고 $\int_a^\infty f(x)dx$라 한다.

즉, $\int_a^\infty f(x)dx=\lim_{b\to\infty}\int_a^b f(x)dx$

같은 방법으로 우변의 극한값이 존재할 때, $(-\infty,b]$, $(-\infty,\infty)$에서 $f(x)$의 적분이라 하고 다음과 같이 쓴다.

(b) $\int_{-\infty}^b f(x)dx=\lim_{a\to-\infty}\int_a^b f(x)dx$

(c) $\int_{-\infty}^\infty f(x)dx=\lim_{\substack{a\to-\infty\\ b\to\infty}}\int_a^b f(x)dx$

예제 6 다음 이상적분을 구하여라.

(1) $\int_1^\infty \frac{1}{x}dx$ (2) $\int_{-\infty}^0 e^x dx$

풀이 (1) $\int_1^\infty \frac{1}{x}dx=\lim_{b\to\infty}\int_1^b \frac{1}{x}dx=\lim_{b\to\infty}[\ln x]_1^b$

$=\lim_{b\to\infty}[\ln b-\ln 1]$

$=\infty$

(2) $\int_{-\infty}^0 e^x dx=\lim_{a\to-\infty}\int_a^0 e^x dx$

$=\lim_{a\to-\infty}[e^x]_a^0$

$=\lim_{a\to-\infty}[e^0-e^a]=1$

연습문제 7.2

01. 다음 정적분을 구하여라.

(1) $\int_{-3}^{1} x^2\sqrt{1-x}\,dx$

(2) $\int_{1}^{2} \frac{1}{x}dx$

(3) $\int_{0}^{\frac{\pi}{6}} \tan^2 x\,dx$

(4) $\int_{1}^{2} \frac{2x}{x^2+2}dx$

(5) $\int_{0}^{\frac{\pi}{2}} \frac{\cos x}{1+\sin x}dx$

(6) $\int_{-1}^{1} |x^2-1|\,dx$

02. 다음 정적분을 구하여라.

(1) $\int_{0}^{2} 2x^3e^x\,dx$

(2) $\int_{1}^{e} x^2\ln x\,dx$

(3) $\int_{0}^{\frac{\pi}{2}} x\cos x\,dx$

(4) $\int_{0}^{\sqrt{2}} \sqrt{4-x^2}\,dx$

03. 다음 정적분을 구하여라.

(1) $\int_{-1}^{1} (2x^7+5x^5-3x^3+3x^2+1)dx$

(2) $\int_{-1}^{0} (x^3-x)dx + \int_{0}^{1} (x^3-x)dx$

04. 정적분을 이용하여 다음 극한값을 구하여라.

(1) $\lim_{n\to\infty}\frac{1}{n^5}(1^4+2^4+\cdots+n^4)$

(2) $\lim_{n\to\infty}\frac{1}{n}\sum_{k=1}^{n}\left(1+\frac{2k}{n}\right)^3$

05. 이상적분 $\int_{-\infty}^{0} e^x\,dx$을 구하여라.

7.3 정적분의 응용

◆ 곡선과 x축 사이의 넓이

(1) 구간 $[a,b]$에서
연속인 곡선 $f(x) \geq 0$ 일 때,

$$S = \int_a^b f(x)dx$$

이다.

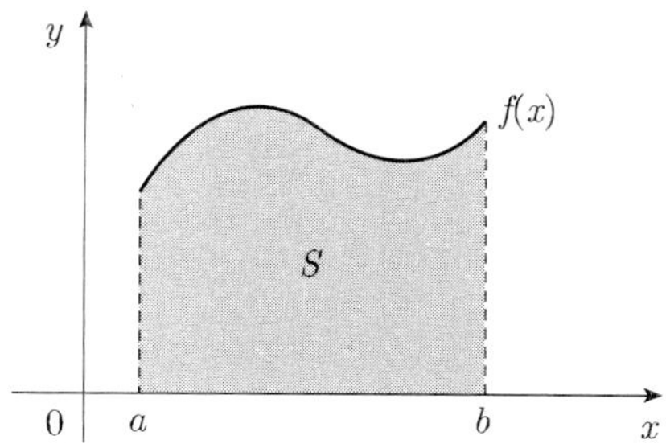

그림 7-2

(2) 구간 $[a,b]$에서
연속인 곡선 $f(x) \leq 0$ 일 때,

$$S = \int_a^b \{-f(x)\}dx$$

$$= \int_a^b |f(x)|dx$$

이다.

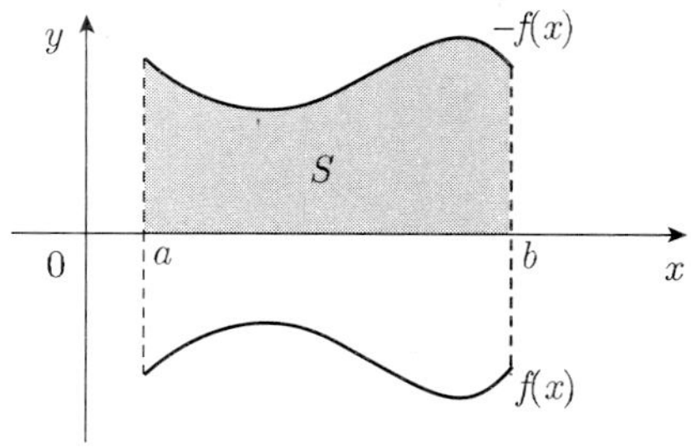

그림 7-3

정리 1

구간 $[a,b]$ 에서 연속인 곡선 $f(x)$와 x축 및 두 직선 $x=a$, $x=b$로 둘러싸인 부분의 넓이 S는

$$S = \int_a^b |f(x)| dx$$

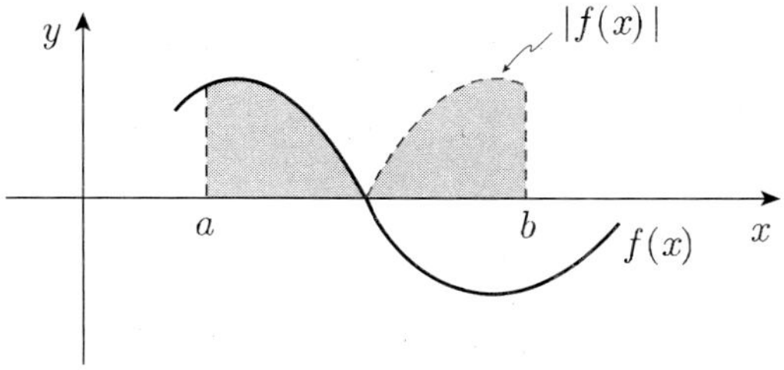

그림 7-4

예제 1 곡선 $y=x(x-2)$와 x축에 둘러싸인 넓이를 구하여라.

풀이 주어진 곡선과 x축과의 교점은
$x=0,\ 2$이고
$0 \le x \le 2$일 때, $y \le 0$이므로 넓이 S는

$$S=\int_0^2 -(x^2-2x)dx$$
$$=\left[-\frac{x^3}{3}+x^2\right]_0^2$$
$$=\frac{4}{3}$$

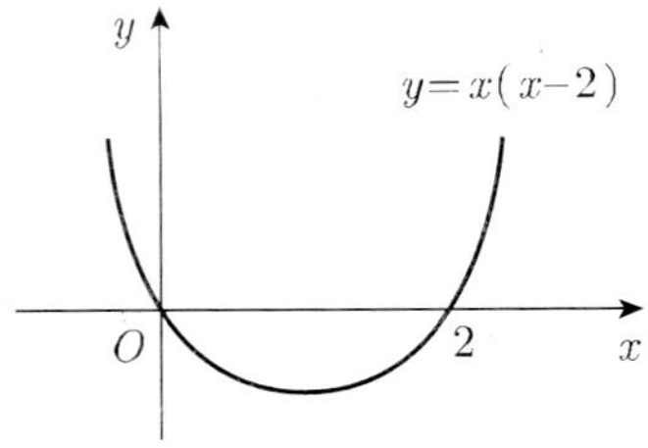

그림 7-5

정리 2 곡선과 y축 사이의 넓이

구간 $[c,d]$에서 연속인 곡선 $x=g(y)$와 y축 및 두 직선 $y=c,\ y=d$ 로 둘러싸인 부분의 넓이 A는

$$S=\int_c^d |\,g(y)\,|\ dy$$

예제 2 곡선 $y^2=x,\ y=-x+2$으로 둘러싸인 넓이를 구하여라.

풀이 직선과 곡선의 교점의 y좌표는 $y=1,-2$이고

따라서 $A=\int_{-2}^{1}(2-y)-y^2\,dy$

$$=\left[2y-\frac{y^2}{2}-\frac{y^3}{3}\right]_{-2}^{1}=\frac{9}{2}$$

◆ 두 곡선으로 둘러싸인 부분의 넓이

(1) 구간 $[a,b]$에서 연속인 곡선 $f(x) \ge g(x) \ge 0$ 일 때, 〈그림 7-6〉와 같이 넓이 S는 곡선 $f(x)$와 x축 및 직선 $x=a, x=b$로 둘러싸인 부분의 넓이에서 곡선 $g(x)$와 x축 및 직선 $x=a, x=b$로 둘러싸인 부분의 넓이를 뺀 값이 된다. 따라서

$$S=\int_a^b f(x)dx-\int_a^b g(x)dx$$

$$= \int_a^b \{f(x) - g(x)\}\, dx$$

이다.

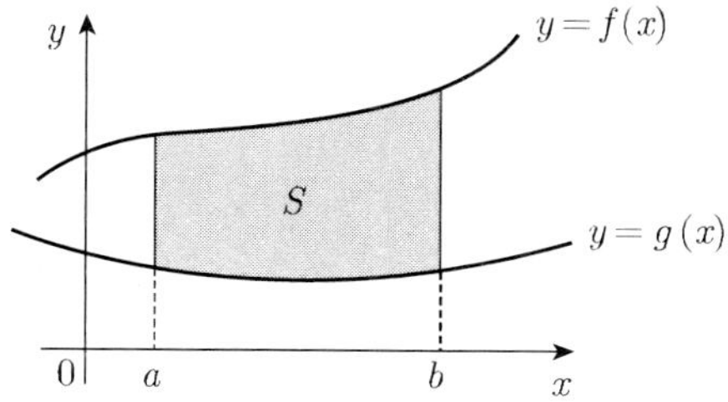

그림 7-6

(2) 구간 $[a, c]$에서 연속인 곡선 $f(x) \le g(x)$이고 구간 $[c, b]$에서 $f(x) \ge g(x)$일 때, (그림 7-7)

$S_1 = \int_a^c \{g(x) - f(x)\}\, dx$ 이고 $S_2 = \int_c^b \{f(x) - g(x)\}\, dx$ 이므로

$$\begin{aligned} S = S_1 + S_2 &= \int_a^c \{g(x) - f(x)\}\, dx + \int_c^b \{f(x) - g(x)\}\, dx \\ &= \int_a^c |g(x) - f(x)|\, dx + \int_c^b |f(x) - g(x)|\, dx \\ &= \int_a^b |f(x) - g(x)|\, dx \end{aligned}$$

이다.

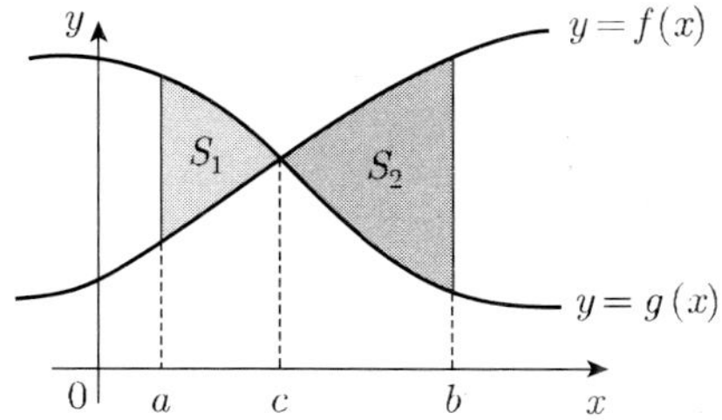

그림 7-7

정리 3

구간 $[a,b]$ 에서 연속인 두 곡선 $y=f(x)$와 $y=g(x)$ 둘러싸인 부분의 넓이 S는

$$S=\int_a^b |f(x)-g(x)|\,dx$$

예제 3 두 곡선$y=x^2-1$, $y=-x^2+2x+3$으로 둘러싸인 부분의 넓이를 구하여라.

풀이 두 곡선의 교점의 x좌표는 $x^2-1=-x^2+2x+3$에서 $x=-1,\ 2$이다.
따라서 넓이 S는

$$S=\int_{-1}^{2}(-x^2+2x+3)-(x^2-1)\,dx=\int_{-1}^{2}(-2x^2+2x+4)\,dx$$

$$=\left[-\frac{2}{3}x^3+x^2+4x\right]_{-1}^{2}=9$$

입체도형의 부피

구간 $[a,b]$에서 임의의 점 x 에서 x축에 수직인 평면으로 자른 단면의 넓이가 $S(x)$일 때, 입체 도형의 부피 V 는

$$V=\int_a^b S(x)dx$$

이다. 〈그림 7-8〉

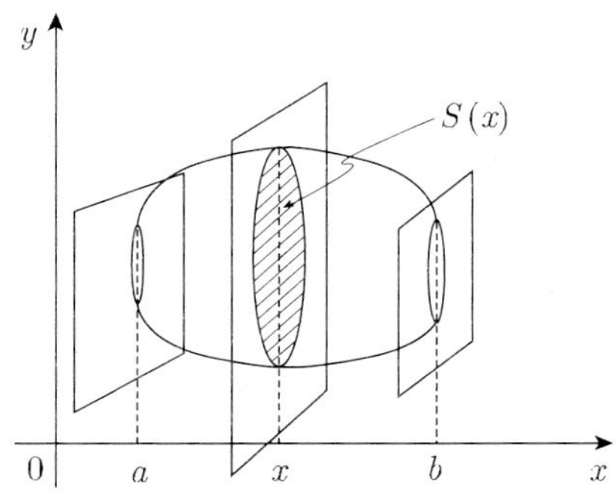

그림 7-8

회전체의 부피

(1) 구간 $[a,b]$에서 연속인 함수 $y=f(x)$와 두 직선 $x=a, x=b$와 x축으로 둘러싸인 부분을 x축으로 회전시킬 때 생기는 회전체의 단면의 넓이가 $S(x)=\pi\{f(x)\}^2$이고, 회전체의 부피 V는

$$V_x=\int_a^b S(x)dx=\pi\int_a^b \{f(x)\}^2 dx$$

이다. 〈그림 7-9〉

(2) 구간 $[c,d]$에서 연속인 함수 $x=f(y)$와 두 직선 $x=c, x=d$와 y축으로 둘러싸인 부분을 y축으로 회전 시킬 때 생기는 회전체의 단면의 넓이가 $S(y)=\pi\{f(y)\}^2$이고, 회전체의 부피 V 는

$$V_y=\int_c^d S(y)dy=\pi\int_c^d \{f(y)\}^2 dy$$

이다. 〈그림 7-10〉

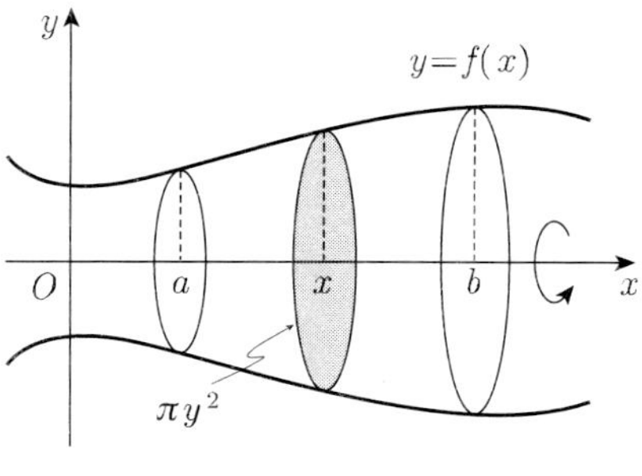

그림 7-9

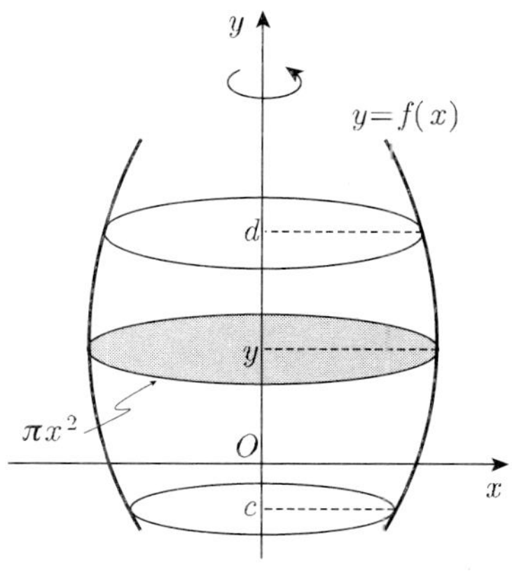

그림 7-10

예제 4 $y=x^2$와 x축 및 두 직선 $x=1, x=2$으로 둘러싸인 부분을 x축 둘레로 회전한 부피를 구하여라.

풀이 단면의 넓이 $S(x)=\pi(x^2)^2$이고, 회전체의 부피 V는

$$V_x=\pi\int_1^2 x^4\,dx=\pi\left[\frac{1}{5}x^5\right]_1^2=\frac{31\pi}{5}$$

예제 5 구간 $[0,\pi]$에서 $y=\sin x$ 와 x축으로 둘러싸인 부분을 x축으로 회전시킬 때 생기는 회전체의 부피를 구하여라.

풀이 단면의 넓이 $S(x)=\pi\sin^2 x$이고, 회전체의 부피 V는

$$V_x=\pi\int_0^{\pi}\sin^2 x\,dx=\pi\int_0^{\pi}\frac{1-\cos 2x}{2}\,dx=\pi\left[\frac{x}{2}-\frac{\sin 2x}{4}\right]_0^{\pi}=\frac{\pi^2}{2}$$

예제 6 $y=x+1$와 y축 및 두 직선 $y=2, y=3$으로 둘러싸인 부분을 y축 둘레로 회전한 부피를 구하여라.

풀이 단면의 넓이 $S(y)=\pi(y-1)^2$이고, 회전체의 부피 V는

$$V_y=\pi\int_2^3(y-1)^2dy=\pi\left[\frac{1}{3}(y-1)^3\right]_2^3=\frac{7\pi}{3}$$

위치의 변화량과 운동거리

수직선 위를 움직이는 점 P의 시각 t에서의 속도가 $v(t)$이고, 점 P가 $t=a$에서 $t=b$까지 움직일 때,

(1) 점 P 의 위치의 변화량 : $\int_a^b v(t)\ dt$

(2) 점 P 의 실제 운동거리 : $\int_a^b |\ v(t)\ |\ dt$

예제 7 원점에서 출발하여 수직선 위를 움직이는 점 P의 시각 t에서 속도 $v(t)$가 $v(t)=2t-1$일 때,

(1) $t=2$일 때 점 P의 좌표를 구하여라.

(2) $t=0$에서 $t=2$ 까지 점 P의 경과거리를 구하여라.

풀이 시각 t에서 P의 좌표를 $x(t)$로 놓자.

(1) 점 P가 원점에서 출발하였으므로 $t=0$일 때, $x(0)=0$이고 $t=2$일 때 점 P의 좌표 $x(2)$은

$$x(2)=\int_0^2 v(t)dt+x(0)=\int_0^2 2t-1dt=\left[t^2-t\right]_0^2=2$$

(2) $v(t)=2t-1$이므로

$0\le t\le\frac{1}{2}$이면 $v(t)\le 0$

$\frac{1}{2}\le t\le 2$이면 $v(t)\ge 0$

$t=0$에서 $t=2$까지 점 P의 경과거리는

$$\int_0^2 |2t-1|dt = \int_0^{\frac{1}{2}}(-2t+1)dt + \int_{\frac{1}{2}}^2 (2t-1)dt = \left[-t^2+t\right]_0^{\frac{1}{2}} + \left[t^2-t\right]_{\frac{1}{2}}^2 = \frac{5}{2}$$

예제 8 원점에서 출발하여 수직선 위를 움직이는 점 P의 시각 t에서 속도$v(t)$가 $v(t)=\sin t+\sin 2t$일 때, 시각 t에서의 점P 위치를 구하여라. (단, $t \in [0,\pi]$)

풀이 시각 t에서 P의 좌표를 $x(t)$로 놓자.

$x(t)=x(0)+\int_0^t v(t)dt$ 이고 점 P가 원점에서 출발하였으므로 $x(0)=0$이다.

그러므로 $x(t)=x(0)+\int_0^t (\sin t+\sin 2t)dt = \left[-\cos t-\frac{1}{2}\cos 2t\right]_0^t$

$$=-\cos t-\frac{1}{2}\cos 2t+\frac{3}{2}$$

◆ 곡선의 길이

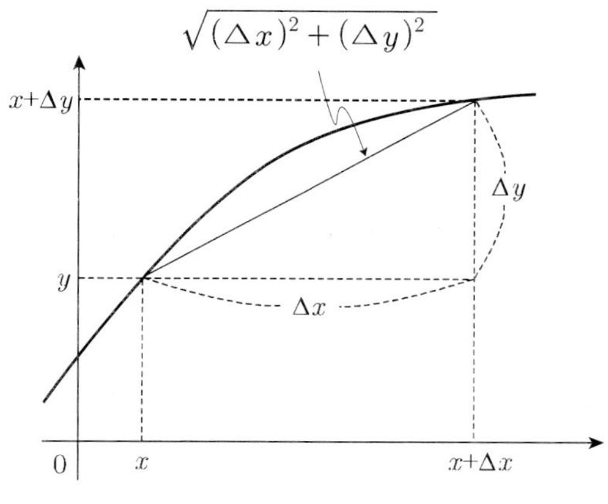

그림 7-11

평면 위를 움직이는 점P의 시각 t 에서 좌표(x,y)가 $x=f(t)$, $y=g(t)$로 주어질 때, 시각 t에서의 점P의 속도는 $\vec{v}=\left(\frac{dx}{dt},\frac{dy}{dt}\right)$이고, 점$P$가 시각 $t=a$에서 $t=b$까지 움직인 거리를 S 라고 하면 t의 증분 Δt에 대응하는 x,y의 증분 $\Delta x, \Delta y$을 각각 다음과 같이 나타낼 수 있다.

$$\Delta x = f(t+\Delta t) - f(t)$$
$$\Delta y = g(t+\Delta t) - g(t)$$

점 P가 움직인 거리 S의 증분 ΔS은 Δt가 충분히 작으면 동시에 $\Delta x, \Delta y$도 충분히 작아지므로

$$\Delta S \approx \sqrt{(\Delta x)^2 + (\Delta y)^2}$$

이다.

$$\begin{aligned}\frac{dS}{dt} &= \lim_{\Delta t \to 0} \frac{\Delta S}{\Delta t} \\ &= \lim_{\Delta t \to 0} \sqrt{(\Delta x)^2 + (\Delta y)^2} \\ &= \sqrt{\left(\frac{dx}{dt}\right)^2 + \left(\frac{dy}{dt}\right)^2} \\ &= |\vec{v}|\end{aligned}$$

평면 위에서 움직인 거리

평면 위를 움직이는 점 P의 시각 t에서 좌표(x,y)가 $x = f(t)$, $y = g(t)$로 주어지면, 시각 $t = a$에서 $t = b$까지 움직인 거리 S는

$$S = \int_a^b |v(t)|\, dt = \int_a^b \sqrt{\left(\frac{dx}{dt}\right)^2 + \left(\frac{dy}{dt}\right)^2}\, dt = \int_a^b \sqrt{(f'(t))^2 + (g'(t))^2}\, dt$$

예제 9 평면 위를 움직이는 점 P의 시각 t에서 좌표(x,y)가 $x = t - \cos t$, $y = 1 - \sin t$로 주어지면, 시각 $t = 0$에서 $t = \pi$까지 움직인 거리 S을 구하여라.

풀이 $x = t - \cos t$, $y = 1 - \sin t$에서 $\dfrac{dx}{dt} = 1 + \sin t$, $\dfrac{dy}{dt} = -\cos t$이므로

$$\begin{aligned}|\vec{v}| &= \sqrt{\left(\frac{dx}{dt}\right)^2 + \left(\frac{dy}{dt}\right)^2} \\ &= \sqrt{(1+\sin t)^2 + (-\cos t)^2} = \sqrt{2 + 2\sin t}\end{aligned}$$

$$\int_0^{\pi} |v(t)|\, dt = \int_0^{\pi} \sqrt{2+2\sin t}\, dt = \int_0^{\pi} \sqrt{4\cos^2\frac{t}{2}}\, dt$$
$$= \int_0^{\pi} 2\cos\frac{t}{2} dt = 4\left[\sin\frac{t}{2}\right]_0^{\pi} = 4$$

곡선의 길이

(1) 매개방정식 $x=f(t),\ \ y=g(t) \quad (a \le t \le b)$의 길이 l은

$$l = \int_a^b \sqrt{\left(\frac{dx}{dt}\right)^2 + \left(\frac{dy}{dt}\right)^2}\, dt$$
$$= \int_a^b \sqrt{(f'(t))^2 + (g'(t))^2}\, dt$$

이다.

(2) 곡선 $y=f(x) \quad (a \le x \le b)$ 의 길이 l은

$$l = \int_a^b \sqrt{1+\left(\frac{dy}{dx}\right)^2}\, dx$$
$$= \int_a^b \sqrt{1+(f'(x))^2}\, dx$$

이다.

(3) 곡선 $x=g(y) \quad (c \le y \le d)$ 의 길이 l은

$$l = \int_c^d \sqrt{1+\left(\frac{dx}{dy}\right)^2}\, dy$$
$$= \int_c^d \sqrt{1+(g'(y))^2}\, dy$$

이다.

증명 (2) 곡선 $y=f(x) \quad (a \le t \le b)$

$x=t,\ \ y=t$ 놓이면 $\dfrac{dx}{dt}=1,\ \ \dfrac{dy}{dt}=f'(t)$이므로

$$l = \int_a^b \sqrt{(1)^2+\left(\frac{dy}{dx}\right)^2}\, dx$$
$$= \int_a^b \sqrt{(1)^2+(f'(x))^2}\, dx$$

예제 10 곡선 $y=x$의 $x=0$에서 $x=4$까지 곡선의 길이 l을 구하여라.

풀이 $\dfrac{dy}{dx}=1$이므로 곡선의 길이 l은

$$l=\int_0^4 \sqrt{1+(1)^2}\,dx = \sqrt{2}\,[x]_0^4 = 4\sqrt{2}$$

예제 11 $x=a\cos t$, $y=a\sin t$로 주어지면, $t=0$에서 $t=2\pi$까지 곡선의 길이 l을 구하여라.(단, $a>0$)

풀이 $dx=-a\sin t\,dt$, $dy=a\cos t\,dt$에서 $\dfrac{dx}{dt}=-a\sin t$, $\dfrac{dy}{dt}=a\cos t$이므로

$$l=\int_0^{2\pi} \sqrt{(-a\sin t)^2+(a\cos t)^2}\,dt = \int_0^{2\pi} a\,dt = 2\pi a$$

연습문제 7.3

01. 다음 두 함수 의 그래프로 둘러싸인 도형의 넓이를 구하여라.

(1) $y = x^2 - x - 1,\ y = x + 7$　　(2) $y = 1 - x^2,\ y = 1 - x$

(3) $y^2 = 4x,\ x^2 = 4y$

02. 구간 $[0, \frac{\pi}{2}]$에서 곡선$y = \cos x$ 와 $y = \sin x$으로 둘러싸인 부분의 넓이를 구하여라.

03. $y = 2\sqrt{x}$와 $y = x$으로 둘러싸인 부분을 x축으로 회전한 부피를 구하여라.

04. $y = x^2$와 $y = x$으로 둘러싸인 부분을 y축 둘레로 회전한 부피를 구하여라.

05. 구간 $[0, 1]$에서 곡선 $y = \dfrac{e^x + e^{-x}}{2}$의 길이를 구하여라.

06. $[0, 2\pi]$에서 $x = a(t - \sin t),\ y = a(1 - \cos t),\ (a > 0)$의 길이를 구하여라.

확 률

Chapter 08

확률의 역사

확률은 도박과 내기에서 자연스럽게 출발한 개념으로 생활에서의 필요성 때문에 생겨난 수학적 개념이다. 확률의 역사는 중세 유럽에서 귀족 사회의 놀이였던 주사위, 카드 등의 도박으로부터 유래되었다. 17세기경에 프랑스에서는 도박이 매우 유행하였다. 수학과 도박에 모두 취미를 가진 프랑스 귀족 드 메레는 그의 행운을 개선하기 위하여 저명한 수학자이고 이론가인 파스칼의 조언을 받기로 하고 자신이 고민하던 두 가지의 확률문제를 제기했다.

드 메레가 파스칼에게 제시한 첫째 문제는 "같은 능력을 가진 A, B가 32피스톨씩 내어 도박을 하였다. 먼저 세 번 이긴 사람이 64피스톨을 가지기로 했는데, A가 두 번 이기고 B가 한번 이긴 상태에서 도박이 중단되었다. 돈을 어떻게 나누어 가져야 하는가?" 이 게임에서 상금을 분배하는 방법은 여러 가지 존재할 것이다. 드 메레가 생각하기에는 A가 두 번 이기고 B가 한 번 이기었으므로 2대 1의 비율로 분배하는 것이 옳다고 생각했다. 그러나 파스칼의 주장은 두 번 승리한 사람의 입장에서 3대 1의 비율로 나누어야 한다고 말한다.

드 메레의 둘째 문제는 "'가'주사위 1개를 4번 던질 때 6이 적어도 1회 나올 확률과 '나' 주사위 2개를 24번 던질 때 2개 모두 6이 적어도 1회 나올 확률 가운데 어느 것이 더 클까?"라는 문제를 파스칼에게 물었다.

파스칼은 이 문제를 수학자 페르마와 함께 논의했으며, 이 두 사람 사이에 오간 1654년의 여러 편지가 현대적 확률론의 출발점으로 널리 인정되고 있다. 그 후 1655년에 호이겐스는 파스칼과 페르마가 생각한 확률 문제를 정리하여 처음으로 확률에 관한 책을 저술하였고, 베르누이와 드 무아브르에 의하여 확률 이론은 급속한 발전을 이루었다. 베르누이는 큰 수의 법칙을 발표하여 이로부터 확률론을 수학의 한 분야로 자리 잡게 하였고, 드 무아브르는 도박에 관한 수학적인 원리를 체계적으로 밝혔다.

확률론의 체계를 수학적으로 조직화한 사람은 수학자이며 천문학자인 라플라스이다. 그는 1812년『확률의 해석적 이론』이라는 저서를 출판하면서 과거 3세기에 걸쳐 산만하게 발달된 확률론을 정리, 체계화 하였고, 또한 확률을 처음으로 정의하였다. 그가 정의한 확률을 고전적 확률 또는 수학적 확률이라고 하는데, 그의 정의는 어떤 시행에서 일어나는 결과의 집합이 유한이고, 각 원소가 같은 정도로 일어날 때만 정의되므로 일반적인 확률의 정의하고 볼 수 없다. 이러한 확률의 정의는 20세기에 들어서면서 힐베르트의 공리적 이론에 영향을 받아 1933년 소련의 수학자 콜모고로프에 의하여 공리적 확률의 정의가 확립되었다. 확률이 공리적으로 정의됨으로써 비로소 확률론은 순수 수학의 한 분야로 정착되었고, 오늘날 확률론의 응용 범위는 급속히 확대되기 시작하였다

8.1 확률의 의미

장마철인 오늘 비가 오고 있다. 내일 비가 올 가능성은 얼마인가? 우리 가계에는 암으로 돌아가신 분이 없다. 내가 암에 걸릴 가능성은 얼마인가? 주사위를 던져 홀수가 나오면 내가 이기고 3의 배수가 나오면 상대가 이길 때 내가 이길 것인가? 장마철인 오늘 비가 오고 있으므로 내일 비가 올 가능성은 매우 높다. 그러나 비가 오지 않을 수 도 있다. 암에 걸릴 가능성은 적으나 걸릴 수도 있다. 홀수가 나올 가능성이 3의 배수가 나올 가능성 보다 크나 3의 배수가 나올 수도 있다. 가능성이 높다고 반드시 일어나는 것도 아니고, 가능성이 낮다고 반드시 일어나지 않는 것도 아니다. 어떤 사건이 일어날 가능성의 높고 낮음은 있으나 실제는 우연에 좌우되어 사건이 일어나고 있다. 우리의 일상생활은 우연 사건의 연속이라고 할 수 있다. 복권이 당첨된다든지, 내기를 하는 것은 모두 우연 사건이다. 이와 같은 우연 사건은 그 발생 가능성을 확률로 나타냄으로써 수학적으로 분석 할 수 있다. 우연 속에도 우연을 지배하는 법칙이 있음을 알게 되었고 이것들이 모여서 확률론을 이루었다.

◆ **확률의 정의**를 살펴보면 다음과 같다.

동일한 조건하에서 반복할 수 있고 그 결과가 우연에 따르는 실험이나 관찰을 **시행**이라고 한다. 한 번의 시행에서 일어날 수 있는 모든 결과의 집합을 **표본공간**이라 하고,

표본공간의 부분집합을 **사건**이라고 한다. 표본공간 $N = \{E_1, E_2, \cdots, E_n\}$를 **전사건**(반드시 일어나는 사건), N의 단하나의 원소로 된 부분집합 $\{E_1\}, \{E_2\}, \cdots, \{E_n\}$를 **근원사건**, 그리고 N의 부분집합인 공집합을 공사건(결코 일어나지 않는 사건) 이라 한다.

(1) 고전적 확률 (수학적 확률)

확률 이론의 기초는 주사위나 카드를 사용했던 이론에 의해 출발하였다. 또한 가장 인기 있는 게임 도구는 주사위이다. 대부분은 어떤 경험 없이도 6면의 주사위에서 각 면이 똑같은 가능성으로 출현한다는 사실을 알고 있다. 19세기 초 라플라스는 다음과 같이 수학적 확률을 정의하였다.

정의 1 수학적 확률

표본공간이 N개의 원소로 이루어져 있고, 각 원소가 같은 정도로 일어날 것이 기대될 때, 사건 A가 r개의 원소로 이루어져 있으면 A가 일어날 확률은 P(A) = $\frac{r}{N}$이다.

예를 들면 한 개의 주사위를 던질 때 표본공간의 원소의 수는 6개로 유한이고, 각 원소는 같은 정도로 일어날 것이 기대된다. 따라서 홀수의 눈이 나올 사건을 A라 하면 A의 집합의 원소는 3개이므로 수학적 확률의 정의에 따라 P(A) = $\frac{3}{6}$이다. 이 정의는 오직 똑같은 가능성으로 출현하는 관측에만 적용되기 때문에, 잘못된 주사위와 같이 똑같은 가능성으로 일어나지 않는 경우에는 어떻게 할 것인가라는 문제가 제기된다. 실제적으로 우리는 수학적 확률 정의를 사용한 확률의 할당은 반복된 실험에 의해 보강된다. 즉, 수학적 확률 정의와 통계적 확률 정의가 서로 결합된 형태를 취한다.

(2) 통계적 확률 (경험적 확률)

수학적 확률은 표본공간의 각 원소가 같은 정도로 일어날 것이 기대된다는 가정 아래에서 정의된 확률이다. 그러나 자연 현상이나 사회 현상 중에는 각 원소가 같은 정도로 일어날 것이라고 기대될 수 없는 경우가 흔히 있다. 예를 들면 윷 한 개를 던질 때 표본공간{윗면, 뒷면}의 각 원소는 같은 정도로 일어날 것으로 기대되지 않으므로 어떤 사건, 이를테면 윗면이 나타날 사건에 대한 확률은 수학적 확률로 구할 수 없다.

이와 같은 경우에는 실제로 시행을 여러 번 반복하여 어떤 사건에 대한 상대도수를 그 사건의 확률로 정의한다. 즉,

정의 2 통계적 확률

같은 시행을 n번 반복할 때, 어떤 사건A가 일어난 횟수를 r_n이라고 할 때,

$\lim_{n \to \infty} \frac{r_n}{n} = p$이면 p를 사건 A의 통계적 확률 또는 경험적 확률이라고 한다.

통계적 확률에서는 실제로 시행 횟수 n을 무한히 크게 할 수는 없으므로 극한값이 존재하는지를 알 수 없다는 단점을 가지고 있다. 따라서 실제로는 통계적 확률을 구할 때, n이 적당한 크기일 때의 $\frac{r_n}{n}$의 값을 통계적 확률의 근삿값으로 본다.

※ 수학적 확률과 통계적 확률과의 관계

하나의 동전을 던질 때, 앞면이 나올 수학적 확률이 $\frac{1}{2}$이라는 뜻은 동전을 2번 던질 때, 그 중 한번은 반드시 앞면이 나온다는 뜻은 아니다. 실제로 동전을 두 번 던질 때 두 번 다 뒷면이 나올 수 도 있고 두 번 다 앞면이 나올 수 도 있다. 그러나 던지는 횟수가 많으면 많을수록 $\frac{1}{2}$에 가까워 진다는 의미이다. 따라서 사건 A가 n번 시행 중 a번 일어났다면 수학적 확률 P(A)의 값은 $P(A) = \lim_{n \to \infty} \frac{a}{n}$이다.

(3) 공리적 확률

전구의 수명, 사람들의 키가 취하는 값은 실수이다. 이때, 전구의 수명이 1000시간보다 클 확률 또는 키가 160Cm보다 작을 확률은 어떻게 구하는가? 이와 같은 확률은 수학적 확률 또는 통계적 확률로 구할 수 없다. 따라서 이와 같은 경우에도 확률을 정의하기 위해서 콜모고로프는 확률을 어떤 공리를 만족하는 것으로 정의하였다. 공리적 확률의 정의는 다음과 같다.

정의 3 공리적 확률

표본공간 N 에서의 임의의 사건 A에 대하여

(1) $0 \le P(A) \le 1$

(2) $P(N) = 1$

(3) 서로 배반인 사건 A, B 에 대하여 $P(A \cup B) = P(A) + P(B)$을 만족할 때, $P(A)$를 사건A의 확률이라고 한다.

표본공간이 유한이거나 셀 수 있는 경우, 즉 이산인 경우에 각 원소가 같은 정도로 일어날 것이 기대되면 그 경우에는 수학적 확률이 위의 공리를 만족하게 되므로 수학적 확률로 확률을 구하고, 표본공간이 이산이고 각 원소가 같은 정도로 일어날 것이 기대되지 않으면 통계적 확률이 위의 공리를 만족하게 되므로 통계적 확률로 확률을 구하면 된다. 또, 표본공간이 연속이면 길이, 넓이, 부피 등의 기하학적 측도가 위의 공리를 만족하게 되므로 적분으로 계산하여 확률을 구하면 된다.

(4) 확률의 주관적 의미

확률에 대한 고전적(수학적 확률) 접근 방법이나 통계적(경험적 확률) 접근 방법에 부가적으로 확률의 주관적 또는 개인적 해석을 고려할 수 있다.

오늘 오전에 구름이 끼었다면 오후에 비가 올 확률이 얼마나 되는가? 이 문제에 대한 해답에 있어서 확률은 각 개인의 믿음의 정도(측도)로 간주되고, 이 믿음의 정도는 각 개인에 따라서 다양하게 변할 수 있다. 똑같은 정도의 구름이 하늘에 끼어 있어도, 어떤 사람은 우산을 준비할 수 있지만, 다른 사람은 우산을 가지고 가지 않을 수 있다. 이것은 각 사람들의 주관적 확률이 다르기 때문이다.

연습문제 8.1

01. 동전의 앞면을 H, 뒷면을 T 라 할 때, 한 개의 동전과 주사위를 동시에 던지는 시행에서 다음 집합을 나타내어라.

① 표본공간(전사건)

② 근원사건

③ 앞면과 짝수가 나올 사건 A와 확률 P(A)를 구하여라.

02. 원판에 5개 영역으로 분할하여 각 영역에 숫자를 1부터 5까지 표시하여 선물을 지정해 놨다. 이제 원판 맞추기를 하여 선물을 나눠 주려 한다. 1, 2에 맞출 기대 정도는 모두 같고, 3에 맞출 기대정도는 1을 맞출 기대정의 2배이고, 4를 맞출 기대정도는 5를 맞출 기대정도의 2배이고, 5에 맞출 기대정도는 2를 맞출 기대정도의 반이다. 이와 같은 시행을 할 때 각 근원사건에 일어날 확률을 구하여라.

03. 다음 표는 보경이가 윷을 던졌을 때 모가 나온 횟수를 조사한 것이다. 보경이가 윷을 던질 때 모가 나올 확률을 소수점 아래 둘째 자리까지 구하여라.

던진횟수	20	50	100	200	300
모가나온횟수	3	9	17	43	67

8.2 경우의 수 : 순열과 조합

◆ 표본공간 V 에서의 임의의 사건 S, T에 대하여 사건 S가 일어나는 경우의 수가 s가지 사건, T가 일어나는 경우의 수가 t 가지라 하자. 그 때 다음과 같이 경우의 수를 구하기 위한 기본 법칙이 있다.

▶ **합의법칙**

- S와 T가 동시에 일어나지 않을 때, S 또는 T가 일어나는 경우의 수는 s+t가지이다.
- S와 T가 동시에 일어나는 경우의 수가 u가지일 때 S 또는 T가 일어나는 경우의 수는 s+t-u가지이다.

▶ **곱의법칙**

- S와 T가 동시에 일어나는 경우의 수는 s×t가지이다.

예제 1 두 종류의 주사위 A 와 B를 동시에 던질 때 다음 경우의 수를 구하여라.

① 나타나는 눈의 수의 합이 3이 되는 경우의 수를 구하여라.

② 나타나는 눈의 수의 합이 6의 배수가 되는 경우의 수를 구하여라.

③ 주사위 A 에서는 짝수 주사위 B에서는 홀수가 나올 경우의 수를 구하여라.

풀이 ① 두 종류의 주사위를 동시에 던질 때 나타나는 사건을 순서쌍 (주사위 A, 주사위 B)로 표시할 수 있다. 즉 A주사위가 1, B주사위가 2인 경우의 사건을 표현하면 (1,2)이다. 이 문제에서 요구하는 것은 순서쌍의 합이 3이 되는 경우를 찾으면 된다.

즉 {(1,2),(2,1)}이다.

∴ 경우의 수는 2가지이다.

② 두 주사위 수의 합들 중 6의 배수는 6과 12이다. 따라서 합이 6일 사건을 S, 합이 12일 사건을 T라 하자. S 또는 T가 일어나는 경우의 수는 합의 법칙에 의해 (S일 경우의 수)+(T일 경우의 수)이다. 각각의 경우를 구하면 S={(1,5), (2,4), (3,3), (4,2), (5,1)}, T={(6,6)}이다.

∴ 경우의 수는 5+1=6 가지이다.

③ 주사위 A를 던져 짝수가 나오는 사건을 S, 주사위 B를 던져 홀수가 나오는 사건을 T라 놓는다. 두 사건 S 와 T 가 동시에 일어나는 경우의 수는 곱의 법칙에 의해 (S일 경우의 수)×(T일 경우의 수)이다. 각각의 경우를 구하면 S={2,4,6}, T={1,3,5}이다.

∴ 경우의 수는 3×3=9가지이다.

순 열

서로 다른 n개에서 중복되지 않게 r개를 택하여 일렬로 나열하는 것을 n개에서 r개를 택하는 순열이라 하며, 이 순열의 수를 ${}_nP_r$로 나타낸다.

$${}_nP_r = n(n-1)(n-2)\cdots(n-r+1) \qquad (\text{단, } 0 < r \leqq n)$$

${}_nP_r$의 변형식과 기호의 정의

(1) ${}_nP_r = \dfrac{n!}{(n-r)!}$ (2) ${}_nP_n = n!$ (3) $0! = 1$ (4) ${}_nP_0 = 1$

예제 2 주머니에 5, 6, 7, 8의 숫자가 적혀있는 카드 4장이 있다. 주머니에서 한 장씩 3장을 뽑아서 만들 수 있는 세 자리 정수의 개수를 구하여라.

풀이 서로 다른 4개에서 3개를 택한 순열의 수이므로 ${}_4P_3 = 4 \times 3 \times 2 = 24$(개)

중복순열

서로 다른 n개에서 중복을 허락하여 r개를 택하는 순열을 중복순열이라고 한다. 이때, 중복순열의 수는

$${}_n\Pi_r = n^r$$

으로 나타난다.

예제 3 주머니에 5, 6, 7, 8의 숫자가 적혀있는 카드 4장이 있다, 주머니에서 한 장을 뽑아 확인 한 후 다시 넣고 또 한 장을 뽑는 시행을 3회한 후 그 수로 만들 수 있는 세 자리 정수는 모두 몇 개인가?

풀이 이 시행은 중복을 허락하는 중복 순열이다. 중복을 허락한다는 것은 123, 234와 같은 세 자리 정수를 포함해서 221, 333과 같은 숫자가 중복된 세 자리 정수까지도 함께 생각한다는 뜻이다.

$\therefore {}_4\Pi_3 = 4^3 = 64$(개)

조 합

서로 다른 n개에서 r개를 순서를 생각하지 않고 택하는 것을 조합이라 하며, n개에서 r개를 택하는 조합의 수는 ${}_nC_r$로 나타낸다.

${}_nC_r$의 공식과 기호의 정의

(1) ${}_nC_r = \dfrac{{}_nP_r}{r!} = \dfrac{n!}{r!(n-r)!}$ (2) ${}_nC_r = {}_nC_{n-r}$ (단, $n \geq r$)

(3) ${}_nC_0 = 1$

예제 4 등산모임의 회원 12명 중에서 3명의 식사 당번을 선출하는 방법의 수를 구하여라.

풀이 3명의 식사 당번을 선출하는 방법의 수는 순서에 관계없으므로 12명에서 3명을 택한 조합의 수를 구한다.

$\therefore {}_{12}C_3 = \dfrac{{}_{12}P_3}{3!} = \dfrac{1320}{6} = 220$(가지)

중복조합

서로 다른 n개에서 중복을 허락하여 r개를 택하는 조합을 n개에서 r개를 택하는 중복조합이라고 한다. 이때, 중복조합의 수는

$$ {}_nH_r = {}_{n+r-1}C_r $$

로 나타난다.

예제 5 4명의 학생들에게 같은 과일 6개를 분배하는 방법은 몇 가지인가?
또, 적어도 한 개씩 준다면 몇 가지 방법이 있는가?

풀이 1) ${}_4H_6 = {}_{4+6-1}C_6 = {}_9C_6 = {}_9C_3 = 84$(가지)

2) 적어도 한 개씩 줄 경우는 미리 한 개씩을 준 다음 나머지 2거를 4명의 학생들에게 분배하는 방법의 수를 구한다.

${}_4H_2 = {}_{4+2-1}C_2 = {}_5C_2 = 10$(가지)

이항정리

n이 양의 정수일 때, $(a+b)^n$의 전개식은 다음과 같다.

$$\begin{aligned}(a+b)^n &= {}_nC_0a^n + {}_nC_1a^{n-1}b + {}_nC_2a^{n-2}b^2 + \cdots + {}_nC_ra^{n-r}b^r + \cdots + {}_nC_nb^n \\ &= \sum_{r=0}^{n} {}_nC_ra^{n-r}b^r\end{aligned}$$

이 식을 이항정리라 한다.

예제 6 $(a+b)^6$의 전개식에서 a^2b^4의 계수를 구하여라.

풀이 $(a+b)^6$의 전개식에서 일반항은 ${}_6C_ra^{6-r}b^r$이다. 여기서 a^2b^4항은 일반항에서 $r=4$일 때이므로 ${}_6C_4a^2b^4 = {}_6C_2a^2b^4 = 15a^2b^4$, 따라서, a^2b^4의 계수는 15이다.

연습문제 8.2

01. 0,1,2,3의 네 개의 숫자가 있다. 다음을 구하여라.

① 중복을 허락하지 않을 때 만들 수 있는 네자리수는 몇 개인가?

② 중복을 허락하지 않을 때 만들 수 있는 세자리수 중 짝수는 몇 개인가?

③ 중복을 허락할 때 만들 수 있는 네자리수는 몇 개인가?

④ 중복을 허락할 때 만들 수 있는 세자리 이하의 수는 몇 개인가?

02. 집에서 학교를 갈 수 있는 길이 아래 그림과 같다.

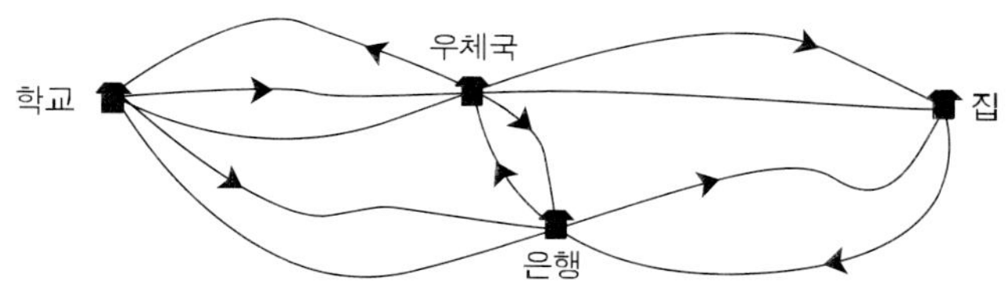

화살표가 있는 길은 일방통행길을 나타내고 있다.

영철이는 자전거로 통학한다. 학교를 마치고 집으로 돌아갈 때 영철이가 갈 수 있는 길의 수를 구하여라.

(단, 영철이는 우체국 또는 은행을 한번 만 지날 수 있다.)

03. MATHEMATICS라는 단어의 11개 문자를 일렬로 배열하는 방법의 수를 모두 구하여라.

04. $A=\{1,2,3,4\}$, $B=\{6,7,8,9\}$ $C=\{10,11\}$이라 한다.

① A에서 B로의 함수의 개수를 구하여라.

② A에서 B로의 일대일 함수의 개수를 구하여라.

③ A에서 C로의 전사함수의 개수를 구하여라.

05. 원의 네 부분을 서로 다른 일곱 가지 색 중 세 가지 색으로 칠 할 수 있는 방법은 몇 가지인가?
(단, 같은 색은 옆에 위치할 수 없다.)

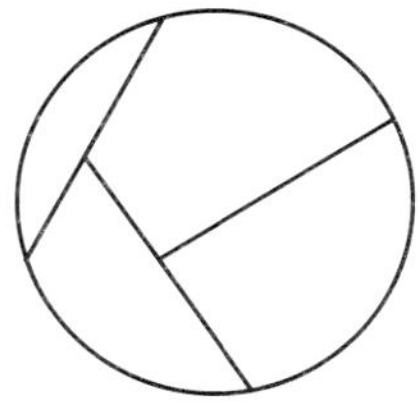

06. 프로 농구팀이 한번의 리그를 벌이는 것을 1라운드라 한다. 8개팀이 각각 3라운드 경기를 치를 때 총 게임수를 구하여라.

07. $(x+y+z)^7$ 의 전개식에서 $x^2y^2z^3$ 의 계수를 구하여라.
(도움말 : $(x+y+z)^7=((x+y)+z)^7$)

8.3 확률의 성질

◆ 두 사건 A 와 B 가 동시에 일어나지 않을 때 A 와 B 를 **배반사건**이라 한다. 이때 기호 $n(N)$, $n(A), n(B)$은 각각 전사건, 사건 A, B의 경우의 수를 나타낸다.

확률의 덧셈정리

> 두 사건 A, B에 대하여 $P(A \cup B) = P(A) + P(B) - P(A \cap B)$이고, 두 사건 A와 B가 서로 배반사건이면 $A \cap B = \varnothing$이므로 $P(A \cup B) = P(A) + P(B)$이다.

예제 1 1에서 60까지의 번호가 각각 적힌 60장의 카드에서 한 장을 꺼낼 때, 그 번호가 2 또는 3의 배수일 확률을 구하여라.

풀이 한 장의 카드를 꺼내는 시행의 전사건을 N, 2의 배수, 3의 배수가 나오는 사건을 각각 A, B라 하면 $n(N) = 60, n(A) = 30, n(B) = 20$ 이다. 또한 사건 A와 B는 배반사건이 아니므로 확률의 일반적인 덧셈정리에 의해 계산하면 다음과 같다.

$$P(A) = \frac{30}{60},\ P(B) = \frac{20}{60},\ P(A \cap B) = \frac{10}{60}$$

$$\therefore P(A \cup B) = P(A) + P(B) - P(A \cap B) = \frac{30}{60} + \frac{20}{60} - \frac{10}{60} = \frac{2}{3}$$

예제 2 주머니에 클로버 모양의 카드 4장, 하트 모양의 카드 5장이 들어있다. 동시에 2장의 카드를 꺼낼 때, 모두 같은 모양의 카드를 뽑을 확률을 구하여라.

풀이 두 장의 카드를 꺼내는 시행의 전사건을 N, 모두 클로버 모양일 사건을 A, 모두 하트일 사건을 B라 하면 $n(N) = {}_9C_2$, $n(A) = {}_4C_2$, $n(B) = {}_5C_2$이다. 또한 사건 A와 B는 배반사건이므로 배반사건의 덧셈정리를 이용하면 다음과 같다.

$$P(A) = \frac{{}_4C_2}{{}_9C_2},\ P(B) = \frac{{}_5C_2}{{}_9C_2}$$

$$\therefore P(A \cup B) = P(A) + P(B) = \frac{{}_4C_2}{{}_9C_2} + \frac{{}_5C_2}{{}_9C_2} = \frac{4}{9}$$

여사건의 확률

> 사건 A와 그 여사건 A^c가 일어날 확률을 각각 $P(A)$, $P(A^c)$라 할 때
>
> $$P(A)+P(A^c)=1,\ 즉\ P(A^c)=1-P(A)$$
>
> 이다.

예제 4 10명의 학생 중에서 4명이 여학생이다. 이 중에서 3명을 택할 때, 적어도 한 명의 여학생이 포함될 확률을 구하여라.

풀이 3명 모두 남학생인 사건을 A라 하면 3명 중 적어도 한 명이 여학생인 사건은 A^c이다.

즉, $P(A)=\dfrac{{}_6C_3}{{}_{10}C_3}=\dfrac{1}{6}$이므로 $P(A^c)=1-P(A)=1-\dfrac{1}{6}=\dfrac{5}{6}$

조건부 확률

> 사건 A가 일어났을 때의 사건 B의 조건부확률은
>
> $$P(B|A)=\frac{P(A\cap B)}{P(A)}\ (단,\ P(A)>0)$$
>
> 이다.

예제 5 한 개의 주사위를 던져서 홀수의 눈이 나왔을 때, 그 눈이 소수일 확률을 구하여라.

풀이 홀수의 눈이 나오는 사건을 A, 소수의 눈이 나오는 사건을 B라 하면

$A=\{1,3,5\}, B=\{2,3,5\}$, $A\cap B=\{3,5\}$

따라서, 구하는 확률은 사건 A가 일어났을 때의 사건 B의 조건부확률이므로

$P(B|A)=\dfrac{n(A\cap B)}{n(A)}=\dfrac{2}{3}$

확률의 곱셈정리

> 두 사건 A,B에 대하여 두 사건이 동시에 일어날 확률은
>
> $$P(A\cap B)=P(A)\cdot P(B|A),\ P(A\cap B)=P(B)\cdot P(A|B)$$

예제 6 흰 공 6개, 검은 공 4개가 들어 있는 상자에서 한 개씩 2개의 공을 꺼낼 때, 두 공 모두 검은 공일 확률을 구하여라. (단, 꺼낸 공은 다시 넣지 않는다)

풀이 처음 꺼낸 공이 검은 공일 사건을 A, 두 번째 꺼낸 공이 검은 공일 사건을 B라 하면

$P(A)=\frac{4}{10}=\frac{2}{5}$, $P(B|A)=\frac{3}{9}=\frac{1}{3}$,

따라서 두 공 모두 검은 공일 확률은

$P(A\cap B)=P(A)\cdot P(B|A)=\frac{2}{5}\times\frac{1}{3}=\frac{2}{15}$

독립시행의 확률

1회의 시행에서 사건 A가 일어날 확률을 p라 할 때, 이 시행을 n회 반복한 독립시행에서 사건 A가 r회 일어날 확률은 다음과 같다.

$$_nC_r p^r(1-p)^{n-r} \quad (\text{단, } r=0,1,2,\cdots,n)$$

예제 7 한 개의 주사위를 4번 던질 때, 5의 눈이 2번 나올 확률을 구하여라.

풀이 한 개의 주사위를 던질 때, 5의 눈이 나올 확률은 $\frac{1}{6}$이고, 5이외의 눈이 나올 확률은 $1-\frac{1}{6}=\frac{5}{6}$이다. $_nC_r p^r(1-p)^{n-r}$에서 $n=4$, $p=\frac{1}{6}$, $q=\frac{5}{6}$이다.

따라서, 구하는 확률은 $_4C_2\left(\frac{1}{6}\right)^2\left(\frac{5}{6}\right)^{4-2}=\frac{25}{216}$

연습문제 8.3

01. 일곱 개의 동전을 동시에 던질 때, 적어도 한 개의 뒷면이 나올 확률을 구하여라.

02. 30개의 제비 중 5개의 당첨 제비가 들어있다. 이 제비를 영철과 보경의 순으로 뽑을 때 영철, 보경이 각각 당첨될 확률을 구하여라.

03. 제품 20개 중 2개의 불량품이 있는 상품이 있다. 이 20개의 상품 중에서 4개를 꺼낸다.
① 이 중에서 불량품이 모두 포함되어 있을 확률을 구하여라.
② 이 중에서 불량품이 1개 이하일 확률을 구하여라.

04. 두 개의 주사위와 한 개의 동전을 동시에 던질 때 두 주사위는 모두 짝수의 눈과 동전의 앞면이 나올 확률을 구하여라.

05. A, B 두 사람이 순서대로 동전을 던져 앞면이 먼저 나오면 이기는 게임을 한다. 그런데 A 가 동전을 3회 까지 던져서도 이기지 못하면 B 가 이기는 것으로 하였다. B 가 이길 확률을 구하여라.

06. 다음 그림과 같이 A,B,C,D 4개의 스위치를 갖고 있는 회로가 있다. 이들 스위치가 순간에 닫혀 있을 확률은 각각 0,5 , 0.2 , 0.3 , 0.4 이다. 어느 순간에 이 회로에 전류가 흐를 확률을 구하여라.

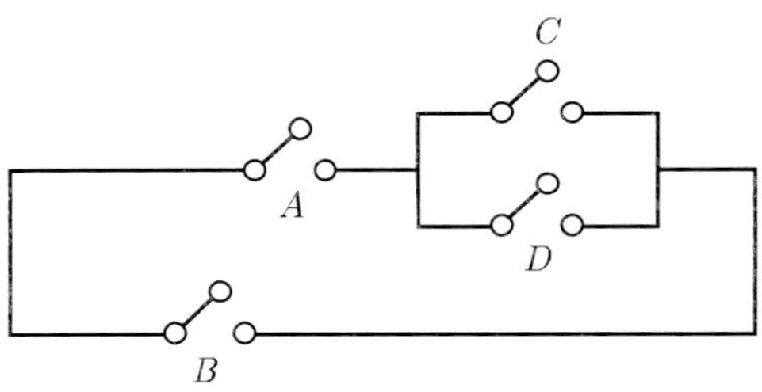

07. 북한산의 향로봉에서 백운대까지 등반 코스는 A, B 두개가 있다. 등반객은 A코스를 이용하는 경우가 70% 이고, B코스를 이용하는 경우가 30% 라고 한다. A코스를 이용할 경우 사고가 날 확률은 1%, B코스를 이용할 경우 사고가 날 확률은 3%이다. 어떤 사람이 등산을 하였을 때 다음 각 경우가 일어날 확률을 구하라.

① 사고가 날 확률은

② 사고가 났다. 그가 A코스를 택했을 확률은?

③ 사고가 났다. 그가 B코스를 택했을 확률은?

④ 안전하게 등반할 확률은?

⑤ 안전하게 등반하였다. 그가 A코스를 택했을 확률은?

⑥ 안전하게 등반하였다. 그가 B코스를 택했을 확률은?

8.4 확률변수와 확률분포

◆ 3개의 동전을 던지는 시행을 한다. 표현을 간단히 하기위해 동전 앞면을 H 뒷면을 T 로 나타내자. 이때 표본 공간 N을 구해보자,

$$N = \{(HHH)(HHT)(HTH)(THH)(HTT)(THT)(TTH)(TTT)\}$$

위의 시행에서 뒷면이 나오는 개수를 X라 하면 X가 취 할 수 있는 값은 0, 1, 2, 3이다.
이때 근원사건 $\{(HHH)\}$은 곧 뒷면의 개수가 $X=0$인 사건으로 $P(\{(H,H,H)\})$는 곧 $P(X=0)$과 같이 나타 낼 수 있다. 대응관계를 알아보면 다음과 같다.

N	(HHH)	(HHT)	(HTH)	(THH)	(HTT)	(THT)	(TTH)	(TTT)
X	0	1	1	1	2	2	2	3

이와 같이 어떤 시행에서 표본공간의 각 원소에 단 하나의 수를 대응시키는 것을 **확률 변수**라 한다. 일반적으로 알파벳 대문자 $X, Y, Z\cdots$ 등으로 나타내고 확률 변수가 취할 수 있는 값은 소문자 $x, y, z\cdots$으로 나타낸다.
이때 확률변수 X 가 취하는 값과 그에 대한 확률을 구해보자.

$$P(X=0) = P((HHH)) = \frac{1}{8}$$

$$P(X=1) = P((HHT)(HTH)(THH)) = \frac{3}{8}$$

$$P(X=2) = P((HTT)((THT)(TTH)) = \frac{3}{8}$$

$$P(X=3) = P((TTT)) = \frac{1}{8}$$

이것을 표로 나타내면 다음과 같다.

X	0	1	2	3	합
$P(X=x)$	$\frac{1}{8}$	$\frac{3}{8}$	$\frac{3}{8}$	$\frac{1}{8}$	1

위와 같은 표를 **확률분포표**라 한다.

◆ 확률변수가 취하는 값을 셀 수 있을 때 그 확률변수를 **이산확률변수**라 하고, 셀 수 없을 때 그 확률변수를 **연속확률 변수**라 한다. 앞의 예는 이산확률변수이고, 연속확률변수는 어떤 구간의 모든 실수값을 취한다.

(1) 이산확률변수의 기댓값과 분산

이산확률변수 X 가 취할 수 있는 값이 $x_1, x_2, x_3, \cdots, x_n$ 이고 X 가 이 값들을 취할 확률이 각각 $P(X=x_i)=p_i \ \ (i=1,2,3,\cdots,n)$ 라 할 때, 이러한 대응관계는 이산확률분포표 또는 확률분포 그래프로 나타낼 수 있다. 또한 $P(X=x_i)$를 이산확률변수 X의 **확률질량함수**라고 한다

X	x_1	x_2	x_3	$\cdots$	x_n	합계
$P(X=x)$	p_1	p_2	p_3	$\cdots$	p_n	1

〈확률분포표〉

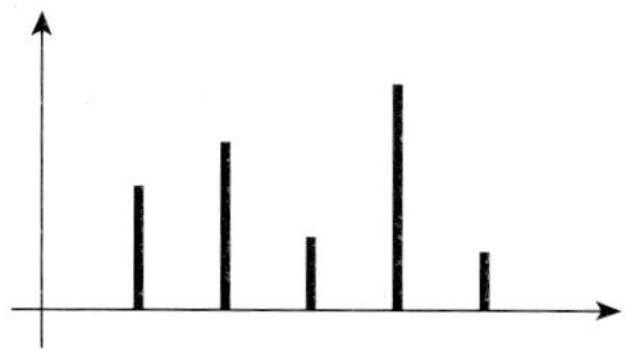

〈확률분포 그래프〉

확률질량함수는 $0 \le p_i \le 1 \ (i=1,2,3,\cdots,n)$ 와 $p_1+p_2+p_3+\cdots+p_n=1$인 두 기본 성질을 언제나 만족한다.

▶ **이산확률변수의 기댓값과 분산**

이산확률변수의 확률분포표가 위와 같을 때 이산확률변수 X의 **기댓값**($E(X)$) 또는 평균(m), **분산**($V(X)$, σ^2), 그리고 **표준편차**($\sigma(X)$, σ)는 다음과 같다.

- **기댓값(평균)** : $E(X)=m=x_1p_1+x_2p_2+x_3p_3+\cdots+x_np_n$
- **분산** : $V(X)=\sigma^2=E((X-m)^2)$
$$=(x_1-m)^2p_1+(x_2-m)^2p_2+\cdots+(x_n-m)^2p_n$$
- **표준편차** : $\sigma=\sigma(X)=\sqrt{V(X)}$

예제 1 세 개의 동전을 동시에 던질 때 앞면이 나오는 동전의 개수를 확률변수 X라 한다. X의 기댓값, 분산, 표준편차를 구하여라.

풀이 X의 확률분포표를 구하면 다음과 같다.

X	0	1	2	3	합
$P(X=x)$	$\frac{1}{8}$	$\frac{3}{8}$	$\frac{3}{8}$	$\frac{1}{8}$	1

따라서

$$E(X) = 0\times\frac{1}{8} + 1\times\frac{3}{8} + 2\times\frac{3}{8} + 3\times\frac{1}{8}$$
$$= \frac{3}{2}$$

$$V(X) = (0-\frac{3}{2})^2\times\frac{1}{8} + (1-\frac{3}{2})^2\times\frac{3}{8} + (2-\frac{3}{2})^2\times\frac{3}{8} + (3-\frac{3}{2})^2\times\frac{1}{8}$$
$$= \frac{3}{4}$$

$$\sigma(X) = \sqrt{\frac{3}{4}} = \frac{\sqrt{3}}{2}.$$

▶ **기댓값, 분산, 표준편차의 성질**

- $E(aX+b) = aE(X)+b$, (a, b는 상수)
- $V(aX+b) = a^2\ V(X)$
- $V(X) = E(X^2) - \{E(X)\}^2$
- $\sigma(aX+b) = |a|\sigma(X)$

예제 2 주머니에 천원 3장, 만원 2장, 십만원 1장, 모조품 돈 14장 이 들어있다. 주머니에서 돈을 한번 씩 꺼내 갖는 행사가 열렸다. 이 행사에 참여하는 사람의 기대금액을 구하여라.

풀이 받는 상금 액수를 X원이라 할 때 X의 확률분포는 다음과 같다.

X	0	천원	만원	십만원
P(X)	$\frac{14}{20}$	$\frac{3}{20}$	$\frac{2}{20}$	$\frac{1}{20}$

기대금액은 곧 기대값이므로

$$\therefore\ E(X) = 0\times\frac{14}{20} + 1000\times\frac{3}{20} + 10000\times\frac{2}{20} + 100000\times\frac{1}{20}$$
$$= 6150 \text{ 원}$$

예제 3 시험 점수 X의 평균이 m, 표준편차가 σ일 때 $Z = \dfrac{X-m}{\sigma}$을 표준점수라 한다.

① Z점수의 평균과 표준편차를 구하여라.

② 학생들의 수학 시험 점수의 평균이 50점, 표준편차가 10점이라 한다.
수학점수가 70점을 받았을 때, 표준점수 Z를 구하여라.

풀이 ① $E(X)=m,\ V(X)=\sigma^2$ 이므로

$$E(Z)=E\left(\frac{X-m}{\sigma}\right)=E\left(\frac{1}{\sigma}X-\frac{m}{\sigma}\right)=\frac{1}{\sigma}E(X)-E\left(\frac{m}{\sigma}\right)$$

$$=\frac{m}{\sigma}-\frac{m}{\sigma}=0$$

$$V(X)=V\left(\frac{X-m}{\sigma}\right)=V\left(\frac{1}{\sigma}X-\frac{m}{\sigma}\right)=\frac{1}{\sigma^2}V(X)=1$$

$$\sigma(Z)=\sqrt{V(Z)}=\sqrt{1}=1$$

② $m=50,\ \sigma=10,\ X=70$ 이므로 $Z=\dfrac{70-50}{10}=2$ 점이다.

(2) 연속확률변수의 기댓값과 분산

확률변수 X 가 어떤 구간 $[\alpha,\beta]$안의 모든 값을 취할 때 연속확률변수라 하고 변수 $x\in[\alpha,\beta]$에 관한 함수$f(x)$가 다음을 만족할 때 $f(x)$를 연속확률변스 X의 **확률밀도함수**라고 한다.

1) $f(x)\ge 0,\quad x\in[\alpha,\beta]$

2) 함수 $f(x)$의 그래프와 x축으로 둘러싸인 부분의 넓이는 1이다.

즉 $\displaystyle\int_{\alpha}^{\beta}f(x)\,dx=1$

3) $P(a\le x\le b)=\displaystyle\int_{a}^{b}f(x)\,dx$, (단, $\alpha\le a\le b\le\beta$)

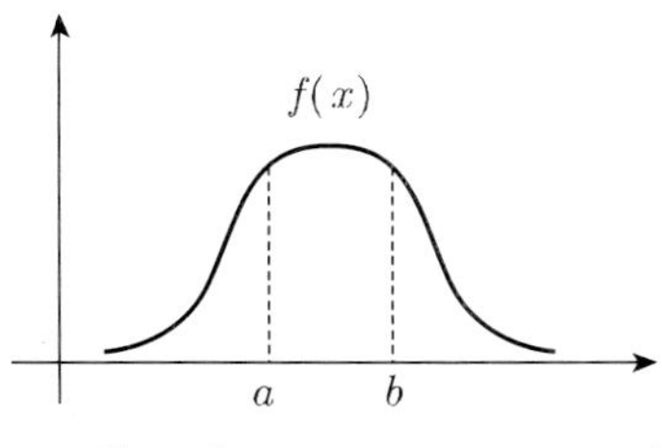

또 확률밀도함수가 이루는 확률분포를 **연속확률분포**라고 한다.

> ▶ **연속확률분포의 평균과 분산**
>
> 확률밀도함수가 확률변수 X 가 구간 $[\alpha,\beta]$의 함수 $f(x)$일 때
>
> ■ **기댓값(평균)** : $E(X)=m=\displaystyle\int_{a}^{b}xf(x)dx$
>
> ■ **분산** : $V(x)=\sigma^2(X)=\displaystyle\int_{a}^{b}(x-m)^2f(x)dx=\int_{a}^{b}x^2f(x)dx-m^2,$
>
> ■ **표준편차** : $\sigma(X)=\sqrt{V(X)}$

예제 4 천안 버스터미널에서 서울로 20분 간격으로 출발한다. 어떤 사람이 임의의 시각에 버스터미날에 나갈 때 이 사람이 버스를 기다리는 시간이 5분 이상이 될 확률은 얼마인가?

풀이 확률밀도함수 $f(x)$를 구하자. 버스는 20분마다 지나가므로
$P(0 \le X \le 20) = 1$
이고 X가 [0, 20]의 어느값을 갖는 것은 같은 정도로 기대되므로 X의 확률밀도 함수는 상수함수로 $f(x) = \dfrac{1}{20}$ (단 , $0 \le x \le 20$)이다.

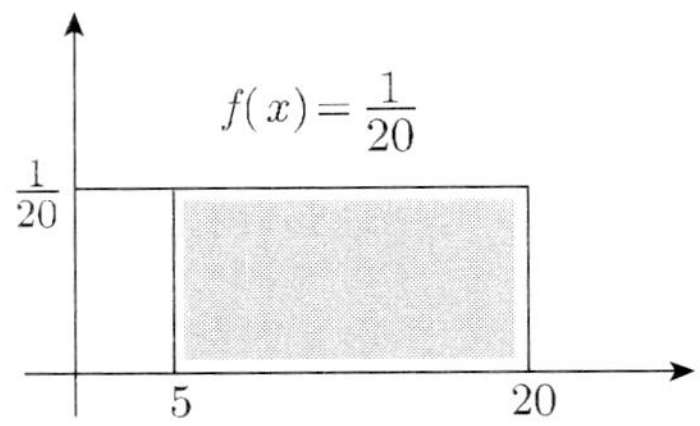

$$\therefore P(5 \le X \le 20) = \int_5^{20} \frac{1}{20}\, dx = \left[\frac{1}{20}x\right]_5^{20} = \frac{3}{4}$$

예제 5 구간 [0,1]의 모든 값을 취하는 확률변수 X의 확률밀도 함수 $f(x)$가 $f(x) = ax^2$로 주어질 때 다음을 구하여라.

① 상수 a를 구하여라.

② 평균과 분산을 구하여라.

풀이 ① $\int_0^1 ax^2\, dx = 1$ 이어야 한다. 즉, $\int_0^1 ax^2\, dx = \left[\frac{a}{3}x^3\right]_0^1 = \frac{a}{3} = 1$이다.

$\therefore a = 3$

② $E(X) = \int_a^b xf(x)dx = \int_0^1 x(3x^2)\, dx = \int_0^1 3x^3\, dx = \frac{3}{4}$

$V(x) = \int_a^b x^2 f(x)dx - m^2 = \int_0^1 3x^4\, dx - \left(\frac{3}{4}\right)^2 = \left(\frac{3}{5}\right) - \left(\frac{9}{16}\right) = \frac{3}{80}$

연습문제 8.4

01. 다음 확률변수는 이산확률변수인가? 연속확률변수인가?

① 내 핸드폰에 걸려오는 하루 동안의 전화 통화수

② 어느 공장에서 생산한 배터리의 수명

③ 어느 축구팀이 한 경기에 얻은 득점수

④ 학교에서 집까지의 통학 시간

02. 한 개의 동전을 두 번 던지는 시행에서 앞면이 나올 때마다 100원을 받고, 뒷면이 나올 때 마다 50원을 돌려준다. 이 시행에서 받은 금액을 X라 한다.

① X의 확률분포표를 구하여라.

② X의 기댓값과 분산을 구하여라.

03. 연속확률변수 X의 확률밀도함수가 $f(x)$가 다음과 같다.

$$f(x)=\begin{cases} x, & 0 \le x \le 1 \\ a-x, & 1 \le x \le 2 \\ 0, & x<0 \text{ 또는 } x>2 \end{cases}$$

상수 a의 값을 구하고, 평균과 분산을 구하여라.

04. $1,1,2,2,3,4$ 의 숫자가 적힌 2개의 주사위를 동시에 던질 때 나오는 눈의 합을 확률변수라 하자. 이때 확률분포표와 평균을 구하여라.

05. 5개의 숫자 $2,3,4,5,6$ 이 각각 써진 5장의 카드중 동시에 2장의 카드를 뽑아 두 카드에 쓰여진 숫자의 차를 확률변수 X라 할 때, X의 확률질량함수를 구하여라.

06. 확률변수 X의 확률밀도함수가 다음과 같다.

$$f(x)=2x,\ 0 \le x \le 1$$

그 때 $g(X)=2X+5$의 평균과 분산을 구하여라.

8.5 이항분포와 정규분포

이산확률분포 중에서 이항분포는 같은 시행을 반복하였을 때 어떤 사건이 일어나는 횟수에 관련된 분포로 우리주변에서 흔히 관찰된다.

(1) **이항분포** : 어떤 시행에서 사건 E가 일어날 확률이 p라 하자. 이 시행을 n회 독립으로 반복할 때, 사건 E가 일어날 횟수를 확률변수 X라 하면 X의 확률분포가

$$P(X=x) = {}_nC_x p^x (1-p)^{n-x}, x=0,1,2,\cdots,n$$

일 때 이항분포라 하고, $B(n,p)$로 나타낸다. 이 분포의 성질로 평균, 분산, 표준편차는

$$E(X)=np, \qquad V(X)=np(1-p), \qquad \sigma(X)=\sqrt{np(1-p)}$$

확률변수 X가 이항분포 $B(n,p)$를 따르고, n이 클 때 X는 근사적으로 정규분포 $N(np, np(1-p))$를 따른다.

예제 1 주사위를 60번 던져서 1의 눈이 나오는 횟수를 X라 할 때, X의 확률 질량함수와 평균과 분산을 구하고, 1의 눈이 10번 나올 확률을 구하라.

풀이 확률질량함수: $P(X=x) = {}_nC_x p^x q^{n-x} = {}_{60}C_x (\frac{1}{6})^x (\frac{5}{6})^{60-x}$

평균 $= np = 60 \times \frac{1}{6} = 10$

분산 $= np(1-p) = 60 \times \frac{1}{6} \times \frac{5}{6} = \frac{25}{3}$

$P(X=10) = {}_{60}C_{10} (\frac{1}{6})^{10} (\frac{5}{6})^{60-10}$

예제 2 지각률이 10%인 학생이 있다. 이 학생이 16주 수업 동안 지각할 횟수의 평균과 표준편차를 구하여라.

풀이 지각할 횟수를 X라고 하면 X는 이항분포 $B(16, 0.1)$을 따르므로 평균과 표준편차는 다음과 같다.

평균 : $E(X) = np = 16 \times \frac{1}{10} = 1.6$

분산 : $V(X) = np(1-p) = 16 \times \frac{1}{10} \times \frac{9}{10} = 1.44$

표준편차 : $\sigma(X) = \sqrt{V(X)} = \sqrt{1.44} = 1.2$

(2) 정규분포 : 연속확률변수 X의 확률밀도함수 $f(x)$가

$$f(x)=\frac{1}{\sqrt{2\pi}\,\sigma}e^{-\frac{(x-m)^2}{2\sigma^2}},\quad -\infty<x<\infty$$

일 때 **정규분포**라 하며 X의 평균은 m, 분산은 σ^2인 성질이 있고 $N(m,\sigma^2)$으로 나타낸다. 특히, 평균이 0, 표준편차가 1인 정규분포 $N(0,1^2)$을 **표준정규분포**라고 한다.

정규분포곡선의 성질

① 직선 $x=m$에 대하여 좌우 대칭인 산 모양의 곡선이다.
② $x=m$일 때, 최댓값을 갖고 x축이 점근선이다.
③ 표준편차 σ의 값이 커질수록 곡선의 산 모양이 낮아지며 옆으로 퍼지고 σ의 값이 작을수록 높고 뾰족한 모양이 된다.
④ σ가 일정할 때, m이 변하면 곡선의 모양은 같고 대칭축의 위치만 바뀐다.
⑤ 주어진 범위에서 정규분포곡선과 x축 사이의 넓이 S는 아래와 같다.
(1) $m-\sigma \leqq x \leqq m+\sigma$ 일 때, $S \fallingdotseq 0.683$
(2) $m-2\sigma \leqq x \leqq m+2\sigma$ 일 때, $S \fallingdotseq 0.954$
(3) $m-3\sigma \leqq x \leqq m+3\sigma$ 일 때, $S \fallingdotseq 0.997$

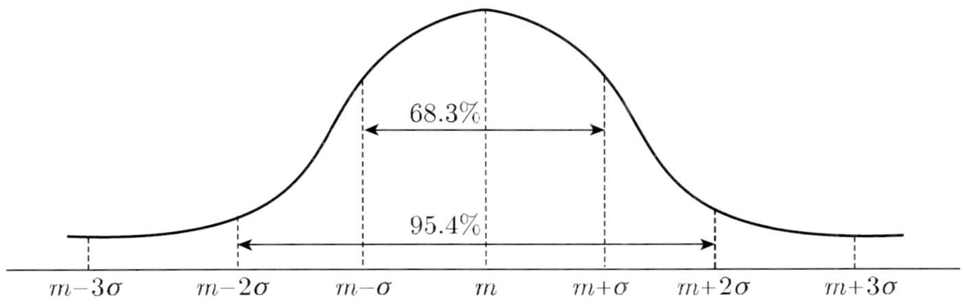

그림 8-1. 정규분포 곡선

예제 3 $f(x) = \frac{1}{3\sqrt{2\pi}} e^{-\frac{(x-70)^2}{18}}$ 인 분포의 평균과 표준편차를 구하고 $P(64 \leqq X \leqq 76)$을 구하라.

풀이 정규분포 확률밀도함수와 비교해 보면 $f(x)$는 평균이 70, 표준편차가 3임을 알 수 있고, $P(64 \leqq X \leqq 76)$는 $P(70-2 \cdot 3 \leqq X \leqq 70+2 \cdot 3)$으로 표현되므로 위 식 ⑤의 (2)에 의하여 0.954이다.

예제 4 어떤 반의 수학 중간고사 시험 성적이 정규분포 $N(65, 13^2)$을 따른다고 한다. 한 학생의 점수가 78점을 받았다. 이 학생은 전체 100명중 약 몇 등을 했는지 구하여라.

풀이 시험성적의 평균이 65 이고 표준편차가 13이므로 이학생의 점수
$78 = m + \sigma = 65 + 13$ 이다.
〈그림 1〉에 의하여 $P(X \geq m + \sigma) = 15.85\%$ 이다.
따라서 이 학생의 등수는 16등 이다.

연습문제 8.5

01. 전구를 생산하는 어느 회사의 제품 불량률은 10%라고 한다. 이 공장에서 생산되는 제품 중 5개를 임의로 추출했을 때

① 한 개가 불량품일 확률을 구하여라

② 추출된 5개중 적어도 한 개 이상이 불량품일 확률을 구하여라.

02. 한 개의 주사위를 12회 던져서 5또는 6의 눈이 나오는 횟수 X에 대하 $(X+1)^2$원의 상금을 받기로 하였다. 이때 상금의 기댓값을 구하여라.

03. 확률변수 X가 이항분포 $B(n, p)$를 따르고 $E(X)=1$, $E(X^2)=\dfrac{7}{4}$ 일 때 $P(X=2)$의 값을 구하여라.

04. 어떤 고교 3학년생의 남자 250명의 신장의 분포는 거의 정규분포를 이루고 있다. 평균이 159㎝, 표준편차 5.5㎝ 일 때 신장 170㎝ 이상 또는 145㎝ 이하의 학생은 대략 몇 명인지 구하여라. (단 필요하면 표준정규분포표 이용)

05. 수학 시험성적이 평균 68, 표준편차가 15인정규분포를 따른다고 한다. 어떤 학생이 24% 이상의 평가를 받기 위한 수학 성적의 최소 점수를 구하여라.

06. 정규분포 $N(52, 16^2)$ 를 따르는 확률변수 $X=68$을 정규분포 $N(50, 10^2)$을 따르는 확률변수 Y로 변환할 때 Y의 값을 구하여라.

07. 희귀병에 걸린 환자가 회복할 확률이 0.4이다. 만일 1000명이 이 병에 결렸다면 이 중 420명 이상이 생존할 확률을 구하여라.

08. 확률변수 Y가 정규분포 $N(10, 9)$를 따를 때 다음을 구하여라.

① $P(Y \le a)= 0.7486$ 를 만족하는 a를 구하여라.

② $P(7 \le Y \le 17)$

Chapter 09

통 계

통계의 역사

통계학의 기원은 인구 조사로부터 시작되었다고 할 수 있다. 기록상 인류 최초의 인구 조사는 구약성서에 나타난 것으로 모세가 애굽 땅에서 나온 유태인을 대상으로 20세 이상의 성인의 수를 조사한 것이다. 그러나 실제로 인구 조사는 훨씬 더 이전인 기원전 3000년 전 고대 바빌로니아, 중국, 이집트에서 징병과 세금 징수를 목적으로 실시되었다고 한다. 로마 시대에는 국가의 조직이 발달되면서 과세의 목적과 군사적인 징병목적을 위해 로마의 6대 왕 투리우스 시대부터 서기 74년까지 5년 주기의 센서스가 실시되었다. 그 후, 17세기부터 현대에 이르기까지 대략 300여 년에 걸쳐 발달된 통계학은 크게 통계학의 성립기, 기술통계 및 추측통계의 발전기를 거쳐 왔다.

17세기 중반 독일에서는 콘링이 국토, 군사, 인구 및 행정에 관하여 강의한 이래 이에 영향을 받은 게팅겐 대학의 교수 아헨발이 처음으로 국상학 이란 용어를 사용하였다. 국상학은 국가의 중요 사항인 토지, 주민, 지리, 산물, 역사, 행정 조직 등을 통계 수치 없이 문장으로 기술한 것으로 통계학의 모체라고 할 수 있다. 거의 같은 시기에 영국에서는 흑사병으로 많은 사상자가 발생하자 1603년부터 출생과 사망에 관한 통계를 매주 발표하기 시작하였는데, 이를 토대로 영국 상인 그란트는 1662년에 '사망표에 관한 자연적, 정치적 관찰'이라는 저서를 발표하였다. 그는 그 당시 출생과 사망에 관한 수량 자료를 근거로 인구, 사망 출생에 관한 법칙성을 규명하고 인구의 측정, 연령 계층별 인구, 인구의 증가율 등을 추정하였다. 이에 영향을 받은 영국의 석학 페티는 영국, 프랑스, 네덜란드 등 각 국의 인구 및 주택 문제를 연구하였고, 그 결과를 『정치적 산술』이라는 제목으로 1690년에 출판하였다. 그는 정치 산술이란 관찰 결과 얻어진 수량적 자료를 근거로 사회현상의 법칙성을 규명하는 방법론이라고 정의하였다.

그란트에서 비롯된 인구 문제는 페티에게 그리고 100년 후 맬서스에게까지 영향을 주어 그의 '인구론'의 저술에 큰 영향을 끼쳤다.

9.1 통계의 의미

통계학이란 어떤 현상에 대하여 관측된 자료를 정리·분석하여 미래를 예측하고, 우연 현상에 대한 규칙성, 법칙성을 발견하여 불확실한 상황에 대하여 의사 결정을 할 때, 과학적인 판단을 내리기 위한 방법을 연구하는 학문이라고 할 수 있다. 스틸과 토리는 "통계학은 불확실한 상황을 귀납적 추론 방법으로 분석하고, 평가하기 위하여 창안된 순수 및 응용과학이다"라고 정의하였고, 바타차야는 "통계학은 연구의 대상에 관련된 자료를 수집하고 해석함으로써 불확실성과 변이성이 내재하는 현상으로부터 결론을 유도하는 과정이나 방법에 대한 지식 체계이다"라고 하였으며, 라마칸트는 "통계학이란 관심의 대상이 되는 자료를 수집, 정리, 요약, 분석하여 그 자료에 대한 지식을 체계적이고도 객관적으로 습득해 나가는 방법을 다루는 과학이다"라고 정의하였다.

통계의 목표는 "현재의 기술과 추정 그리고 이를 토대로 한 미래의 예측과 계획"에 있다고 말할 수 있다. 다만 통계학 자체는 '현재의 기술과 추정'만 제공해줄 뿐이며, 이를 토대로 한 '미래의 예측과 계획'은 어디까지나 인간적 결정의 몫이다.

현재 상태의 기술에 중점을 두는 분야를 **기술통계학**(descriptive statistics)이라 한다. 기술 통계학은 분석 대상이 되는 집단 전체 또는 표본으로부터 관측된 자료를 정리하고 요약하는 방법을 다루는 분야이다. 기술 통계학의 내용은 관측된 자료로부터 도수분포표와 히스토그램을 만들고, 대푯값과 산포도 등을 구하여 그 자료의 특성을 분석하는 것이다.

현재 상태의 추정에 중점을 두는 분야를 **추측통계학**(inferential statistics)이라 한다. 추측통계학은 추출된 표본 자료를 통하여 모집단의 특성을 추론하는 분야이다. 미래의 예측과 계획을 하기 위하여 통계의 필요성은 날마다의 삶에서 꾸준히 제기되므로 그 역사 또한 인류의 역사와 같이 한다고 하겠다.

통계자료를 얻는데 크게 나누어 두 가지가 있다. 하나는 **전수조사**(complete survey)이고, 다른 하나는 **표본조사**(sampling survey)이다. 전수조사는 통계집단에 속하는 통계단위를 빠짐없이 전부 조사하는 것이고, 표본조사는 그 일부만을 뽑아서 조사하는 것이다. 이때 원래의 통계집단을 **모집단**(population)이라 하고, 전체에서 뽑혀 나온 부분집단을 **표본**(sample)이라 하며 표본을 구성하는 통계단 위의 수를 표본의 크기라 한다. 그러나 표본조사의 경우에는 표본에 의한 추측값과 모집단의 참값 사이에 차이가 발생할 수도 있다. 이때 이 차이를 **표본오차**라 한다. 표본오차를 줄이기 위해 표본의 크기를 크게 하거나 모집단의 어느 한 부분이 집중적으로 추출되지 않도록 해야 한다. 이와 같은 방법을 임의추출이라 하고 그것을 임의 표본이라 한다.

통계집단의 특성에 관한 정보를 얻는데 전수조사가 가장 이상적인 방법 같지만 반드시 그렇지 않다. 노력, 시간, 비용 등을 절약하고 싶을 때, 조사방법이 파괴적일 때와 무한모집단일 때는 표본조사를 실시하는 것이 좋다. 예를 들면 통계청에서 전 국민을 대상으로 실시하는 인구조사인 경우는 전수조사가 필수이다. 그러나 환자에 대한 임상실험, 핸드폰 배터리의 수명 조사 등과 같이 전수조사 자체가 불가능한 경우도 있다.

연습문제 9.1

01. 전수조사와 표본조사에 대해 논하고 예를 들어라.

02. 기술통계학과 추측통계학에 대해 논하고 예를 들어라.

9.2 자료의 정리

많은 통계자료는 집단의 정보를 쉽게 알아 보기위해 자료를 목적에 따라 알맞게 정리해서 표, 그래프 등으로 나타내는 것이 필요하다.

(1) 도수분포표

자료가 많은 집단의 특성을 몇 개의 **계급**으로 묶어서 그 안에 들어가는 관찰 치수들의 수를 결정하여 쉽게 평가할 수 있다. 이때 각 계급에 속하는 자료의 수를 **도수**라 한다. 이와 같이 자료를 계급과 도수로 정리하여 나타낸 표를 **도수분포표**라 한다. 도수분포표를 만들 때 각 계급의 가운데 값을 그 계급의 **계급값**이라고 한다. 계급값은 도수분포표에서 평균과 표준편차를 구하거나 도수분포다각형을 그릴 때 사용된다.

$$\text{계급값} = \frac{(\text{계급의 하한값} + \text{계급의 상한값})}{2}$$

각 계급의 도수를 도수와 총계로 나눈 몫을 **상대도수**라 하며, 각 계급의 도수의 비율을 나타낸다. 계급과 이에 대한 상대도수를 대응 시킨 표를 **상대도수분포표**라 한다.

$$\text{상대도수} = \frac{\text{각 계급의 도수}}{\text{전체 도수}}$$

선거에서 연령별 투표율의 정보를 분석하기 위해서는 도수 분포표보다는 상대도수 분포가 더 적합하다.

각 계급에 있어서 그 이전에 있는 모든 계급의 도수를 기입한 도수분포표를 **누적도수분포표**라고 한다. 또한 각 누적도수를 자료의 총수로 나눈 몫을 기입한 도수분포표를 **상대누적도수분포표**라고 한다.

예제 1 어떤 반의 수학 시험 성적은 아래와 같다.

35	61	52	76	45	71	56	63
46	52	43	14	57	81	36	51
27	74	54	42	69	34	55	64
66	49	53	58	66	56	53	57
48	58	61	43	62	21	45	62

계급의 크기를 10으로 하여 도수분포표를 만들고 각 계급의 상대드수와 상대 누적도수를 구하여 나타내어라.

풀이

점수(점)	계급값	도수	상대도수	누적도수	상대누적도수
10 초과 ~ 20 이하	15	1	0.025	1	0.025
20 초과 ~ 30 이하	25	2	0.05	3	0.075
30 초과 ~ 40 이하	35	3	0.075	6	0.15
40 초과 ~ 50 이하	45	8	0.2	14	0.35
50 초과 ~ 60 이하	55	13	0.325	27	0.675
60 초과 ~ 70 이하	65	9	0.225	36	0.9
70 초과 ~ 80 이하	75	3	0.075	39	0.975
80 초과 ~ 90 이하	85	1	0.025	40	1
계		40	1		

(2) 히스토그램

도수분포표를 그래프로 나타내면 그 특징을 알아보기 쉽다. 도수분포표에서 각 계급의 구간을 밑변으로 하고 도수를 높이로 하는 직사각형을 차례로 이은 그래프를 **히스토그램**이라고 한다. 이때 각 직사각형의 넓이는 그 계급에 속하는 도수 또는 상대도수를 가리킨다.

앞의 예제 1의 도수분포표를 히스토그램으로 나타내면 다음과 같다.

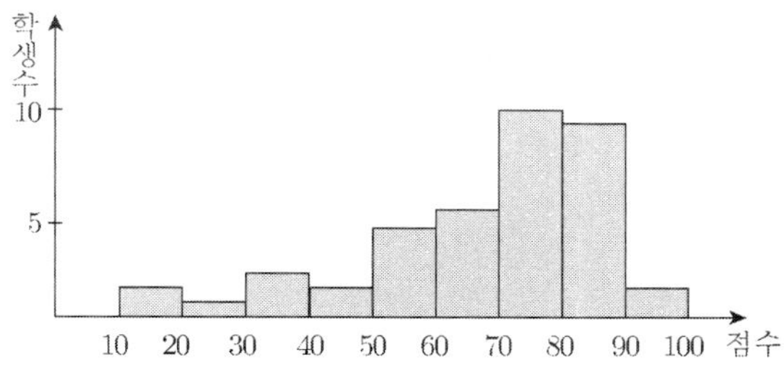

■ **엑셀(Excel)을 활용한 도수분포표와 히스토그램 그리기**

통계 소프트웨어는 자료 처리, 통계분석 등을 지원하는 프로그램으로 SAS, SPSS 등 여러 가지가 있다. 이와 같은 통계 소프트웨어들은 분석기능이 다양하여 자료를 처리, 분석할 때 유용하나 외국에서 개발되었기 때문에 비싸고 한글을 지원하지 않는다. 한글을 지원하는 통계소프트웨어들은 엑셀, 한글SPSS, 한글SAS, S-Link등이 있다.

앞에서 주어진 예제 1의 자료를 도수분포표와 히스토그램을 엑셀을 활용하여 쉽게 구할 수 있다. 계급을 10~20, 20~30, 30~40, 40~50, 50~60, 60~70, 70~80, 80~90으로 한 도수 분포표를 만들고 각 계급의 상대도수도 구해보고 히스토그램을 구해보자.

엑셀을 이용한 도수분포표를 작성하기 위해 주어진 자료를 〈표 1〉에서와 같이 A2에서 H6까지 입력한 후 D10부터 D17 까지 20,30,40,50,60,70,80,90을 입력한다. 20은 $x \leqq 20$, 30은 $20 < x \leqq 30$, $\cdots$, 90은 $(80 < x \leqq 90)$을 의미한다. F10부터 F17까지 계급값 15, 25, 35, 45, 55, 65, 75, 85를 입력한다. G10에서 G17까지 선택한 후 함수마법사 f_x 를 선택하고, 함수 종류는 통계, 함수 이름은 FREQUENCY를 선택한 후 Data_arry 에는 A2:H6를 Bins_array 에는 D10:D17을 입력한다. 이때 주의할 것은 확인을 클릭하거나, Enter↵를 쳐서는 안되고 반드시 Shift, Ctrl 두키를 누른 상태에서 Enter↵를 쳐야한다.

상대도수는 H10에서 =G10/G18을 입력한 후 채우기 핸들로 H11부터 H17까지 끈다. 도수가 나타나 있는 G10에서 G17까지 선택한 후 도구상자의 챠트 마법사를 클릭한다. 세로막대형을 선택한 후 다음을 클릭하고 계열을 클릭한 후 X(항목)축레이블(I)의 입력란에 커서를 두고서 챠트 마법사를 계급값이 보이도록 옆으로 옮긴 후 계급값이 있는 F10부터 F17까지 선택한다. 그러면 X축 항목이 계급값으로 표시되어진다. 마침을 클릭하고 나온다. 이 상태는 막대그래프 상태이기 때문에 히스토그램으로 바꾸기 위해서 그림의 막대부분을 클릭한 후 오른쪽 마우스를 클릭하고 데이트 계열서식을 선택한다. 오른쪽 끝에 있는 옵션을 클릭한 후 간격너비를 0으로 입력한 후 확인을 클릭한다.

표 1. 도수분포표

	A	B	C	D	E	F	G	H
1				수학 시험 성적				
2	35	61	52	76	45	71	56	63
3	46	52	43	14	57	82	36	51
4	27	74	54	42	69	34	55	64
5	66	49	53	58	66	56	53	57
6	48	58	61	43	62	21	45	62
7								
8	최대값	82			도수분포표		조심 : 본문참조	
9	최소값	14		Excel기준	계급	계급값	도수	상대도수
10				20	10<x≤20	15	1	0.025
11	=MAX(A2:H6)		=MIN(A2:H6)	30	20<x≤30	25	2	0.05
12				40	30<x≤40	35	3	0.075
13		=MEDIAN(A2:H6)		50	40<x≤50	45	8	0.2
14	중앙값	54.5		60	50<x≤60	55	13	0.325
15	최빈값	61		70	60<x≤70	65	9	0.225
16	범위	68		80	70<x≤80	75	3	0.075
17			=MODE(A2:H6)	90	80<x≤90	85	1	0.025
18	=B8-B9					계	40	1

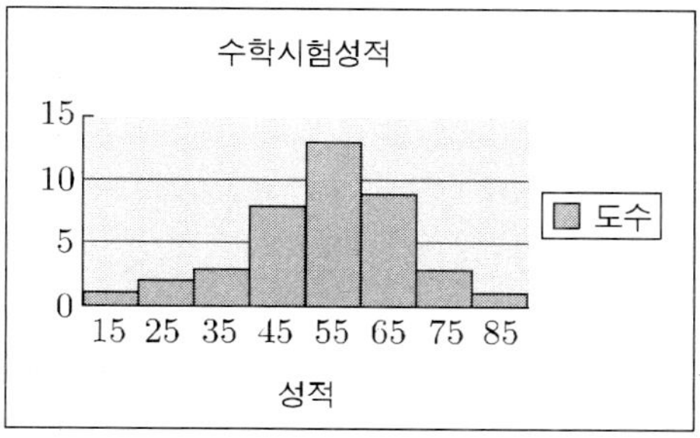

그림 1. 히스토그램

(3) 줄기- 잎 그림

줄기 -잎 그림은 수치자료를 정리하는 효과적인 방법으로 관측치를 두 가지로 분리한다.

- 줄기 : 하나 이상의 중심 수치로 구성
- 잎 : 남은 수치로 구성

예를 들면 자료가 74라면 $74= 7 \times 10 +4$ 로 표현되어 십의 자리수 7을 줄기로 일의 자리수 4를 잎으로 한다. 그리고 단위는 줄기와 잎을 결합한 수치를 말한다.
줄기-잎 작성 방법을 알아보면 다음과 같다.

첫째, 자료의 각 값들을 줄기와 잎으로 구분한다.
둘째, 순차적인 줄기와 잎을 작성한다.

- 줄기는 오름차순 순으로
- 잎은 순서에 상관없으나 순차적으로 적어주는 것이 편리하다.
- 단위를 제시한다.

셋째, 도수를 기록한다.

예제 2 [예제 1]에서 제시한 수학 성적을 줄기-잎 그림으로 나타내어 보자.

35	61	52	76	45	71	56	63
46	52	43	14	57	81	36	51
27	74	54	42	69	34	55	64
66	49	53	58	66	56	53	57
48	58	61	43	62	21	45	62

풀이 이 자료의 줄기는 점수의 십의자리가 되고 잎은 일의자리가 된다.

도수	줄기	잎 줄기단위(십)/잎단위(일)
1	1	4
2	2	1 7
4	3	0 4 5 6
9	4	0 2 3 3 5 5 6 8 9
14	5	0 1 2 2 3 3 4 5 6 6 7 7 8 8
10	6	0 1 1 2 2 3 4 6 6 9
4	7	4 6 1 0
1	8	1
0	9	

◆ 줄기-잎 그림에서는 집중도가 높은 구간과 수치파악, 자료의 빈 구간 파악, 특정한 값의 구간의 퍼진 정도 파악, 자료의 대칭성 여부 등 다양한 정보를 얻을 수 있다.

연습문제 9.2

01. 아래 결과는 통계학 시험성적이다. 10에서 시작한 최저값으로 9개의 구간을 사용해서 다음을 구하여라.

34	67	17	82	69	74	63	80	85	61
23	60	79	32	57	74	52	70	82	36
80	77	81	95	41	65	92	85	55	76
60	78	89	76	84	48	84	90	15	79

① 도수분포표를 만들어라.
② 상대도수분포표를 만들어라.
③ 히스토그램으로 나타내어라

02. 36명인 A반의 몸무게의 자료는 아래와 같다.

81, 53, 52, 55, 93, 57, 60, 48, 50, 78, 72, 59, 65, 73, 81, 56, 53, 56
49, 62, 59, 48, 62, 56, 56, 76, 53, 51, 56, 53, 58, 78, 53, 78, 69, 38

엑셀 함수를 이용한 도수분포표, 히스토그램을 구하여라.

03. 다음은 1리터당 소금의 농도(mg/L)이다

130.8	129.9	131.5	131.2	129.5
132.7	131.5	127.8	133.7	132.2
134.8	131.7	133.9	129.8	131.4

줄기를 127, 128, ... 134 로 하여 순서 줄기-잎 그림을 그려라.

9.3 모수와 통계

모집단의 특성을 나타내는 값을 **모수**라 한다. 모수로는 모평균, 모분산, 모표준편차 등이 있으며, 이것을 각각 기호로 m, σ^2, σ로 나타낸다.

(1) 대푯값 : 자료의 중심위치를 나타내는 대푯값으로 평균 외에 중앙값(중위수), 최빈수 등이 있다.

① **평균**

■ 변량 $x_1, x_2, \cdots, x_n$의 평균을 m이라고 하면

$$m = \frac{x_1 + x_2 + \cdots + x_n}{n} = \frac{\sum_{i=1}^{n} x_i}{n}$$

■ 변량 $x_1, x_2, \cdots, x_n$ 에 대응하는 도수가 각각 $f_1, f_2, \cdots, f_n$일 때의 평균을 m이라고 하면

$$m = \frac{x_1 f_1 + x_2 f_2 + \cdots + x_n f_n}{f_1 + f_2 + \cdots + f_n} = \frac{\sum_{i=1}^{n} x_i f_i}{\sum_{i=1}^{n} f_i}$$

② **중앙값(중위수)**

자료를 작은 값에서부터 크기 순서로 나열하였을 때, 가장 가운데 위치한 값을 중앙값이라고 한다. 중앙값은 다음과 같이 구할 수 있다.

■ 자료의 크기 n이 홀수일 때 $\frac{(n+1)}{2}$번째의 자료의 값

■ 자료의 크기 n이 짝수일 때 $\left(\frac{n}{2}\right)$번째 와 $\left(\frac{n}{2}+1\right)$번째 자료의 값의 평균

평균과 중앙값의 차이점은 평균은 자료의 아주 큰 값과 아주 작은 값의 영향을 받으며 중앙값은 가운데 순서에 위치한 값을 택하므로 두 값에 영향을 받지 않는다. 따라서 경우에 따라 중앙값이 평균값 보다 자료의 중심을 파악하는데 보다 합리적일 수 있다.

③ **최빈값**

자료의 값 중에서 가장 많이 발생한 값을 최빈값이라고 한다.

예제 1 다음과 같은 자료의 평균, 중앙값, 최빈값을 구하여라.

5, 2, 8, 5, 6, 7, 7, 3

풀이
■ 평균 : $m = \dfrac{5+2+8+5+6+7+7+3}{8} = 5.375$

■ 중앙값은 8개 중 4번째 수 5와 5번째 수 6의 평균이다.
즉 $\dfrac{5+6}{2} = 5.5$ 이다.

■ 최빈값은 빈도가 각각 2번인 5와 7 두 개다.

(2) **산포도** : 표본자료에 대하여 평균을 중심으로 흩어진 정도를 나타낸 값을 산포도라 한다. 산포도에는 분산, 표준편차, 범위 등이 있다.

① **분산**

■ 변량 $x_1, x_2, \cdots, x_n$의 평균을 m일 때 분산 σ^2은

$$\sigma^2 = \frac{\sum_{i=1}^{n}(x_i - m)^2}{n}$$

■ 변량 $x_1, x_2, \cdots, x_n$에 대응하는 도수가 각각 $f_1, f_2, \cdots, f_n$일 때의 평균을 m이라고 하면 분산 σ^2은

$$\sigma^2 = \frac{\sum_{i=1}^{n}(x_i - m)^2 f_i}{\sum_{i=1}^{n} f_i}$$

② **표준편차** : $\sigma = \sqrt{\sigma^2}$

분산은 자료의 값의 제곱으로 얻어지는 값이므로 큰 값인 반면 표준편차는 분산의 제곱근을 취하므로 값이 그리 크지 않아 다루기 쉽다. 따라서 산포도를 나타낼 때는 분산보다는 표준편차가 더 편리하다.

산포도를 분석해보면 표준편차의 값이 클수록 평균을 중심으로 크게 퍼져 있음을 나타낸다.

③ **범위** : 자료들 중 가장 큰 값과 가장 작은 값의 차를 범위라 한다.
일반적으로 자료 가운데 예외적으로 극단적인 값이 있는 범위는 불안정한 산포도이므로 극히 제한적인 분야에서 사용된다.

예제 2 다음과 같은 자료의 분산, 표준편차, 범위를 구하여라.

$$7,\quad 5,\quad 9,\quad 7,\quad 8,\quad 6$$

풀이 평균 : $m=\dfrac{7+5+9+7+8+6}{6}=7$

분산 : $\sigma^2=\dfrac{\sum_{i=1}^{6}(x_i-7)^2}{6}=\dfrac{0^2+(-2)^2+2^2+0^2+1^2+(-1)^2}{6}=\dfrac{5}{3}$

표준편차 : $\sigma=\sqrt{\dfrac{5}{3}}=1.29$

범위 = 9 − 5 =4

■ **엑셀(Excel)의 이용한 여러 가지 통계처리**

어떤 반의 수학 시험 성적은 아래와 같다.

35	61	52	76	45	71	56	63
46	52	43	14	57	81	36	51
27	74	54	42	69	34	55	64
66	49	53	58	66	56	53	57
48	58	61	43	62	21	45	62

(1) 위자료에서 엑셀의 함수를 이용하여 최댓값, 최솟값, 중앙값, 최빈값, 범위, 평균, 표준편차를 구해보자.

최댓값이 들어갈 셀(B8)에 커서를 둔 후 =MAX(A2:H6)를 입력한다. 최솟값이 들어갈 셀(B9)에 커서를 둔 후 =MIN(A2:H6)를 입력한다. 중앙값이 들어갈 셀(B14)에 커서를 둔 후 =MEDIAN(A2:H6)를 입력한다. 최빈값이 들어갈 셀(B15)에 커서를 둔 후 =MODE(A2:H6)를 입력한다. 범위가 들어갈 셀(B16)에 커서를 둔 후 =B8−B9을 입력한다. 평균을 구할 때는 평균이 들어갈 셀에서 =AVERAGE(A2:H6)를 입력한다. 표준편차는 표준편차가 들어갈 셀에서 =STDEVP(A2:H6)를 입력한다.

앞장에서 제시한 〈표 1〉과 같은 결과가 얻어진다.

(2) 위의 자료에 대한 데이터 분석의 기술통계법을 이용한 대푯값과 산포도 구해보자.

① A열에 위 수학성적 데이터 전부 입력한다.
② 주 메뉴에서 도구-데이터분석-기술통계법을 선택한다.
③ 기술통계법 창에서 입력범위에 커서를 둔 후 데이터가 있는 A열 전체를 선택한다.
④ 요약통계량, 평균에 대한 신뢰수준, k번째 큰 값, k번째 작은 값을 선택한다.
⑤ 확인을 클릭한다.
⑥ 〈표2〉와 같은 결과가 얻어진다.

표 2

기술 통계	
평균	52.9
표준 오차	2.27
중앙값	54.5
최빈값	66
표준 편차	14.35
분산	205.84
첨도	0.65
왜도	−0.61
범위	67
최솟값	14
최댓값	81
합	2116
관측수	40
가장 큰 값(1)	81
가장 작은 값(1)	14
신뢰 수준(95.0%)	4.59

연습문제 9.3

01. 다음은 1리터당 소금의 농도(mg/ L)이다

130.8	129.9	131.5	131.2	129.5
132.7	131.5	127.8	133.7	132.2
134.8	131.7	133.9	129.8	131.4

① 평균, 중앙값, 최빈값을 구하여라.
② 분산, 표준편차, 범위를 구하여라.

02. 다음 표는 끈을 잘라 길이를 측정한 것이다.

길이	6	6.3	6.5	7	7.3	7.5	8
개수	4	2	4	5	2	6	2

① 평균, 중앙값, 최빈값을 구하여라.
② 분산, 표준편차, 범위를 구하여라.

03. 36명인 A반의 몸무게의 자료는 아래와 같다.

81, 53, 52, 55, 93, 57, 60, 48, 50, 78, 72, 59, 65, 73, 81, 56, 53, 56,
49, 62, 59, 48, 62, 56, 56, 76, 53, 51, 56, 53, 58, 78, 53, 78, 69, 38

엑셀의 데이터 분석의 기술통계법을 이용한 대푯값, 산포도를 구하라.

9.4 모수의 추정

모평균과 표본평균

어떤 모집단에서 조사하고자 하는 특성을 확률변수 X라고 할 때, X의 확률분포를 모집단분포라 하자. 모집단에서 임의추출한 크기 n 인 변량을 $X_1, X_2, \ldots, X_n$이라 하자. 이때 표본평균, 표본분산, 표본표준편차는 다음과 같이 구한다.

- 표본평균 : $\overline{X} = \dfrac{X_1 + X_2 + \cdots + X_n}{n}$
- 표본분산 : $S^2 = \dfrac{(X_1 - \overline{X})^2 + (X_2 - \overline{X})^2 + \cdots + (X_n - \overline{X})^2}{n-1}$
- 표본표준편차 : $S = \sqrt{S^2}$

표본 분산은 분산과 달리 편차의 제곱의 합을 $n-1$로 나눈 것으로 정의하는데 이는 표본 오차를 줄이기 위한 것이다.

표본평균, 표본분산, 표본표준편차는 표본에 따라 다른 값을 가지므로 각각 하나의 확률변수이다. 이때 이들이 이루는 분포를 통틀어서 표본분포라 한다.

◆ 2,4,6,8 의 번호를 가지고 있는 장사면체 모양의 주사위를 던지는 시행을 할 때(이 경우 모집단이 크기는 4가 된다) 한번 던질 때 나오는 숫자를 확률변수 X라 하면 X의 확률분포는 다음과 같다.

X	2	4	6	8	합
$P(X)$	$\frac{1}{4}$	$\frac{1}{4}$	$\frac{1}{4}$	$\frac{1}{4}$	1

이와 같은 분포를 모집단의 분포라 한다. 이 모집단의 평균과 분산을 구하면 다음과 같다.

$$m = 2\times\frac{1}{4} + 4\times\frac{1}{4} + 6\times\frac{1}{4} + 8\times\frac{1}{4} = 5$$

$$\sigma^2 = (2^2\times\frac{1}{4} + 4^2\times\frac{1}{4} + 6^2\times\frac{1}{4} + 8^2\times\frac{1}{4}) - 5^2 = 5$$

이제, 주사위를 두 번 던지는 시행을 하자. 첫 번째 나오는 눈을 X_1, 두 번째 나오는

눈을 X_2라 하면 이들의 평균 $\overline{X}$라 하면

$$\overline{X} = \frac{X_1 + X_2}{2}$$

이다. 이 $\overline{X}$를 표본 평균이라 한다.

이때 크기가 4인 모집단에서 크기가 2인 표본은 모두 16개 있으며, 이들 16개의 표본평균을 표로 나타내면 다음과 같다.

X_2 \ X_1	2	4	6	8
2	2	3	4	5
4	3	4	5	6
6	4	5	6	7
8	5	6	7	8

따라서 표본평균 $\overline{X}$가 취할 수 있는 값에 대응하는 확률을 조사하여 확률분포표를 만들면 다음과 같다.

$\overline{X}$	2	3	4	5	6	7	8	합
$P(\overline{X})$	$\frac{1}{16}$	$\frac{2}{16}$	$\frac{3}{16}$	$\frac{4}{16}$	$\frac{3}{16}$	$\frac{2}{16}$	$\frac{1}{16}$	1

이 $\overline{X}$의 평균과 분산을 구해보면

$$E(\overline{X}) = 2 \times \frac{1}{16} + 3 \times \frac{2}{16} + 4 \times \frac{3}{16} + 5 \times \frac{4}{16} + 6 \times \frac{3}{16} + 7 \times \frac{2}{16} + 8 \times \frac{1}{16} = 5$$

$$V(\overline{X}) = 2^2 \times \frac{1}{16} + 3^2 \times \frac{2}{16} + 4^2 \times \frac{3}{16} + 5^2 \times \frac{4}{16} + 6^2 \times \frac{3}{16} + 7^2 \times \frac{2}{16} + 8^2 \times \frac{1}{16} - 5^2$$
$$= 2.5$$

◆ 일반적으로 모집단의 모평균 m, 모분산 σ^2인 모집단에서 크기 n의 임의의 표본을 복원추출할 때, $\overline{X}$의 평균과 분산, 표준편차는 다음과 같다.

$$E(\overline{X}) = m, \qquad V(\overline{X}) = \frac{\sigma^2}{n}, \quad \sigma(\overline{X}) = \frac{\sigma}{\sqrt{n}}$$

앞에서도 확인할 수 있듯이 $E(\overline{X}) = m = 5$, $V(\overline{X}) = \dfrac{\sigma^2}{n} = \dfrac{5}{2} = 2.5$이다.

◆ 모집단의 분포가 정규분포 $N(m, \sigma^2)$을 따를 때, 이 모집단에서 임의 추출한 크기 n인 변량 $X_1, X_2, \ldots, X_n$에 대해, 표본평균 $\overline{X}$의 분포는 정규분포 $N(m, \dfrac{\sigma^2}{n})$를 따른다.

예제 1 모집단의 확률변수 X의 확률분포가 다음과 같다. 이속에서 크기가 5일 표본을 임의로 복원추출할 때, 표본평균 $\overline{X}$의 평균과 분산을 구하여라.

X	0	1	2	3
$P(X)$	$\frac{1}{10}$	$\frac{2}{10}$	$\frac{3}{10}$	x

풀이 X의 확률분포표에서 각 변수에 대한 확률의 모든 합이 1 이므로 $x = \dfrac{4}{10}$이다.

X의 확률분포에 대한 평균과 분산을 구하면

$$m = 0 \times \frac{1}{10} + 1 \times \frac{2}{10} + 2 \times \frac{3}{10} + 3 \times \frac{4}{10} = 2$$

$$\sigma^2 = 0 \times \frac{1}{10} + 1^2 \times \frac{2}{10} + 2^2 \times \frac{3}{10} + 3^2 \times \frac{4}{10} - 2^2 = 1$$

따라서 크기가 5인 $\overline{X}$의 평균과 분산은 다음과 같다.

$$E(\overline{X}) = m = 2, \quad V(\overline{X}) = \frac{\sigma^2}{n} = \frac{1}{4}$$

예제 2 어느 버스 터미널에서 버스를 기다리는 시간은 평균 20분, 표준편차 4분인 정규분포를 따른다고 한다. 임의로 선택하여 64명의 평균 기다리는 시간이 20.6분 이하일 확률을 구하여라.

풀이 기다리는 시간을 확률변수 X라고 하면 X의 정규분포는 $N(20, 4^2)$ 따르므로 64명이 기다리는 평균시간을 $\overline{X}$ 라고 하면 $\overline{X}$는 정규분포 $N(20, \dfrac{4^2}{64})$을 따른다.

따라서 $\overline{X}$를 표준화하면

$$Z = \frac{\overline{X} - m}{\dfrac{\sigma}{\sqrt{n}}} = \frac{\overline{X} - 20}{\dfrac{4}{\sqrt{64}}}$$

이때, Z는 정규분포를 따르므로 구하는 확률은

$$P(\overline{X} \le 20.6) = P(Z \le 1.2) = \frac{1}{2} + P(0 \le Z \le 1.2)$$
$$= 0.5 + 0.3849 = 0.8849 \text{ (표준정규분포표 이용)}$$

◆ **모평균의 구간 추정**

실제 표본조사에서는 모든 가능한 표본 중에 하나만을 임의로 추출하여 조사한다. 하지만 그것이 반드시 추정하고자 하는 모집단의 성질과 일치하는지 알 수 없다. 또한 표본이 잘 추출되었다면 모평균은 표본평균과 거의 같을 것이라고 추정할 수 있다. 따라서 임의로 추출된 표본의 평균을 알고 모평균을 추정하는 방법을 알아보자.

앞부분에서 언급했듯이 일반적으로 모집단의 분포가 정규분포 $N(m, \sigma^2)$을 따를 때, 이모집단에서 임의 추출한 크기 n인 변량 $X_1, X_2, \dots, X_n$에 대해, 표본평균 $\overline{X}$의 분포는 정규분포 $N(m, \frac{\sigma^2}{n})$를 따른다.

이때 확률변수 $Z = (\overline{X} - m)/(\frac{\sigma}{\sqrt{n}})$은 표준정규 분포 $N(0,1)$ 을 따르므로 표준정규분포에서

$$P(-1.96 \le Z \le 1.96) = P(-1.96 \le \frac{\overline{X} - m}{\frac{\sigma}{\sqrt{n}}} \le 1.96)$$
$$= P(\overline{X} - 1.96\frac{\sigma}{\sqrt{n}} \le m \le \overline{X} + 1.96\frac{\sigma}{\sqrt{n}})$$
$$= 0.95$$

이것은 표본으로부터 얻은 신뢰구간이 모평균을 포함할 확률이 95%임을 나타내는 것이 아니고, 동일한 모집단으로부터 동일한 크기의 표본 100개를 임의로 추출하였을 때 이 표본으로부터 얻은 100개의 신뢰구간들 중에서 95%에 해당하는 95개의 구간이 모평균의 참값을 포함하고 있음을 뜻한다. 이때 구간을 **신뢰구간**이라 하고 95%를 **신뢰도**라고 한다.

위와 같은 방법으로 하면 **모평균 m에 대한 신뢰도 99%의 신뢰구간**은

$$\left[\overline{X} - 2.58\frac{\sigma}{\sqrt{n}}, \overline{X} + 2.58\frac{\sigma}{\sqrt{n}}\right]$$

이다.

이와 같이 신뢰구간을 구하여 추정 하는 것을 **구간추정**이라 한다.

예제 3 어느 대학의 입학생이 6천명 이라 한다. 이 중 400명을 뽑아 수학학력 테스트를 하였더니 평균이 52점 표준편차가 12점이 나왔다. 이것으로 이 대학의 입학생에 대한 성적의 평균값의 구간을 95% 신뢰도로 추정하여라.

풀이 95% 신뢰구간을 추정하는 공식 $\left[\overline{X}-1.96\dfrac{\sigma}{\sqrt{n}}\ ,\ \overline{X}+1.96\dfrac{\sigma}{\sqrt{n}}\right]$을 이용하여 구한다. 이때 $\overline{X}=52,\ n=400,\ \sigma=12$을 대입하면

$$\left[52-1.96\frac{12}{\sqrt{400}}\ ,\ 52+1.96\frac{12}{\sqrt{400}}\right]=[52-1.176,\ 52+1.176]$$
$$=[50.824,\ 53.176]$$

$\therefore 50.824 \le m \le 53.176$

◆ 모비율의 구간 추정

한 모집단에서 어떤 성질(사건)을 갖는 것들의 개수를 모집단의 크기로 나눈 수를 그 성질(사건) 의 **모비율**(p)이라 하고, 그 모집단에서 임의로 추출한 표본에서의 비율을 그 성질(사건)에 대한 **표본비율**$(\hat{p})$이라 한다.

예를 들면 어느 공장에서 생산하는 제품 중에서 200개를 표본으로 추출하여 품질을 검사한 결과 불량품이 12개였을 때, 표본의 불량률 $\hat{p}=\dfrac{12}{200}=0.06$이다.

표본의 n이 충분히 크고, 이중에서 어떤 사건이 일어난 횟수를 확률변수 X라 할 때 표본비율 $\hat{p}=\dfrac{X}{n}$은 정규분포 $N(p,\ \dfrac{pq}{n})$에 가까워진다.

따라서 $Z=(\hat{p}-p)/(\sqrt{\dfrac{pq}{n}})$은 표준정규 분포를 따른다.

$$P(-1.96\le Z\le 1.96)=P\left(-1.96\le\frac{\hat{p}-p}{\sqrt{\frac{\hat{p}\hat{q}}{n}}}\le 1.96\right)$$
$$=P\left(\hat{p}-1.96\sqrt{\frac{\hat{p}\hat{q}}{n}}\le p\le\hat{p}+1.96\sqrt{\frac{\hat{p}\hat{q}}{n}}\right)$$
$$=0.95$$

즉 **모비율 p에 대한 신뢰도 95%의 신뢰구간**은

$$\left[\hat{p}-1.96\sqrt{\frac{\hat{p}\hat{q}}{n}}\ ,\ \hat{p}+1.96\sqrt{\frac{\hat{p}\hat{q}}{n}}\right]$$

이다.

위와 같은 방법으로 하면 **모비율 p에 대한 신뢰도 99%의 신뢰구간**은

$$\left[\hat{p}-2.58\sqrt{\frac{\hat{p}\hat{q}}{n}}\ ,\hat{p}+2.58\sqrt{\frac{\hat{p}\hat{q}}{n}}\ \right]$$

이다.

예제 4 어떤 도시의 유권자가 3천명에서 300명을 임의로 추출하여 여론조사를 하였다. 특정 후보자에 대한 찬,반을 조사한 결과 찬성이 180명이고 나머지는 모두 반대하였다. 유권자 전체에 대한 찬성자의 비율을 95%의 신뢰도로 추정하여라.

풀이 표본의 찬성비율은 $\hat{p}=\frac{180}{300}=0.6$이고 $n=300$이므로 이것을 공식에 대입하면 다음과 같다.

$$\left[\hat{p}-1.96\sqrt{\frac{\hat{p}\hat{q}}{n}}\ ,\hat{p}+1.96\sqrt{\frac{\hat{p}\hat{q}}{n}}\ \right]$$
$$=\left[0.6-1.96\sqrt{\frac{0.6\times0.4}{300}}\ ,\ 0.6+1.96\sqrt{\frac{0.6\times0.4}{300}}\ \right]$$
$$=[0.57,\ 0.63]$$
$$\therefore\ 0.57\ \le\ p\le\ 0.63$$

예제 5 어느 공장에서 생산하는 제품 중에서 200개를 표본으로 추출하여 품질을 검사한 결과 불량품이 80개였을 때, 전 제품 중 불량품이 몇 % 정도 있다고 보아야 하는가? 신뢰도 99%로 추정하여라.

풀이 표본의 불량률 $\hat{p}=\frac{80}{200}=0.4$ 이다. $n=200$을 공식에 대입하면

$$\left[\hat{p}-2.58\sqrt{\frac{\hat{p}\hat{q}}{n}}\ ,\hat{p}+2.58\sqrt{\frac{\hat{p}\hat{q}}{n}}\ \right]$$
$$=\left[0.4-2.58\sqrt{\frac{0.6\times0.4}{200}}\ ,0.4-2.58\sqrt{\frac{0.6\times0.4}{200}}\ \right]$$
$$=[0.32,\ 0.48]$$

연습문제 9.4

01. 모평균 m에 대한 신뢰도 99%의 신뢰구간이 다음과 같음을 보여라.

$$\left[\overline{X} - 2.58\frac{\sigma}{\sqrt{n}}\ ,\ \overline{X} + 2.58\frac{\sigma}{\sqrt{n}}\right]$$

02. 모비율 p에 대한 신뢰도 99%의 신뢰구간이 다음과 같음을 보여라.

$$\left[\hat{p} - 2.58\sqrt{\frac{\hat{p}\hat{q}}{n}}\ ,\ \hat{p} + 2.58\sqrt{\frac{\hat{p}\hat{q}}{n}}\right]$$

03. 어떤 회사에서 생산되는 제품의 무게는 평균이 500kg , 표준편차가 40kg이다. 이 중에서 100개의 제품을 임의로 추출하는 경우 무게의 표본평균이 490 이상일 확률을 구하여라. (표준정규분포표를 이용하여라)

04. 어떤 TV 프로의 시청률을 조사하기 위해 이 프로그램이 방영하고 있는 시간에 표본조사를 하였다. 이 시간에 TV 시청을 하고 있던 3000명 중에 1800명이 이 프로그램을 시청했다고 한다. 이 시청률에 대한 신뢰도 95%의 신뢰구간을 구하여라.

05. 어떤 회사에서 생산하는 전구 수명 X의 평균은 1800시간, 표준편차는 100시간이다. 이 전구 중에서 임으로 추출된 100개의 전구의 수명의 평균을 $\overline{X}$라 할 때, 다음을 구하여라.

① $P(1785 \le \overline{X} \le 1825)$ ② $P(\overline{X} \le 1770)$

06. 어떤 제품의 불량률이 15%정도라 예상된다. 그 제품의 불량률의 참값을 6%이하의 오차로 추정하기 위해 신뢰도 95%로 몇 개 이상에 대해 조사하여야 하는가?

■ 표준정규분포표 ■

$$P(0 \le Z \le z) = \int_0^z \frac{1}{2\pi} e^{-\frac{z^2}{2}} dz$$

	0	0.01	0.02	0.03	0.04	0.05	0.06	0.07	0.08	0.09
0	0	0.004	0.008	0.012	0.016	0.0199	0.0239	0.0279	0.0319	0.0359
0.1	0.0398	0.0438	0.0478	0.0517	0.0557	0.0596	0.0636	0.0675	0.0714	0.0753
0.2	0.0793	0.0832	0.0871	0.091	0.0948	0.0987	0.1026	0.1064	0.1103	0.1141
0.3	0.1179	0.1217	0.1255	0.1293	0.1331	0.1368	0.1406	0.1443	0.148	0.1517
0.4	0.1554	0.1591	0.1628	0.1664	0.17	0.1736	0.1772	0.1808	0.1844	0.1879
0.5	0.1915	0.195	0.1985	0.2019	0.2054	0.2088	0.2123	0.2157	0.219	0.2224
0.6	0.2257	0.2291	0.2324	0.2357	0.2389	0.2422	0.2454	0.2486	0.2517	0.2549
0.7	0.258	0.2611	0.2642	0.2673	0.2704	0.2734	0.2764	0.2794	0.2823	0.2852
0.8	0.2881	0.291	0.2939	0.2967	0.2995	0.3023	0.3051	0.3078	0.3106	0.3133
0.9	0.3159	0.3186	0.3212	0.3238	0.3264	0.3289	0.3315	0.334	0.3365	0.3389
1	0.3413	0.3438	0.3461	0.3485	0.3508	0.3531	0.3554	0.3577	0.3599	0.3621
1.1	0.3643	0.3665	0.3686	0.3708	0.3729	0.3749	0.377	0.379	0.381	0.383
1.2	0.3849	0.3869	0.3888	0.3907	0.3925	0.3944	0.3962	0.398	0.3997	0.4015
1.3	0.4032	0.4049	0.4066	0.4082	0.4099	0.4115	0.4131	0.4147	0.4162	0.4177
1.4	0.4192	0.4207	0.4222	0.4236	0.4251	0.4265	0.4279	0.4292	0.4306	0.4319
1.5	0.4332	0.4345	0.4357	0.437	0.4382	0.4394	0.4406	0.4418	0.4429	0.4441
1.6	0.4452	0.4463	0.4474	0.4484	0.4495	0.4505	0.4515	0.4525	0.4535	0.4545
1.7	0.4554	0.4564	0.4573	0.4582	0.4591	0.4599	0.4608	0.4616	0.4625	0.4633
1.8	0.4641	0.4649	0.4656	0.4664	0.4671	0.4678	0.4686	0.4693	0.4699	0.4706
1.9	0.4713	0.4719	0.4726	0.4732	0.4738	0.4744	0.475	0.4756	0.4761	0.4767
2	0.4772	0.4778	0.4783	0.4788	0.4793	0.4798	0.4803	0.4808	0.4812	0.4817
2.1	0.4821	0.4826	0.483	0.4834	0.4838	0.4842	0.4846	0.485	0.4854	0.4857
2.2	0.4861	0.4864	0.4868	0.4871	0.4875	0.4878	0.4881	0.4884	0.4887	0.489
2.3	0.4893	0.4896	0.4898	0.4901	0.4904	0.4906	0.4909	0.4911	0.4913	0.4916
2.4	0.4918	0.492	0.4922	0.4925	0.4927	0.4929	0.4931	0.4932	0.4934	0.4936
2.5	0.4938	0.494	0.4941	0.4943	0.4945	0.4946	0.4948	0.4949	0.4951	0.4952
2.6	0.4953	0.4955	0.4956	0.4957	0.4959	0.496	0.4961	0.4962	0.4963	0.4964
2.7	0.4965	0.4966	0.4967	0.4968	0.4969	0.497	0.4971	0.4972	0.4973	0.4974
2.8	0.4974	0.4975	0.4976	0.4977	0.4977	0.4978	0.4979	0.4979	0.498	0.4981
2.9	0.4981	0.4982	0.4982	0.4983	0.4984	0.4984	0.4985	0.4985	0.4986	0.4986
3	0.4987	0.4987	0.4987	0.4988	0.4988	0.4989	0.4989	0.4989	0.499	0.499
3.1	0.499	0.4991	0.4991	0.4991	0.4992	0.4992	0.4992	0.4992	0.4993	0.4993
3.2	0.4993	0.4993	0.4994	0.4994	0.4994	0.4994	0.4994	0.4995	0.4995	0.4995
3.3	0.4995	0.4995	0.4995	0.4996	0.4996	0.4996	0.4996	0.4996	0.4996	0.4997

연습문제 해답

연습문제 1.1

01. 자연수: 없음, 정수: $-4, 0$,

유리수: $-4, 0, 1.23, \frac{4}{5}, \frac{1.2}{1.3}$,

무리수: $\frac{\pi}{3}, \sqrt{7}$

02. (1), (2), (3), (5)

04. (1) 1 (2) 0 (3) 1 (4) -1

연습문제 1.2

01. (1) 8 (2) a^2b^{12} (3) 1 (4) a^3b^2

02. (1) $\sqrt[3]{x^2}$ (2) $8^{\frac{3}{4}}$ (3) $\sqrt[5]{64x^4}$ (4) $64^{-\frac{1}{3}}$

03. (1) 3 (2) 5 (3) $\frac{3}{5}$ (4) -3

04. (1) 10 (2) a^2b (3) $3a^2$ (4) $\frac{2\sqrt{b}}{b}$

05. (1) $4-\sqrt{15}$ (2) $-\frac{\sqrt{7}+9}{74}$

(3) $\frac{-3(3\sqrt{a}-1)}{9a-1}$ (4) $\frac{2(2+\sqrt{2x})}{2-x}$

06. (1) $2-a$ (2) $a+5$ (3) $2a+3$

07. 3

08. (1) $a>0$ 이면 1, $a<0$ 이면 -1

(2) 1 (3) 1 (4) 1

09. 10

연습문제 1.3

01. (1), (4)

02. (1) $8x^3-36x^2y+54xy^2-27y^3$

(2) $2x^4-x^3+8x^2-3x+6$ (3) x^2-4

(4) $x^2+4y^2+9z^2+4xy-12yz-6xz$

(5) $4x^2-12x+9$ (6) x^3-27

03. 10000

04. (1) $(x+y-2)(x^2+2xy+y^2+2x+2y+4)$

(2) $(1+x-y)(1-x+y)$

(3) $(2a-b)(2a+b)$

(4) $(a^2-2a+2)(a^2+2a+2)$

(5) $(a^2+4)(a+2)(a-2)$

(6) $(2x+1)(2x^2+2x+1)$

(7) $(a^2+3ab+b^2)(a^2-3ab+b^2)$

(8) $(a^2+1)(a^4-a^2+1)$

(9) $(x-1)(x+1)(x^2+1)(x^4+1)$

06. $a=8$, $b=-2$, $c=3$

연습문제 1.4

01. (1) $x=-5$ (2) $x=2$

(3) 불능 (4) $x=-3$

02. (1) $x=\frac{8}{2-k}$ (2) $x=\frac{k-5}{5}$

(3) $a\neq b$ 일 때 $x=a+b$, $a=b$ 일 때 x는

부정

(4) $a \neq 2, a \neq 3$ 일 때 $x = \frac{1}{a-3}$, $a=2$ 일 때 부정 , $a=3$ 일 때 불능

03. (1) $x \leq 2$ (2) $x < 2$

(3) $a < 5$ (4) $x \leq -\frac{4}{3}$

04. (1) $x = 1, -7$ (2) $x = 1, -4$

(3) $x = -1, 2$ (4) $x = \frac{3}{2}, -3$

(5) $x = -2, 4$

05. (1) $-1 < x < 5$ (3) $x > 4$

06. $x = \frac{1}{3}, x = 7$

07. $-3 < x < 2$

08. 4

연습문제 1.5

01. (1) $x = \pm\sqrt{2}$ (2) $x = -2, -3$

(3) $x = -1, \frac{1}{2}$ (4) $x = -1$

(5) $x = \frac{5 \pm \sqrt{55}i}{4}$ (6) $x = 1 \pm \sqrt{2}$

02. (1) $k = 4$ (2) $k = \frac{9}{8}$

(3) $k = 0, -8$ (4) $k = \pm 2$

03. (1) $x = 4$ (2) $x = 4$

04. (1) $x = \pm 1$ (2) $x = -1, 0, 2$

05. $a = 1$, $b = \frac{1}{2}$

06. $\frac{-2-\sqrt{28}}{3} < k < \frac{-2+\sqrt{28}}{3}$

07. (1) $x = 2$ (2) 모든 실수

(3) (4) 모든 실수 (5) (6) 해는 없다

08. 11

연습문제 2.1

01. (1) 모든 실수 (2) $x \leqq 3$

(3) $x < 3$ (4) 2를 제외한 모든 실수

03. (1) $f(x) = x + 2$, $g(x) = x^2$

(2) $f(x) = x^4$, $g(x) = 2x + 3$

(3) $f(x) = |x|$, $g(x) = x^2 - 4$

(4) $f(x) = \sqrt{x}$, $g(x) = 5 - 2x$

04. (1), (3), (5)

05. (1) 우함수 (2) 기함수 (3) 우함수

(4) 기함수 (5) 기함수 (6) 우함수

연습문제 2.2

05. $x - 2y = -4$

06. $x^2 + y^2 + 2x + 6y + 13 = 0$

07. $X^2 + Y^2 = 1$

연습문제 2.3

05. (1) 대칭성 없음 (2) y축 대칭

(3) x축 대칭 (4) 대칭성 없음

(5) y축 대칭 (6) x축, y축, 원점 대칭

(7) 원점 대칭 (8) y축 대칭

연습문제 2.4

01. (1) 2 (2) $\frac{1}{5}$ (3) 6 (4) ∞

02. (1) $y = 3x + 2$ (2) $y = -2x + 2$

(3) $y = \frac{1}{2}x - 3$ (4) $y = -5x - \frac{1}{4}$

03. (1) $-\frac{3}{4}, \frac{5}{3}, \frac{5}{4}$ (2) $\frac{2}{5}, -3, \frac{6}{5}$

(3) $\infty, -2$, 없음 (4) 0, 없음, -1

05. (1) $2x - 3y = 6$ (2) $-2x + 4y = 8$

(3) $x = -5$ (4) $y = 3$

(5) $x = -6$ (6) $y = 5$

06. (1) $y=-\frac{1}{3}x+\frac{11}{3}$ (2) $y=2x-8$
(3) $y=x-7$ (4) $y=-\frac{3}{8}x-\frac{3}{4}$
(5) $y=2x+4$ (6) $y=-\frac{1}{2}x+3$

07. 5

08. -2

연습문제 2.5

04. (1) $y \geq 5$ (2) $y \leq -1$
(3) $y \leq -3$ (4) $y \leq 2$

05. (1) $(-2,0), x=-2, y=4$
(2) $(-3,-4), x=-5, x=-1, y=5$
(3) $(-3,3), x=-3\pm\frac{\sqrt{6}}{2}, y=-15$
(4) $(-3,-4), x=-1, x=-5, y=5$
(5) $(-\frac{1}{2},\frac{9}{4}), x=-2, x=1, y=2$
(6) $(-1,0), x=-1, y=-2$

06. (1) $-1 \leq x \leq 4$ (2) $x \leq -\frac{2}{3}, x \geq 2$
(3) $x<0, x>2$ (4) 해없음
(5) 모든 실수 (6) $x<0, x>2$

연습문제 3.1

03. (1) $x=1,2,3$ (2) $x=-\frac{5}{2},0,1$
(3) $x=-2,0,3$ (4) $x=-3,-2,2,4$
(5) $x=-1,1,2$ (6) $x=-4,-2,0,1,3$

04. (1) $x<-1, 0<x<1$
(2) $-2 \leq x \leq -1, 1 \leq x \leq 3$

연습문제 3.2

01. (1) $\mathbb{R}-\{-1\}$ (2) $\mathbb{R}-\{-2,1\}$
(3) $\mathbb{R}$ (4) $\mathbb{R}-\{-\frac{1}{2},0,1\}$
(5) $\mathbb{R}-\{-1\}$ (6) $\mathbb{R}-\{0,1\}$

02. (1) 수직점근선: x=5, 수평점근선: y=0
(2) 수직점근선: x=5, 수평점근선: y=0
(3) 수직점근선: x=4, 수평점근선: y=0
(4) 수직점근선: x=3, x=−3, 수평점근선: y=3
(5) 수직점근선: x=3, x=1, 수평점근선: y=2
(6) 수직점근선: x=−3, 수평점근선: 없다

03. (1) $\mathbb{R}-\{2\}$ (2) $\mathbb{R}-\{-1\}$
(3) $\mathbb{R}-\{-2,3\}$ (4) $\mathbb{R}-\{-1,0\}$

05. $(2),(4) \subset (1)=(3)$

연습문제 3.3

01. (1) $x \leq \frac{1}{4}$ (2) $x \geq 3$
(3) $x \leq -\frac{1}{2}$ (4) 모든 실수
(5) -1을 제외한 모든 실수
(6) $x \leq 0, x \geq 2$

03. (1) 4 (2) $x-2$

04. (1) 왼쪽 무리식이 정의되기 위해서는 $x \geq 6$과 $x \leq 3$을 만족해야 하는데 이 두 조건을 만족하는 실수는 없다.
(2) 왼쪽 무리식은 항상 2 이상의 값을 가지므로 0이 될 수 없다.
(3) 무리방정식을 풀어 나온 $x=\frac{25}{16}$을 방정식에 대입하면 방정식을 만족하지 않는다.
(4) 왼쪽 무리식은 항상 0 이상이다.

연습문제 4.1

01. (1), (2), (6), (7)

02. (1) $y=\frac{1}{4}x+\frac{5}{4}$ (2) $y=-\frac{2}{5}x$

(3) $y=-(2+x)^{\frac{1}{3}}$ (4) $y=\dfrac{1}{x+2}+\dfrac{1}{3}$

(5) $y=\dfrac{4}{x}$ (6) 일대일함수가 아니다

04. (1) 참 (2) 참 (3) 거짓 (4) 거짓
(5) 참 (6) 참 (7) 거짓

연습문제 4.2

01. (1) $\dfrac{1}{9}$ (2) 3 (3) $\dfrac{\sqrt{3}}{3}$ (4) 1

03. (1) $x=\dfrac{1}{2}$ (2) $x=-2$ (3) $y=0$

(4) $b=27$ (5) $x=0$ (6) $z=\dfrac{1}{5}$

06. (1) 거짓 (2) 거짓

연습문제 4.3

01. (1) 2 (2) 1 (3) -3 (4) $\dfrac{1}{2}$

(5) $-\dfrac{1}{6}$ (6) 9 (7) 2 (8) 4 (9) $\dfrac{1}{2}$

02. (1) $\log_3 2-\log_3 5$

(2) $1+\dfrac{1}{2}\log_2 3-\log_2 5$ (3) $\dfrac{1}{2}x+y$

(4) $\dfrac{1}{2}(\log_m 5+3\log_m r-3\log_m z)$

03. (1) $\log_a \dfrac{xy}{m}$ (2) $\log_m \dfrac{a^2}{b^6}$

(3) $\log_a p^3$ (4) $\log_b \dfrac{7x(x+2)}{8}$

04. (1) 8 (2) 4 (3) $\dfrac{1}{8}$ (4) -2

(5) 16 (6) 512

06. (1) $\dfrac{\ln 3}{\ln 2}$ (2) 3 (3) $\dfrac{1}{\ln 10}$

(4) $-\dfrac{\ln\frac{2}{3}}{\ln 2}$

11. (1) $x=\log_3 6$ (2) $a=\dfrac{\ln 5}{\ln 3}-2$

(3) $x=2-\dfrac{\ln 12}{\ln 5}$ (4) $m=\dfrac{2\ln 12+\ln 4}{3\ln 4-\ln 12}$

(5) 해 없음 (6) $n=4(12^{\frac{1}{3}}-1)$

(7) $t=e+1$ (8) $x=4$

(9) $x=\dfrac{-1+\sqrt{17}}{2}$ (10) $m=\pm\sqrt{3^{11}}$

(11) $y=10$ (12) $x=1$ 또는 $x=e^2$

연습문제 5.1

01. (1) 제 3사분면 (2) 제 3사분면
(3) 제 4사분면 (4) 제 1사분면

04. (1) $\dfrac{\sqrt{3}}{2}$ (2) $\dfrac{\sqrt{2}}{2}$ (3) $\dfrac{1}{2}$ (4) 1

(5) $\dfrac{\sqrt{3}}{2}$ (6) $\dfrac{\sqrt{2}}{2}$ (7) $\dfrac{\sqrt{3}}{2}$ (8) -1

05. $\dfrac{3}{4}\pi$

06. $\dfrac{2\sqrt{10}}{5}$

07. (1) 90°, 270° (2) 90°
(3) 45°, 225° (4) 180°
(5) 60°, 120° (6) 60°, 300°
(7) 210°, 330° (8) 해가 없다.
(9) 60°, 240° (10) 해가 없다
(11) 45°, 315° (12) 240°, 300°

08. (1) $\theta=\dfrac{\pi}{6}, \dfrac{5\pi}{6}$ (2) $\theta=\pi$

(3) $\theta=\dfrac{3\pi}{4}, \dfrac{7\pi}{4}$ (4) $x=0, \dfrac{\pi}{3}, \dfrac{5\pi}{3}$

(5) $x=\dfrac{7\pi}{6}, \dfrac{11\pi}{6}, \dfrac{3\pi}{2}$ (6) 해 없음

09. (1) $\begin{cases} x=n\pi+(-1)^n\dfrac{\pi}{4} \\ x=n\pi+(-1)^n\dfrac{5\pi}{4} \end{cases}$

(2) $x=\dfrac{n\pi}{3}+\dfrac{\pi}{12}$ (3) $u=n\pi\pm\dfrac{\pi}{6}$

(4) $\begin{cases} t = n\pi \pm \dfrac{\pi}{12} \\ t = n\pi \pm \dfrac{5\pi}{12} \end{cases}$ (5) $t = 2n\pi \pm \dfrac{\pi}{2}$

(6) $x = n\pi + \dfrac{\pi}{4}$ or $x = n\pi$

연습문제 5.2

04. (1) $2\sin(2x-\pi)$ (2) $3\cos(\frac{x}{3}-2\pi)$

(3) $5\sin(2x+\pi)$ (4) $\tan(2x+1)$

05. (1) $\frac{2\pi}{5}$ (2) 6π (3) $\frac{\pi}{4}$ (4) $2\pi^2$

06. (1) $\sqrt{2}, -\sqrt{2}$ (2) $\frac{2}{3}, -\frac{2}{3}$

(3) $2, -2$ (4) $\sqrt{3}, -\sqrt{3}$

연습문제 5.3

01. (1) $2\sec\theta$ (2) 1

03. (1) $\frac{\sqrt{6}+\sqrt{2}}{4}$ (2) $\frac{\sqrt{6}-\sqrt{2}}{4}$

(3) $\frac{3+\sqrt{3}}{3-\sqrt{3}}$ (4) $\frac{\sqrt{6}-\sqrt{2}}{4}$

(5) $\frac{\sqrt{6}+\sqrt{2}}{4}$ (6) $\frac{3-\sqrt{3}}{3+\sqrt{3}}$

04. (1) $\sin(\theta + 30^\circ)$

(2) $r = \sqrt{10}$, $\alpha = \cos^{-1}(-\frac{1}{\sqrt{10}})$

05. (1) $\frac{3}{8}$ (2) $-\frac{7}{5}$

06. (1) $\frac{1}{2}$ (2) $\sqrt{2}$ (3) $\frac{\sqrt{2}}{2}$

07. (1) $\frac{\sqrt{2}}{2}$ (2) 0

08. (1) 0 (2) -1 (3) $2\cot\theta$ (4) 0 (5) 0

09. (1) α (2) $\sqrt{1-\alpha^2}$ (3) $\frac{-\sqrt{1-\alpha^2}}{\alpha}$

10. (1) $-\frac{3}{4}$ (2) $\frac{11}{16}$

연습문제 6.1

01. (1) ∞ (2) 0 (3) ∞ (4) 0

(5) 1 (6) $-\frac{1}{4}$ (7) 0

02. (1) 1 (2) 0 (3) $\frac{5}{2}$ (4) 1 (5) $-\infty$

03. (1) 연속 (2) 불연속

04. $f(x) = x^3 - x^2 + 1$으로 놓자.
구간$[-1,1]$ 상에서 $f(x)$는 연속이고
$f(-1) = -1 < 0$, $f(1) = 1 > 0$ 이고
$f(-1)f(1) < 0$ 이므로
중간값정리를 이용하여 $f(c) = 0$인 c가
적어도 $(-1,1)$ 안에 실근이 존재한다.

연습문제 6.2

01. (1) $g'(x) = 6x-5$ (2) $f'(x) = \frac{x^2-2x}{(x-1)^2}$

(3) $f'(x) = 80x^7$

(4) $y' = 8(3x^2-2x+1)^3(3x-1)$

(5) $(x-1)^2(x^2+1)(7x^2-4x+3)$

02. (1) 0 (2) $-\frac{1}{6}$

03. $f'(1) = \frac{3}{2}$

04. 접선의 방정식 $y = \frac{1}{4}x + 1$,

법선의 방정식 $y = -4x + 18$

05. (1) $y'' = \frac{2}{x^3}$

연습문제 6.3

01. (1) $y' = 4(x^3-2x+1)^3(3x^2-2)$

(2) $y' = \frac{2}{x^3}$ (3) $y' = \frac{6}{5}x^{\frac{1}{5}}$

02. (1) $y' = 3x^2\csc x - x^3(\csc x\cot x)$

(2) $y' = \dfrac{\sec x[\tan x(1+\cos x)+\sin x]}{(1+\cos x)^2}$

(3) $y' = 2(x+1)\sec^2(x^2+2x)$

(4) $y' = 3\cos x + 4\sin x$

(5) $y' = 2\sec x(\sec x \tan x) - 2\sec^2(2x)$

03. (1) $\dfrac{dy}{dx} = \dfrac{3x^2}{10y+\cos y}$

(2) $\dfrac{dy}{dx} = \dfrac{2x\cos x^2}{\sin y}$

(3) $\dfrac{dy}{dx} = \dfrac{1-y\sin xy}{x\sin xy}$

(4) $\dfrac{dy}{dx} = -\cot t$ (5) $\dfrac{dy}{dx} = -\dfrac{y}{2x}$

(6) $\dfrac{dy}{dx} = 2\cos 2x$

(7) 양변에 ln을 취하면 $\ln y = x\ln x$이고 이 식에서 양변을 x에 관해 미분하면

$\dfrac{d}{dx}ln y = \dfrac{d}{dx}(x\ln x)$이고

$\dfrac{1}{y}\dfrac{dy}{dx} = \ln x + x\dfrac{1}{x}$

그러므로

$\dfrac{dy}{dx} = y(\ln x+1) = x^x(1+\ln x)$이다.

04. (1) $\lim_{x\to 0}\dfrac{1-\cos x}{\sin x} = \lim_{x\to 0}\dfrac{\sin x}{\cos x} = \dfrac{0}{1} = 0$

(2) $\lim_{x\to 0}\dfrac{x^2}{1-e^x} = \lim_{x\to 0}\dfrac{2x}{-e^x} = \dfrac{0}{-1} = 0$

(3) $\lim_{x\to\infty}\dfrac{\ln x}{x} = \lim_{x\to\infty}\dfrac{\frac{1}{x}}{1} = 0$

연습문제 6.4

01. $x=0$일 때 극댓값 $f(0)=0$이고 $x=\dfrac{8}{3}$일 때 극솟값 $f(\dfrac{8}{3}) = -\dfrac{256}{27}$

02. (1) $y' = 1+2\sin x$ 이므로 주어진 구간 $[0, \pi]$에서 항상 양의 값을 갖는다.

따라서 극값은 없고 주어진 구간 $[0, \pi]$에서 증가한다.

(2)

x의 구간	$f'(x)$	$f(x)$
$-2 \le x < -1$	+	증가
$-1 \le x < 1$	−	감소
$1 \le x \le 2$	+	증가

극댓값 $f(-1)=0$, 극솟값 $f(1)=-4$

(3) $y' = e^x - e^{-x}$이므로 $(-\infty, 0)$에서 $y' < 0$이고, $(0, \infty)$에서 $y' > 0$ 따라서 $x=0$에서 극소값 0을 갖고 $(-\infty, 0)$에서 감소하고, $(0, \infty)$에서 증가한다.

03. (1) 최솟값$f(0)=0$ 최댓값 $f(-1)=-4$

(2) 최솟값$f(\dfrac{\pi}{3}) = \dfrac{\pi}{3} - \sqrt{3}$ 최댓값 $f(2\pi) = 2\pi$

04. (1) $f'(x) = -e^{-x}\sin x + e^{-x}\cos x$
$= e^{-x}(\cos x - \sin x)$

$f''(x) = -e^{-x}(\cos x - \sin x)$
$+ e^{-x}(-\sin x - \cos x)$
$= -2e^{-x}\cos x$ 이고,

$(0, \dfrac{\pi}{2})$, $(\dfrac{3}{2}\pi, 2\pi)$에서 $f''(x) < 0$이고,

$(\dfrac{\pi}{2}, \dfrac{3}{2}\pi)$에서 $f''(x) > 0$이므로,

$\therefore (0, \dfrac{\pi}{2})$, $(\dfrac{3}{2}\pi, 2\pi)$에서 위로 볼록,

$(\dfrac{\pi}{2}, \dfrac{3}{2}\pi)$에서 아래로 볼록.

변곡점 $(\dfrac{\pi}{2}, e^{-\frac{\pi}{2}})$, $(\dfrac{3}{2}\pi, -e^{-\frac{3\pi}{2}})$

(2) 구간 $(0, \dfrac{\pi}{2})$, $(\dfrac{3\pi}{2}, 2\pi)$에서 위로 볼록이고

구간$(\dfrac{\pi}{2}, \dfrac{3\pi}{2})$에서 아래로 볼록

변곡점 $(\dfrac{\pi}{2}, 0)$, $(\dfrac{3\pi}{2}, 0)$

05. (v_x, v_y)
$= (6\cos 6 - 18\sin 6, 6\sin 6 + 18\cos 6)$

연습문제 7.1

01. (1) x^2+C (2) $\frac{1}{3}t^3+t^2+4t+C$

(3) $\frac{2}{3}x^{\frac{3}{2}}+\frac{3}{4}x^{\frac{4}{3}}+C$

(4) $\frac{x^2}{2}-x+\ln|x+1|+C$

02. (1) $\frac{1}{2}x^2+x+C$ (2) $\frac{x}{2}+\frac{\sin 2x}{4}+C$

(3) $-\frac{2}{3}cos^3x+C$ (4) $\ln(e^x+e^{-x})+C$

(5) $\frac{1}{2}e^{2x}-e^x+C$ (6) $\frac{1}{8}(x^2-1)^4+C$

(7) $\ln|x|+\sin x+C$

03. (1)$\frac{1}{2}e^x(\cos x+\sin x)+C$

(2) $\frac{1}{3}x^2e^{3x}-\frac{4}{27}e^{3x}+C$

04. (1) $\ln\left|\frac{\sqrt{x^2+4}}{2}+\frac{x}{2}\right|+C$

(2) $-(\sqrt{1-x^2})+C$

05. (1) $\frac{1}{3}\ln\frac{|x-1|}{|x+2|}+C$

(2) $\frac{1}{4}\ln\frac{|x-2|}{|x+2|}+C$

06. $x=\tan\theta,\ -\frac{\pi}{2}<\theta<\frac{\pi}{2}$라 놓으면

$dx=\sec^2 d\theta$이므로

$$x^2\sqrt{x^2+1}=\tan^2\theta\sqrt{\tan^2\theta+1}$$
$$=\tan^2\theta|\sec\theta|=\tan^2\theta\sec\theta$$

$$\int\frac{1}{x^2\sqrt{x^2+1}}dx$$
$$=\int\frac{1}{\tan^2\theta\sec\theta}\sec^2\theta\, d\theta=\int\frac{\cos\theta}{\sin^2\theta}d\theta$$

$t=\sin\theta$로 치환하면 $dt=\cos\theta\, d\theta$이므로

$$\int\frac{1}{x^2\sqrt{x^2+1}}dx=\int\frac{\cos\theta}{\sin^2\theta}d\theta$$
$$=\int\frac{\cos\theta}{t^2}\frac{1}{\cos\theta}dt$$
$$=\int\frac{1}{t^2}dt=-\frac{1}{t}+C=-\frac{1}{\sin\theta}+C$$
$$=-\csc\theta+C=-\frac{\sqrt{x^2+1}}{x}+C$$ 이다.

연습문제 7.2

01. (1) $\frac{304}{35}$ (2) $\ln 2$ (3) $\sqrt{3}-\frac{\pi}{6}$

(4)$\ln6-\ln3$ (5) $\ln2$ (6) $\frac{4}{3}$

02. (1) $12+4e^2$ (2) $\frac{1}{9}(2e^3+1)$

(3) $\frac{\pi}{2}-1$

(4) $\int_0^{\sqrt{2}}\sqrt{4-x^2}\,dx=\int_0^{\frac{\pi}{4}}2\cos\theta\, 2\cos\theta\, d\theta$

$$=4\int_0^{\frac{\pi}{4}}\frac{1+\cos2\theta}{2}d\theta$$
$$=2\left[\theta+\frac{\sin2\theta}{2}\right]_0^{\frac{\pi}{4}}=1+\frac{\pi}{2}$$

03. (1) $\int_{-1}^{1}(2x^7+5x^5-3x^3+3x^2+1)dx$

$$=2\int_0^1(3x^2+1)dx=4$$

(2) 0

04. (1) $\frac{1}{5}$ (2) $\frac{13}{3}$

05. $\int_{-1}^{1}\frac{1}{x^2}dx$은 $x=0$에서 불연속이므로

$$\int_{-1}^{1}\frac{1}{x^2}dx=\lim_{c\to0^-}\int_{-1}^{c}\frac{1}{x^2}dx+\lim_{c\to0^+}\int_{c}^{1}\frac{1}{x^2}dx$$
$$=\lim_{c\to0^-}\left[\frac{1}{x^2}\right]_{-1}^{c}+\lim_{c\to0^+}\left[\frac{1}{x^2}\right]_{c}^{1}$$
$$=\lim_{c\to0^-}\left[\frac{1}{c^2}-1\right]+\lim_{c\to0^+}\left[1-\frac{1}{c^2}\right]$$
$$=\infty$$

연습문제 7.3

01. (1) 36 (2) $\frac{1}{6}$ (3) $\frac{16}{3}$

02. $2\int_0^{\frac{\pi}{4}}(\cos x-\sin x)dx$

$=2[\sin x+\cos x]_0^{\frac{\pi}{4}}=2[\sqrt{2}-1]$

$=2\sqrt{2}-2$

03. $V_x=\pi\int_0^4(4x-x^2)dx$

$=\pi\left[2x^2-\frac{x^3}{3}\right]_0^4=\frac{16\pi}{3}$

04. $V_y=\pi\int_0^1(y-y^2)dy=\pi\left[\frac{y^2}{2}-\frac{y^3}{3}\right]_0^1=\frac{\pi}{6}$

05. $l=\int_0^1\sqrt{1+\left(\frac{e^x-e^{-x}}{2}\right)^2}\,dx$

$=\frac{1}{2}\int_0^1\sqrt{(e^x+e^{-x})^2}\,dx$

$=\frac{1}{2}\int_0^1(e^x+e^{-x})\,dx$

$=\frac{1}{2}[e^x-e^{-x}]_0^1=\frac{1}{2}(e-e^{-1})$

06. 8a

연습문제 8.1

01. (1) $N=\{(H,1)(H,2)(H,3)(H,4)(H,5)(H,6)(T,1)(T,2)(T,3)(T,4)(T,5)(T,6)\}$

(2) $\{(H,1)\}\{(H,2)\}\{(H,3)\}\{(H,4)\}\{(H,5)\}\{(H,6)\}\{(T,1)\}\{(T,2)\}\{(T,3)\}\{(T,4)\}\{(T,5)\}\{(T,6)\}$

(3) $A=\{(H,2)(H,4)(H,6)\},\ P(A)=\frac{1}{4}$

02. P_i: i번에 맞출 확률이라 할 때

$P_1=\frac{2}{11},\ P_2=\frac{2}{11},\ P_3=\frac{4}{11},$

$P_4=\frac{2}{11},\ P_5=\frac{1}{11}$

03. $\frac{67}{300}=0.22$

연습문제 8.2

01. (1) 18 (2) 10 (3) 192 (4) 64

02. 10

03. $\frac{11!}{2!2!2!}$

04. (1) 4^4 (2) $4!$ (3) 2^4-2

05. ${}_7C_4\times(4\times3\times2)=840$

06. $3\times{}_8C_2=84$

07. $\frac{7!}{2!2!3!}=210$

연습문제 8.3

01. $1-\frac{1}{2^7}$

02. 영철 : $\frac{5}{30}$ 보경 : $\frac{5}{30}$

03. (1) $\frac{{}_{18}C_2\times{}_2C_2}{{}_{20}C_4}$ (2) $\frac{{}_{18}C_4+{}_{18}C_3\times{}_2C_1}{{}_{20}C_4}$

04. $(\frac{3}{6}\times\frac{3}{6})\times\frac{1}{2}=\frac{1}{8}$

05. $\frac{11}{32}$

06. $(0.5\times0.3\times0.2)+(0.5\times0.4\times0.2)-(0.5\times0.3\times0.4\times0.2)=0.058$

07. (1) $(0.7\times0.01)+(0.3\times0.03)$

(2) $\frac{0.7\times0.01}{(0.7\times0.01)+(0.3\times0.03)}$

(3) $\frac{0.3\times0.03}{(0.7\times0.01)+(0.3\times0.03)}$

(4) $(0.7\times0.99)+(0.3\times0.97)$

(5) $\frac{0.7\times0.99}{(0.7\times0.99)+(0.3\times0.97)}$

(6) $\frac{0.3\times0.97}{(0.7\times0.99)+(0.3\times0.97)}$

연습문제 8.4

01. (1) 이산확률변수 (2) 연속확률변수
(3) 이산확률변수 (4) 연속확률변수

02. (1)

X	-100	50	200
$P(X)$	$\frac{1}{4}$	$\frac{1}{2}$	$\frac{1}{4}$

(2) $E(X)=50$, $V(X)=11250$

03. $a=2$, $E(X)=1$, $V(X)=\frac{1}{6}$

04.

X	2	3	4	5	6	7	8
$P(X)$	$\frac{4}{36}$	$\frac{8}{36}$	$\frac{8}{36}$	$\frac{8}{36}$	$\frac{5}{36}$	$\frac{2}{36}$	$\frac{1}{36}$

,

$E(X)=\frac{13}{3}$

05. $P(X=x)=\frac{5-x}{10}$ $(x=1,2,3,4)$

06. $E(2X+5)=\frac{19}{3}$, $V(2X+5)=\frac{2}{9}$

연습문제 8.5

01. (1) $(0.9)^4(0.1)=0.06561$
(2) $1-(0.9)^5=0.40951$

02. $\frac{83}{3}$ 원

03. $\frac{27}{128}$

04. 7명

05. 79

06. $Y=60$

07. 0.0985 %

08. (1) $a=0.67$ (2) 0.8314

연습문제 9.1

01. 전수조사 : 통계집단에 속하는 통계단위를 빠짐없이 전부 조사하는 것
ex) 인구조사
표본조사 : 통계집단에 속하는 통계단위 중 그 일부만을 뽑아서 조사하는 것
ex) 식료품의 위생 점검

02. 기술통계학 : 현재 상태의 기술에 중점을 두고, 분석 대상이 되는 집단 전체 또는 표본으로부터 관측된 자료를 정리하고 요약하는 방법을 다루는 분야이다. 기술통계학의 내용은 관측된 자료로부터 도수분포표와 히스토그램을 만들고, 대푯값과 산포도 등을 구하여 그 자료의 특성을 분석하는 것이다.
ex) 물가지수, 남녀 간 소득비교
추측통계학 : 현재 상태의 추정에 중점을 두고, 추출된 표본 자료를 통하여 모집단의 특성을 추론하는 분야이다. 미래의 예측과 계획을 하기 위하여 통계의 필요성은 날마다의 삶에서 꾸준히 제기되므로 그 역사 또한 인류의 역사와 같이 한다고 하겠다.
ex) 시장조사, 여론조사

연습문제 9.2

01. (1)(2)

점수(점)	계급값	도수	상대도수
10 초과 ~ 20 이하	15	2	0.05
20 초과 ~ 30 이하	25	1	0.025
30 초과 ~ 40 이하	35	3	0.075
40 초과 ~ 50 이하	45	2	0.05
50 초과 ~ 60 이하	55	5	0.125
60 초과 ~ 70 이하	65	6	0.15
70 초과 ~ 80 이하	75	10	0.25
80 초과 ~ 90 이하	85	9	0.225
90 초과 ~ 100 이하	95	2	0.05
계		40	1

(3)

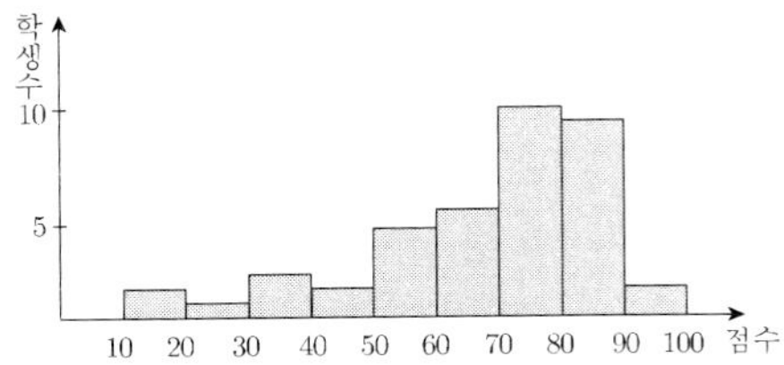

03.

도수	줄기	잎 　　줄기단위(일)/ 잎단위(소수첫째자리)
1	127	8
0	128	
3	129	5 8 9
1	130	8
5	131	2 4 5 5 7
2	132	2 7
2	133	7 9
1	134	8

연습문제 9.3

01. (1) 중앙값 : 131.5, 최빈값 : 131.5,
평균 : 131.5
(2) 분산 : $\sigma^2 = 3.146$
표준편차 : $\sigma = \sqrt{3.146} = 1.77$,
범위 : 7

02. (1) 평균 : 6.9, 중앙값 : 7, 최빈값 : 7.5
(2) 분산 : $\sigma^2 = 0.382$
표준편차 : $\sigma = \sqrt{0.382} = 0.618$,
범위 : 2

연습문제 9.4

01. 모집단의 분포가 정규분포 $N(m, \sigma^2)$을 따를 때, 이모집단에서 임의로 추출한 크기 n인 변량 $X_1, X_2, \dots, X_n$에 대해, 표본평균 $\overline{X}$의 분포는 정규분포 $N(m, \frac{\sigma^2}{n})$를 따른다.

이때 확률변수 $Z = (\overline{X} - m)/(\frac{\sigma}{\sqrt{n}})$은 표준정규 분포 $N(0,1)$을 따르므로 표준정규 분포에서

$P(-2.58 \le Z \le 2.58)$
$= P(-2.58 \le \frac{\overline{X} - m}{\frac{\sigma}{\sqrt{n}}} \le 2.58)$
$= P(\overline{X} - 2.58\frac{\sigma}{\sqrt{n}} \le m \le \overline{X} + 2.58\frac{\sigma}{\sqrt{n}})$
$= 0.99$

따라서 모평균 m에 대한 신뢰도 99%의 신뢰구간은

$$\left[\overline{X} - 2.58\frac{\sigma}{\sqrt{n}}, \overline{X} + 2.58\frac{\sigma}{\sqrt{n}}\right]$$

이다.

02. 표본의 n이 충분히 크고, 이중에서 어떤 사건이 일어난 횟수를 확률변수 X라 할 때 표본비율 $\hat{p} = \frac{X}{n}$은 정규분포 $N(p, \frac{pq}{n})$에 가까워진다.

따라서 $Z = (\hat{p} - p)/(\sqrt{\frac{pq}{n}})$은 표준정규 분포를 따른다.

$P(-2.58 \le Z \le 2.58)$
$= P(-2.58 \le \frac{\hat{p} - p}{\sqrt{\frac{\hat{p}\hat{q}}{n}}} \le 2.58)$
$= P(\hat{p} - 2.58\sqrt{\frac{\hat{p}\hat{q}}{n}} \le p \le \hat{p} + 2.58\sqrt{\frac{\hat{p}\hat{q}}{n}})$
$= 0.99$

따라서 모비율 p에 대한 신뢰도 99%의 신뢰구간은

$$\left[\hat{p} - 2.58\sqrt{\frac{\hat{p}\hat{q}}{n}}, \hat{p} + 2.58\sqrt{\frac{\hat{p}\hat{q}}{n}}\right]$$

이다.

03. 0.9938

04. $0.58247 \le P \le 0.61753$

05. (1) 0.9270 　　(2) 0.0013

06. 137명 이상

연습문제 풀이

연습문제 1.1

01. 자연수 : 없음
정수: $-4,\ 0$

유리수: $-4,\ 0,\ 1.23,\ \frac{4}{5},\ \frac{1.2}{1.3}$

무리수: $\frac{\pi}{3},\ \sqrt{7}$

02. (1),(2),(3),(5)는 곱셈에 관해 닫혀있다.

(4) $\frac{2}{3}\times\frac{2}{5}=\frac{2}{\frac{15}{2}}$ 이고, $\frac{15}{2}\not\in Z$이므로

곱셈에 관해 닫혀있지 않다.

(6) $\sqrt{2}\times\sqrt{2}=2$인데, 2는 무리수가 아니므로 곱셈에 관해 닫혀있지 않다.

03. (1) $A=\{x|x$는 양의 유리수$\}$: $0\not\in A$이므로 덧셈에 관한 항등원이 존재하지 않는다. 또한 덧셈에 관한 항등원이 없으므로 덧셈에 관한 역원도 없다.
곱셈에 관한 항등원은 1이고 $a\in A$의 곱셈에 관한 역원은 $\frac{1}{a}$이다.

(3) $C=\{x|x$는 무리수$\}$: $0\not\in C$이므로 덧셈에 관한 항등원이 존재하지 않는다. 또한 덧셈에 관한 항등원이 없으므로 덧셈에 관한 역원도 없다.
$1\not\in C$이므로 곱셈에 관한 항등원이 존재하지 않는다. 또한 곱셈에 관한 항등원이 없으므로 곱셈에 관한 역원도 없다.

04. (1) $|2-3|=|-1|=1$

(3) $\frac{|2-4|}{|-2|}=\frac{|-2|}{2}=\frac{2}{2}=1$

연습문제 1.2

01. (1) $16^{\frac{3}{4}}=(2^4)^{\frac{3}{4}}=2^3$

(3) $\frac{(a^3)^4}{(a^4)^2}=\frac{a^{12}}{a^8}=a^4$

(5) $(-3)^{-3}=(-\frac{1}{3})^3=-\frac{1}{3^3}$

(7) $\frac{2a^{-2}b^3}{ab^2}=\frac{2b^3b^{-2}}{aa^2}=\frac{2b}{a^3}$

02. (1) $x^{\frac{2}{3}}=\sqrt[3]{x^2}$

(3) $(-8x^2)^{\frac{2}{5}}=\sqrt[5]{(-8x^2)^2}=\sqrt[5]{64x^4}$

03. (1) $\sqrt[4]{81}=\sqrt[4]{3^4}=3$

(3) $\sqrt{\frac{9}{25}}=\sqrt{\frac{3^2}{5^2}}=\sqrt{(\frac{3}{5})^2}=\frac{3}{5}$

04. (1) $\sqrt{100}=\sqrt{10^2}=10$

(3) $\sqrt[4]{81a^8}=\sqrt[4]{3^4a^8}=3a^2$

05. (1) $\dfrac{\sqrt{5}-\sqrt{3}}{\sqrt{5}+\sqrt{3}}=\dfrac{(\sqrt{5}-\sqrt{3})(\sqrt{5}-\sqrt{3})}{(\sqrt{5}-\sqrt{3})(\sqrt{5}+\sqrt{3})}$

$=\dfrac{5-2\sqrt{15}+3}{5-3}=\dfrac{8-2\sqrt{15}}{2}$

$=4-\sqrt{15}$

(3) $\dfrac{2}{2-\sqrt{2b}}=\dfrac{2(2+\sqrt{2b})}{(2-\sqrt{2b})(2+\sqrt{2b})}$

$=\dfrac{4+2\sqrt{2b}}{4-2b}=\dfrac{2+\sqrt{2b}}{2-b}$

06. (1) $|a-2|=-a+2$

(3) $|a+5|-|a-2|=(a+5)-(-a+2)$
$=2a+3$

07. $\sqrt{(a-2)^2}+\sqrt{(a+1)^2}$
$=-(a-2)+(a+1)$
$=3$

08. (1) $a<0$일 때, $\dfrac{|a|}{a}=\dfrac{-a}{a}=-1$

$a>0$일 때, $\dfrac{|a|}{a}=\dfrac{a}{a}=1$

(3) $\left|\dfrac{a-b}{b-a}\right|=|-1|=1$

09. $a=\dfrac{1}{\sqrt{3}+\sqrt{2}}$, $b=\dfrac{1}{\sqrt{3}-\sqrt{2}}$ 일 때,

$a=\dfrac{(\sqrt{3}-\sqrt{2})}{(\sqrt{3}+\sqrt{2})(\sqrt{3}-\sqrt{2})}$
$=\dfrac{\sqrt{3}-\sqrt{2}}{3-2}=\sqrt{3}-\sqrt{2}$

$b=\dfrac{(\sqrt{3}+\sqrt{2})}{(\sqrt{3}-\sqrt{2})(\sqrt{3}+\sqrt{2})}$
$=\dfrac{\sqrt{3}+\sqrt{2}}{3-2}=\sqrt{3}+\sqrt{2}$

이므로

$a+b=2\sqrt{3}$ 이고 $ab=3-2=1$이다.

따라서

$a^2+b^2=(a+b)^2-2ab$
$=(2\sqrt{3})^2-2=12-2=10$

연습문제 1.3

01. (4)만 다항식이다.

∵ (1),(2) 분수식은 다항식이 아니다.
(3) 지수가 자연수가 아니다.

02. (1) $(2x-3y)^3$
$=(2x)^3-3(2x)^2(3y)$
$+3(2x)(3y)^2-(3y)^3$
$=8x^3-36x^2y+54xy^2-27y^3$

(3) $(x-2)(x+2)$
$=(x)^2-2x+2x-4$
$=x^2-4$

(1) $(2x-3y)^3$
$=(2x)^3-3(2x)^2(3y)$
$+3(2x)(3y)^2-(3y)^3$
$=8x^3-36x^2y+54xy^2-27y^3$

(3) $(x-2)(x+2)$
$=(x)^2-2x+2x-4$
$=x^2-4$

03. $121^2-(2)(121)(21)+21^2$
$=(121-21)^2$
$=(100)^2$
$=10000$

04. (1) $(x+y)^3-8=(x+y)^3-(2)^3$
$=((x+y)-2)((x+y)^2+2(x+y)+2^2)$
$=(x+y-2)(x^2+2xy+y^2+2x+2y+4)$

(3) $4a^2-b^2=(2a)^2-(b)^2$
$=(2a+b)(2a-b)$

(5) $a^4-16=(a^2)^2-(2^2)^2$
$=(a^2+2^2)(a^2-(2)^2)$
$=(a^2+4)(a+2)(a-2)$

(7) $a^4-7a^2b^2+b^4$
$=(a^4+2a^2b^2+b^4)-9a^2b^2$
$=(a^2+b^2)^2-(3ab)^2$
$=(a^2+3ab+b^2)(a^2-3ab+b^2)$

(9) $x^8-1=(x^4)^2-1$
$=(x^4+1)(x^4-1)$
$=(x^4+1)(x^2+1)(x^2-1)$
$=(x^4+1)(x^2+1)(x+1)(x-1)$

05. $ax(x-2)+b(x-2)(x+1)+cx(x+1)$
를 전개하면,

$\Rightarrow ax^2-2ax+b(x^2-x-2)+cx^2+cx$
$=ax^2-2ax+bx^2-bx-2b+cx^2+cx$
$=(a+b+c)x^2+(-2a-b+c)x-2b$
이고,

$(a+b+c)x^2+(-2a-b+c)x-2b$
$=x^2+x-1$
이므로, 계수비교법에 의해

$\begin{cases} a+b+c=1 \\ -2a-b+c=1 \\ -2b=-1 \end{cases}$
를 연립하여 풀면

$\therefore a=-\dfrac{1}{3},\ b=\dfrac{1}{2},\ c=\dfrac{5}{6}$

06. $b(x+2)(x-1)+cx(x-2)$를 전개하면,

$b(x^2+x-2)+cx^2-2cx$
$=(b+c)x^2+(b-2c)x-2b$이므로,

$x^2-ax+4=(b+c)x^2+(b-2c)x-2b$

계수비교법에 의해
$\begin{cases} b+c=1 \\ b-2c=-a \\ -2b=4 \end{cases}$ 를 연립하여 풀면,

$\therefore a=8,\ b=-2,\ c=3$

연습문제 1.4

01. (1) $-3x+6=-5x-4$
$-3x+5x=-4-6$
$\therefore\ x=-5$

(3) $2(x-1)=2x+2$
$2x-2=2x+2$
$2x-2x=2+2$
$0x=4$
∴ 해는 없다.

02. (1) $kx+8=2x,\ k\neq 2$
$(k-2)x=-8$
$\therefore x=-\dfrac{8}{k-2}$

(3) $ax-bx=a^2-b^2$
$(a-b)x=(a-b)(a+b)$
$\therefore a\neq b$일 때, $x=a+b$
$a=b$일 때, 해는 무수히 많다.

03. (1) $4x+3\leq 11$
$4x\leq 11-3$
$\therefore x\leq 2$

(3) $3x-1>2(2x-3)$
$3x-1>4x-6$
$3x-4x>-6+1$
$-x>-5$
$\therefore x<5$

(5) $3(2-x)\leq -3(x-5)$
$6-3x\leq -3x+15$
$-3x+3x\leq 15-6$
$0\times x\leq 9$
$\therefore x$는 모든 실수

04. (1) $|x+3|=4$

1) $x\geq -3$일 때, 절댓값 안이 양수
$x+3=4$
$\therefore x=1$
2) $x<-3$일 때, 절댓값 안이 음수
$x+3=-4$
$\therefore x=-7$

(3) $|-2x+1|=3$

1) $x\leq\dfrac{1}{2}$일 때, 절댓값 안이 양수
$-2x+1=3$
$-2x=2$
$\therefore x=-1$
2) $x>\dfrac{1}{2}$일 때, 절댓값 안이 음수
$-2x+1=-3$
$-2x=-4$
$\therefore x=2$

(5) $\dfrac{1}{|x-1|}=\dfrac{1}{3}$

1) $x\geq 1$일 때,
$x-1=3$
$\therefore x=4$
2) $x<1$일 때,
$x-1=-3$
$\therefore x=-2$

05. (1) $|x-2|<3$
$-3<x-2<3$
$\therefore -1<x<5$

(3) $|x-1| < 2x-5$
$-(2x-5) < x-1 < 2x-5$
$-2x+5 < x-1 < 2x-5$
1) $-2x+5 < x-1$ 에서
$5+1 < x+2x$
$6 < 3x$
$\therefore 2 < x$
2) $x-1 < 2x-5$ 에서
$x-2x < -5+1$
$-x < -4$
$\therefore x > 4$

1)과 2)에 의해 $x > 4$

06. 1) $x > 3$일 때,
$-(1-x)-(3-x) = x+3$
$-4+2x = x+3$
$\therefore x = 7$
2) $1 < x \le 3$일 때,
$-(1-x)+(3-x) = x+3$
$-2 = x+3$
$\therefore x = 5$인데, x의 범위를 벗어나므로 이 경우는 존재하지 않는다

3) $x \le 1$일 때,
$1-x+(3-x) = x+3$
$4-2x = x+3$
$2x+x = 4-3$
$3x = 1$
$\therefore x = \frac{1}{3}$

1), 2), 3)에 의하여 $x = \frac{1}{3}, 7$

07. 1) $x \ge 1$일 때,
$(x-1)+(x+2) < 5$
$2x+1 < 5$
$2x < 4$
$x < 2$
$\therefore 1 \le x < 2$

2) $-2 \le x < 1$일 때,
$-(x-1)+(x+2) < 5$
$0x+3 < 5$
$\therefore -2 \le x < 1$

3) $x < -2$
$-(x-1)-(x+2) < 5$
$-2x-1 < 5$
$-2x < 6$
$x > -3$
$\therefore -3 < x < -2$

1), 2), 3)에 의하여 $-3 < x < 2$

08. 1) $x \ge 5$일 경우,
$(x-1)+(x-3)+(x-5)$
$= 3x-9$
$\therefore 3x-9 \ge 6$

2) $3 \le x < 5$일 경우,
$(x-1)+(x-3)-(x-5)$
$= x+1$
$\therefore 4 \le x+1 < 6$

3) $1 \le x < 3$일 경우,
$(x-1)-(x-3)-(x-5)$
$= -x+7$
$\therefore 4 < -x+7 \le 6$

4) $x < 1$
$-(x-1)-(x-3)-(x-5)$
$= -3x+9$
$\therefore 6 < -3x+9$

1), 2), 3), 4) 에 의해서 최솟값은 4

연습문제 1.5

01. (1) $x^2-2 = (x+\sqrt{2})(x-\sqrt{2}) = 0$
$\therefore x = \sqrt{2}$ 또는 $x = -\sqrt{2}$

(3) $2x^2+x-1 = (2x-1)(x+1) = 0$
$\therefore x = \frac{1}{2}$ 또는 $x = -1$

(5) 근의 공식

$$x = \frac{-(-5) \pm \sqrt{(5)^2-4(2)(10)}}{2(2)}$$
$$= \frac{5 \pm \sqrt{25-80}}{4} = \frac{5 \pm \sqrt{55}\,i}{4}$$
$$\therefore x = \frac{5 \pm \sqrt{55}\,i}{4}$$

02. (1) 판별식 $D = (-4)^2 - 4k(1) = 0$
$16-4k = 0$
$\therefore k = 4$

(3) 판별식 $D = (-k)^2 - 4(1)(-2k) = 0$
$k^2+8k = 0$
$k(k+8) = 0$
$\therefore k = 0$ 또는 $k = -8$

03. (1) $x+\sqrt{x+5}=7$
$\sqrt{x+5}=7-x$ 양변을 제곱하면,
$x+5=(7-x)^2$
$x+5=x^2-14x+49$
$x^2-15x+44=0$
$(x-11)(x-4)=0$
$x=11$ 또는 $x=4$ 인데 11은 무연근
$\therefore x=4$

04. (1)
1) $0\le x$일 때,
$x^2+5x-6=0$
$(x+6)(x-1)=0$
$x=1$ 또는 $x=-6$
$\therefore$ 주어진 범위에 만족하는 $x=1$

2) $x<0$일 때,
$x^2-5x-6=0$
$(x-6)(x+1)=0$
$x=6$ 또는 $x=-1$
$\therefore$ 주어진 범위에 만족하는 $x=-1$

1)과 2)에 의하여 $x=1$ 또는 -1

05. 중근을 갖기 위해서 판별식 $D=0$
일차항의 계수가 짝수이므로, $D/4=0$
$D/4=(m-a+1)^2$
$-(1)(m^2+a^2-2b)=0$

전개하여 정리하면,
$1-2am-2a+2m+2b=0$
$m(-2a+2)-2a+2b+1=0$

m의 값에 관계없이 식을
만족하여야 하므로
$\begin{cases}-2a+2=0\\-2a+2b+1=0\end{cases}$
을 연립하여 풀면

$\therefore a=1,\ b=\dfrac{1}{2}$

06. 서로 다른 두 실근을 가지려면 $D>0$
$D=(-k)^2-4(1)(k^2+k-2)>0$
$k^2-4k^2-4k+8=-3k^2-4k+8>0$
$3k^2+4k-8<0$

$\therefore \dfrac{-2-\sqrt{28}}{3}<k<\dfrac{-2+\sqrt{28}}{3}$
$\dfrac{-2-2\sqrt{7}}{3}<k<\dfrac{-2+2\sqrt{7}}{3}$

07. (1) $x^2-4x+4\le 0$
$(x-2)^2\le 0$
$\therefore x=2$

(3) $x^2+x-6>0$
$(x+3)(x-2)>0$
$\therefore x<-3$ 또는 $2<x$

(5) $(x^2+1)x(x-2)<0$에서
x^2+1이 양수이므로,
$x(x-2)<0$
$\therefore 0<x<2$

08. $\sqrt{x+4}+\sqrt{10-x}=6$
의 양변을 제곱하면,

$(x+4)+(10-x)+2\sqrt{(x+4)(10-x)}$
$=36$

$14+2\sqrt{(x+4)(10-x)}=36$

$2\sqrt{(x+4)(10-x)}=22$

$\therefore \sqrt{(x+4)(10-x)}=11$

연습문제 2.1

01. (1) 모든 x에 대하여,
근호 안이 양수이므로,
정의역은 모든 실수

(3) 분모 $\neq 0$이고,
근호 안이 양수이어야 하므로,
정의역은 $x<3$ 이다.

02. (1) $(f+g)(x)=f(x)+g(x)$
$\Rightarrow (x^2+1)+(-2x)=x^2-2x+1$

(3) $(f-g)(x)=f(x)-g(x)$
$\Rightarrow (x^2+1)-(-2x)=x^2+2x+1$

(5) $(f\cdot g)(x)=f(x)\cdot g(x)$
$\Rightarrow (x^2+1)(-2x)=-2x^3-2x$

(7) $\left(\dfrac{f}{g}\right)(x)=\dfrac{f(x)}{g(x)}$
$\Rightarrow \dfrac{x^2+1}{-2x}$

03. (1) $f(x)=x+2,\ g(x)=x^2$
$(f\circ g)(x)=f(g(x))=(x^2)+2=h(x)$

(3) $f(x)=|x|,\ g(x)=x^2-4$
$(f\circ g)(x)=f(g(x))=|(x^2-4)|=h(x)$

04. (1), (3), (5)만이 일대일 함수이다.

$f(a)=f(b)$라고 가정하고
$a=b$임을 확인하면 된다.

(1) $f(a)=f(b)$라 하면
$2a-3=2b-3$
$2a=2b$
$\therefore a=b$

(3) $f(a)=f(b)$
$\sqrt{4-a}=\sqrt{4-b}$ 양변을 제곱하면,
$4-a=4-b$
$\therefore a=b$

(5) $f(a)=f(b)$
$a^3-3=b^3-3$
$a^3=b^3$
$\therefore a=b$

05. (1) $f(x)=x^4+x^2+1$
$=(-x)^4+(-x)^2+1$
$=f(-x)$
이므로 우함수

(3) $f(x)=|x|=|-x|=f(-x)$
이므로 우함수

(5) $f(x)=\dfrac{x^4+x^2+1}{x^3}$
$=-\dfrac{(-x)^4+(-x)^2+1}{(-x)^3}$
$=-f(-x)$
이므로 기함수

연습문제 2.2

01. (1) $\sqrt{(0-3)^2+(3-0)^2}=\sqrt{18}=3\sqrt{2}$

(3) $\sqrt{(1-2)^2+(2-1)^2}=\sqrt{2}$

02. (1) x절편 : $x=-\dfrac{3}{2}$, y절편 : $y=3$
x절편을 구하기위해 $y=0$을 대입
$0=2x+3$
$\therefore x=-\dfrac{3}{2}$
y절편을 구하기위해 $x=0$을 대입
$y=0+3$
$\therefore y=3$

(3) x절편: $x=0$, y절편: $y=0$

(5) x절편: $x=-5$, y절편: $y=5$

03. (1) x절편: $x=\pm 1$, y절편: $y=1$

(3) x절편 : $x=-1$, y절편 : $y=\pm 1$
x절편을 구하기위해 $y=0$을 대입
$x=0^2-1$
$\therefore x=-1$
y절편을 구하기위해 $x=0$을 대입
$0=y^2-1$
$\therefore y=\pm 1$

(5) x절편 : 없음, y절편 : $y=2$
x절편을 구하기위해 $y=0$을 대입
$0=x^2+2$를 만족하는 실수 x는 없음.
y절편을 구하기위해 $x=0$을 대입
$y=0^2+2$
$\therefore y=2$

04. (1)

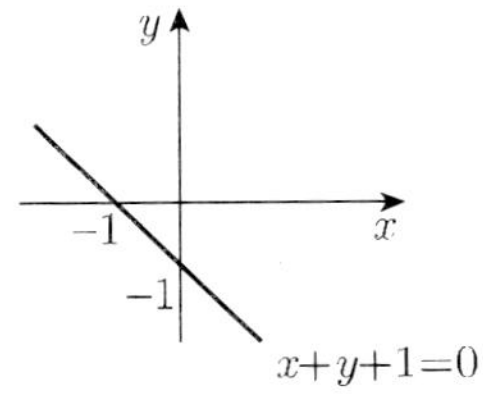

(3)

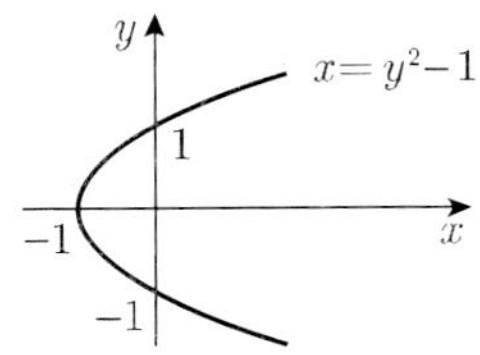

(5)

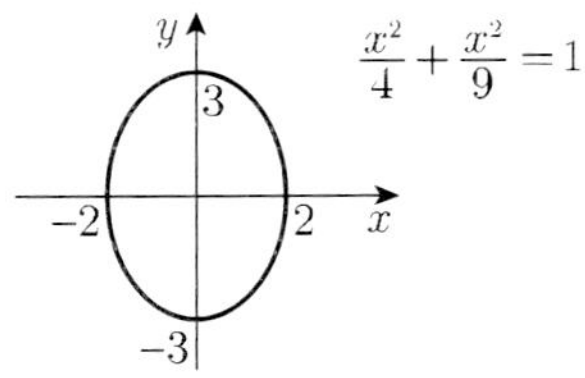

05. $(x-(-1))-2(y-2)=1$
$(x+1)-2y+4=1$
$\therefore x-2y+4=0$

06. $x^2+y^2-2x=0$
$(x-1)^2+y^2=1$ 인데
x축 방향으로 -2만큼
y축 방향으로 -3만큼 평행이동하므로
$((x+2)-1)^2+(y+3)^2=1$
$\therefore (x+1)^2+(y+3)^2=1$

07. 원점이 $(-1,\ 2)$로 이동했으므로,
좌표축은 $X\to X+1$, $Y\to Y-2$
따라서 $(x+1)^2+(y-2)^2=1$
$\Rightarrow((X-1)+1)^2+((Y+2)-2)^2=1$
$\therefore X^2+Y^2=1$

연습문제 2.3

01. (1)

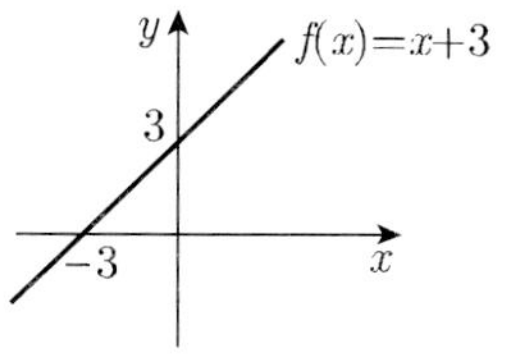

(3)

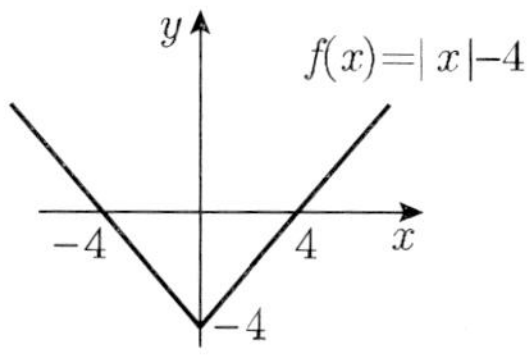

(5)

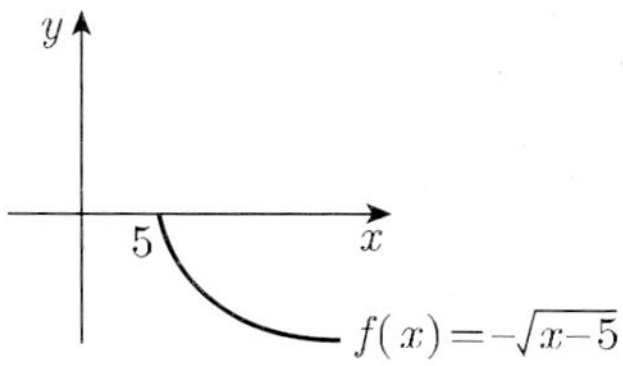

(1) $(-\infty,\ \infty)$에서 감소

(3) $(-\infty,\ 0)$에서 증가,
$(0,\ \infty)$에서 감소

(5) $(5,\ \infty)$에서 감소

02. (1)

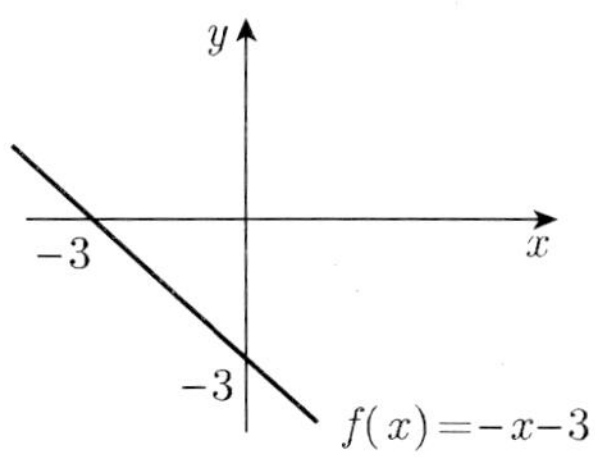

(2)

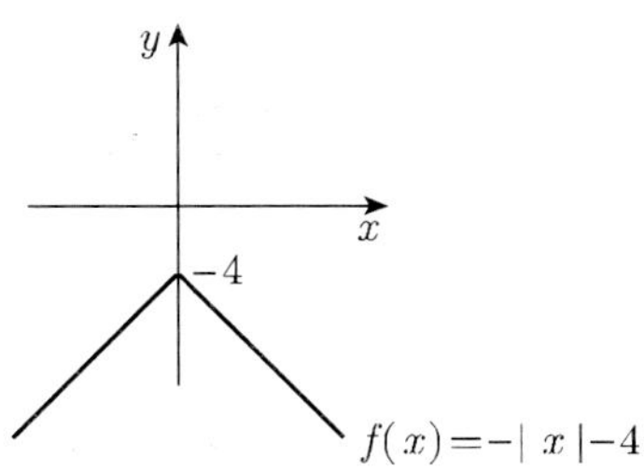

(3)

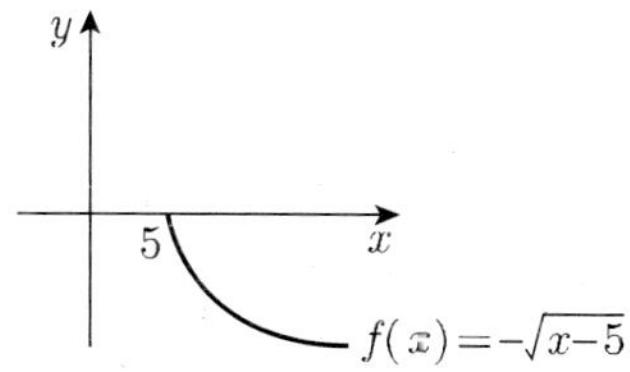

03. (1)

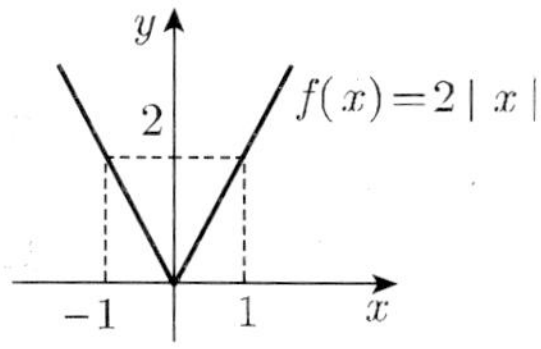

(3)

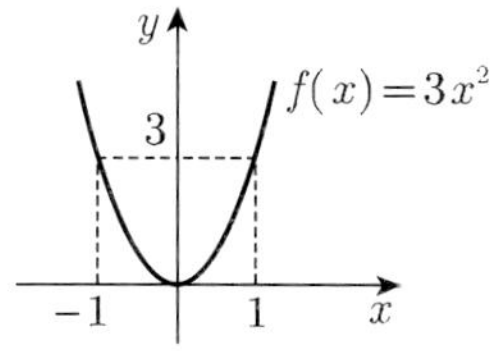

04. (1)

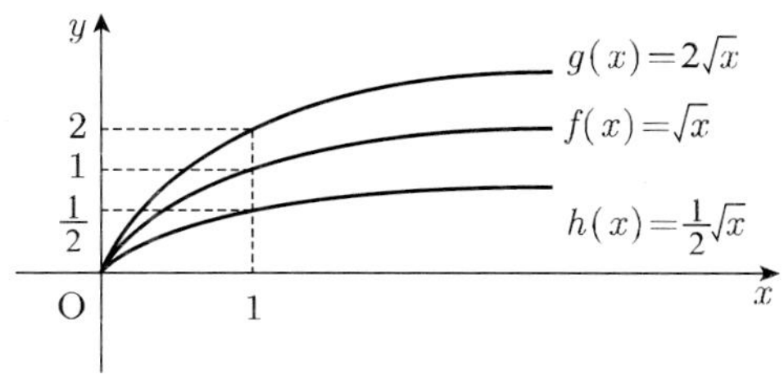

05. (1) 대칭성 없음

(3) 주어진 식의 y에 $-y$를 대입하면,
$(-y)^2=1+x^3$
$\Rightarrow y^2=1+x^3$
$\therefore$ x축 대칭

(5) 주어진 식의 x에 $-x$를 대입하면,
$y=\dfrac{(-x)^2+1}{(-x)^2-1}=\dfrac{x^2+1}{x^2-1}$
$\therefore$ y축 대칭

(7) 주어진 식의 x에 $-x$, y에 $-y$를 대입하면
$(-x)(-y)=(-y)^2$
$\Rightarrow xy=y^2$
$\therefore$ 원점 대칭

연습문제 2.4

01. (1) 기울기 $= \frac{(-3)-3}{(-1)-2} = \frac{-6}{-3} = 2$

(3) 기울기 $= \frac{(-5)-1}{(-4)-(-3)} = \frac{-6}{-1} = 6$

02. 기울기가 m이고 y절편이 b인
직선의 방정식은 $y = mx + b$이므로

(1) $y = 3x + 2$

(3) $y = \frac{1}{2}x - 3$

03. (1) $3x + 4y = 5$
$\Rightarrow 4y = -3x + 5$
$\Rightarrow y = -\frac{3}{4}x + \frac{5}{4}$이므로
x절편 : $0 = -\frac{3}{4}x + \frac{5}{4}$
$\therefore$ 기울기 : $-\frac{3}{4}$
x절편 : $x = \frac{5}{3}$
y절편 : $y = \frac{5}{4}$

(3) $x = -2$
기울기 : $\frac{y_2 - y_1}{-2-(-2)} = \frac{y_2 - y_1}{0} = \infty$
x절편 : $x = -2$
y절편 : 없음

04. 임의의 두 x_1, x_2에 대하여,
에 대응하는 y_1, y_2를 찾으면 된다.

(1) $x_1 = 0$, $x_2 = 2$라고 하면
$3(0) + 4y_1 = 6$, $3(2) + 4y_2 = 6$을
만족하는 y_1, y_2는
$y_1 = \frac{3}{2}$, $y_2 = 0$이므로
$\therefore$ $(0,\ \frac{3}{2})$, $(2,\ 0)$

(3) y에 상관없이
x좌표가 -6이면 된다.
예를 들어, $(-6,\ 1)$, $(-6,\ 3)$

05. (1) $(3,\ 0)$, $(0,\ -2)$를 지나는 기울기는,
$\frac{-2-0}{0-3} = \frac{2}{3}$이고
y절편은 -2이므로,

$\therefore y = \frac{2}{3}x - 2$

(3) y절편이 없는 직선은
y축과 평행한 직선
$\therefore x = -5$

(5) $(-6,\ 5)$를 지나는 수직선은,
y축에 평행하고
x 좌표가 -6인 직선이므로
$x = -6$

06. (1) $x + 3y = 5$에 평행하므로,
구하는 직선의 기울기는
주어진 직선의 기울기와 같다.
$3y = -x + 5$
$\Rightarrow y = -\frac{1}{3}x + \frac{5}{3}$이므로,
기울기는 $-\frac{1}{3}$이다.
$y = -\frac{1}{3}x + b$에서 $(-1,\ 4)$를 대입
$\Rightarrow 4 = -\frac{1}{3}(-1) + b$
$\Rightarrow b = \frac{11}{3}$

따라서 구하는직선의 방정식은
$y = -\frac{1}{3}x + \frac{11}{3}$

(3) $x + y = 4$
$\Rightarrow y = -x + 4$

주어진 직선과 수직이므로,
구하는 직선의 기울기는 1이다.

$y = x + b$에서 $(3,\ -4)$를 대입
$\Rightarrow -4 = 3 + b$
$\Rightarrow b = -7$

따라서 구하는 직선의 방정식은
$y = x - 7$

(5) $y = 2x$과 평행하므로
기울기는 2

$y = 2x + b$에서 $(-2,\ 0)$을 대입
$\Rightarrow 0 = 2(-2) + b$
$\Rightarrow 0 = -4 + b$
$\Rightarrow b = 4$

따라서 구하는 직선의 방정식은
$y=2x+4$

07. 점 P가 주어진 직선 위에 있으므로 주어진 식에 P를 대입하면 성립한다.

$3x+cy=4$
$\Rightarrow 3(-2)+c(2)=4$
$\Rightarrow 2c=10$
$\therefore\ c=5$

08. x절편이 4이므로 (4, 0)을 주어진 직선의 방정식에 대입하면 성립

$c(4)-5(0)+8=0$
$\Rightarrow 4c=-8$
$\therefore\ c=-2$

연습문제 2.5

01.

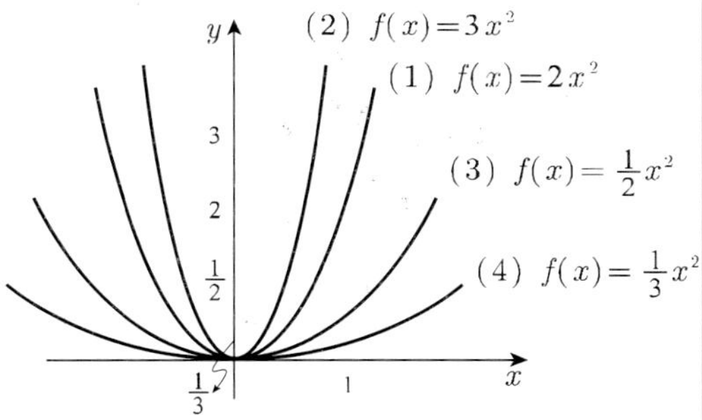

02.

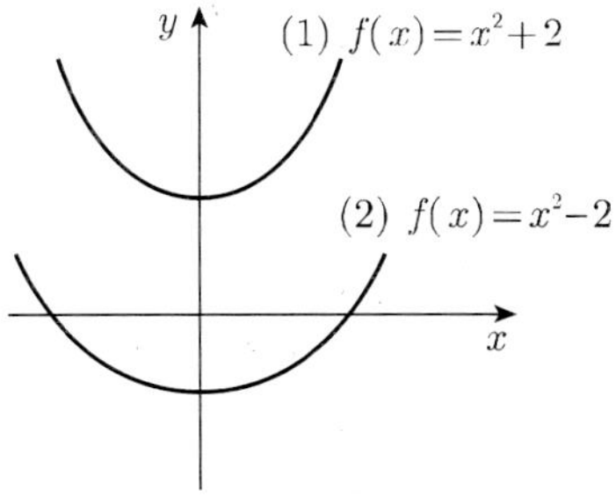

03.

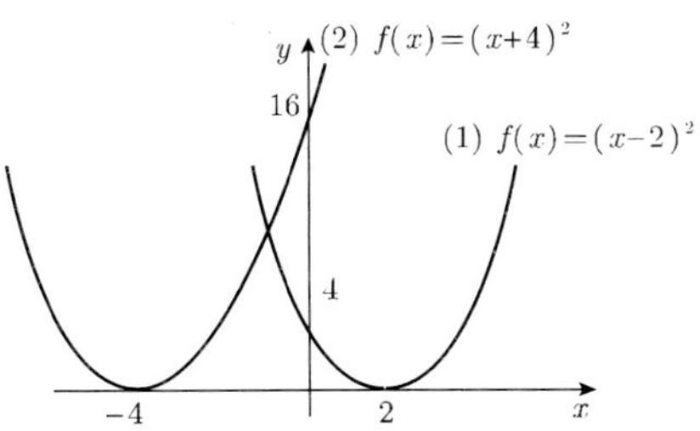

04. (1) $f(x)=(x-2)^2+5$는
꼭짓점이 (2, 5)이고,
아래로 볼록한 이차함수이므로,
치역은 $5\le y$이다.

(3) $h(x)=-2(x+3)^2-3$는
꼭짓점이 $(-3,-3)$이고,
위로 볼록한 이차함수이므로,
치역은 $y\le -3$이다.

05. (1)

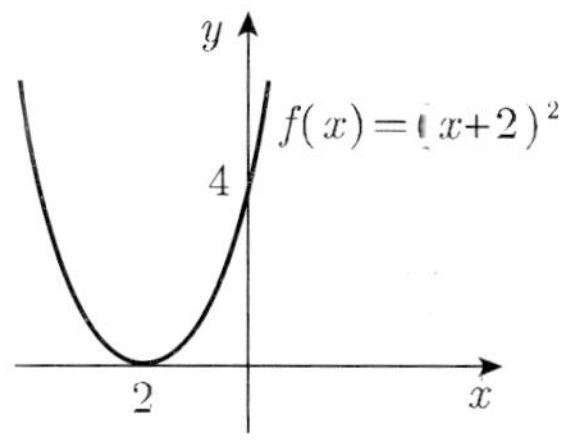

(3)

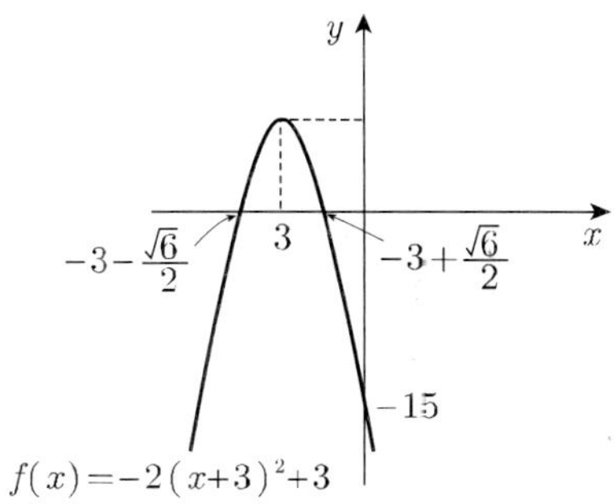

(5)

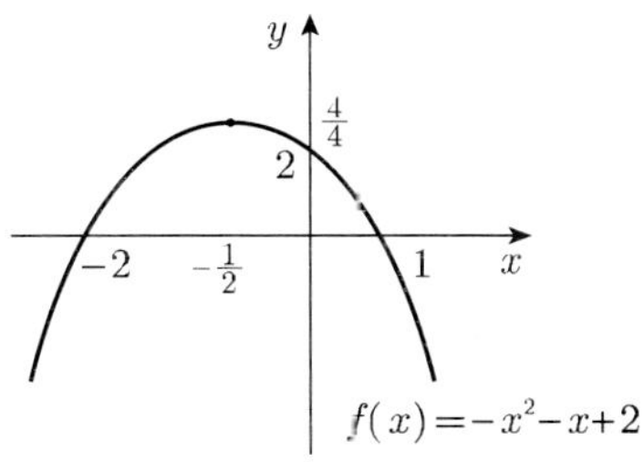

(1) 꼭지점 $(-2,\ 0)$
x절편 : -2
y절편 : 4

(3) 꼭지점 $(-3,\ 3)$
x절편 : $-3\pm\dfrac{\sqrt{6}}{2}$
y절편 : -15

(5) 꼭지점 $\left(-\dfrac{1}{2},\ \dfrac{9}{4}\right)$
x절편 : $-2,\ 1$
y절편 : 2

연습문제 3.1

01. (1)

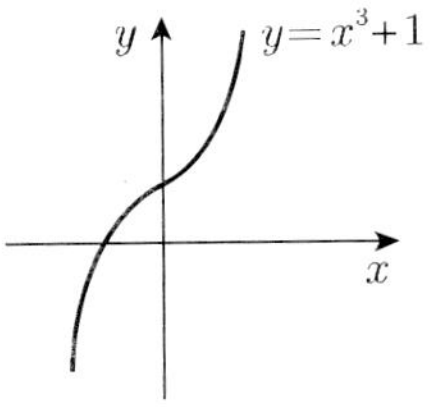

(3)

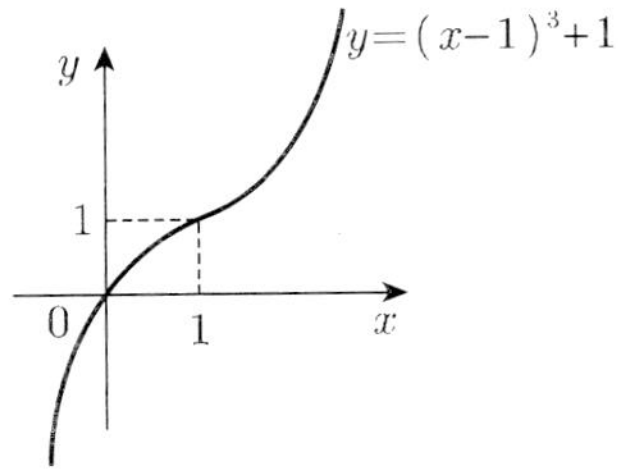

(5)

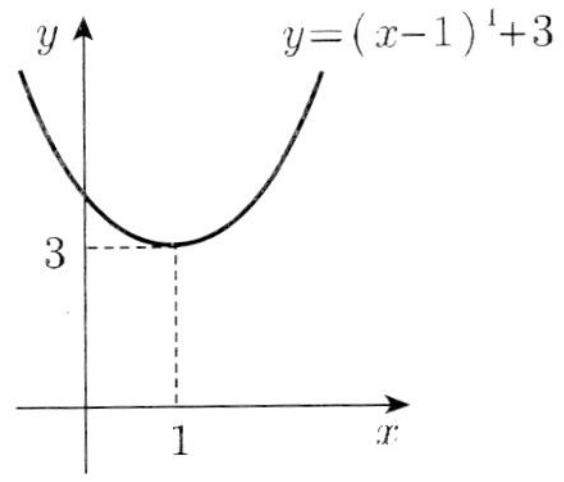

02. (1)

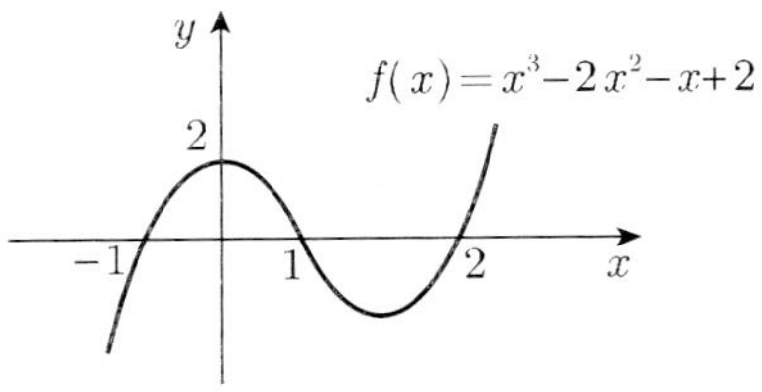

(3)

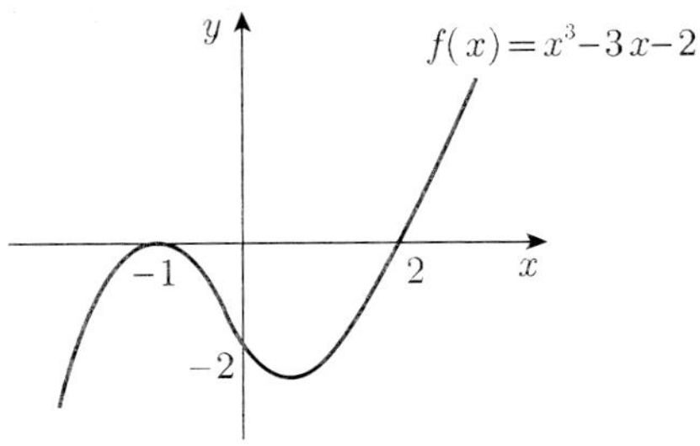

(5)

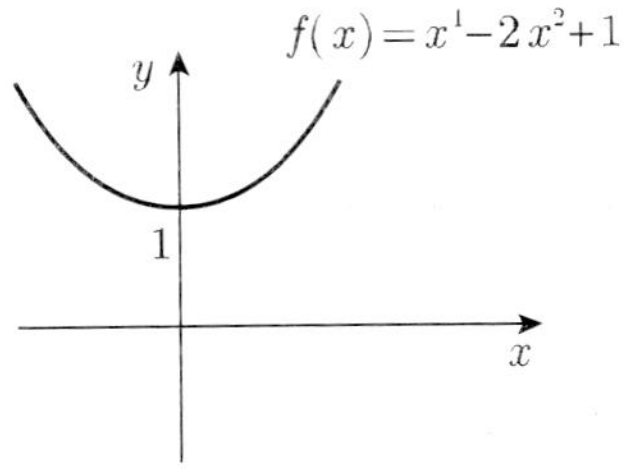

03. (1)

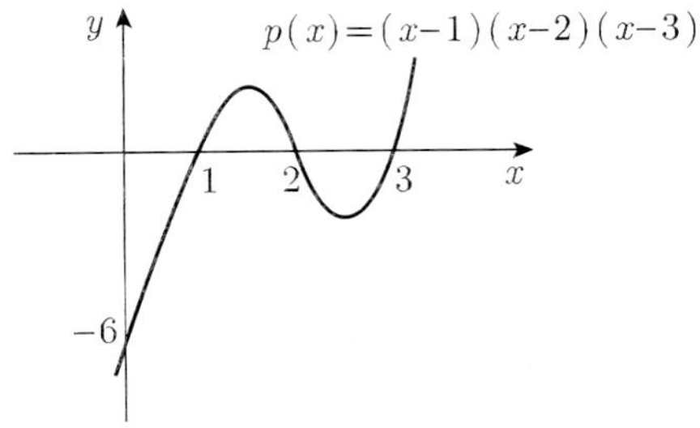

(1) $P(x)=0$을 만족하는 x의 값이 x절편이므로

$(x-1)(x-2)(x-3)=0$로부터

x절편: $x=1$, $x=2$, $x=3$.

$P(x)>0$인 구간은

$1<x<2,\ 3<x$

$P(x)<0$인 구간은

$x<1,\ 2<x<3$

(3)

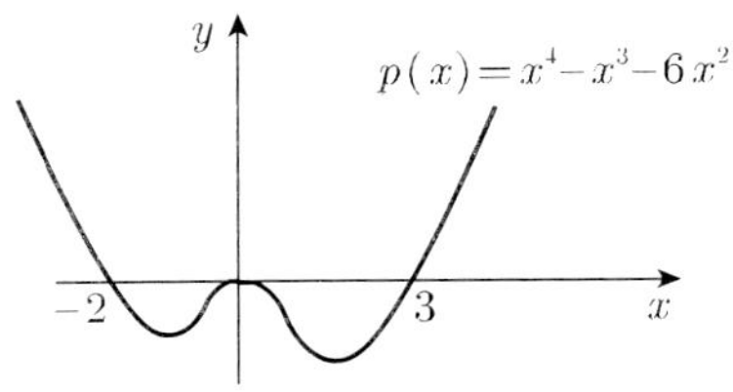

(3) $x^4-x^3-6x^2=0$

$\Rightarrow x^2(x^2-x-6)=0$

$\Rightarrow x^2(x-3)(x+2)=0$

$\therefore$ x절편 : $x=-2$, $x=0$, $x=3$

$P(x)>0$인 구간 :

$x<-2,\ 3<x,$

$P(x)<0$인 구간 :

$-2<x<0$, $0<x<3$

(5)

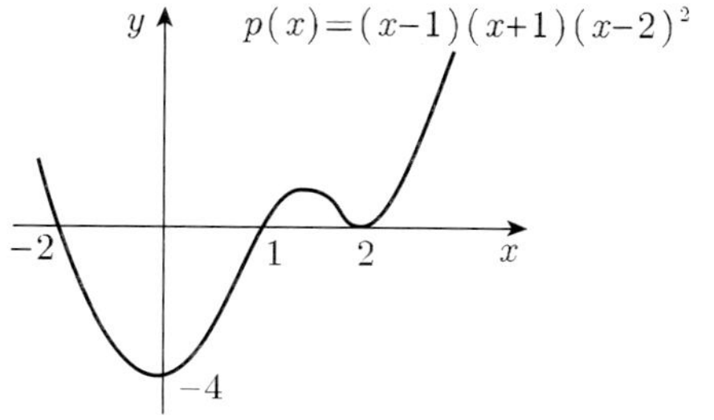

(5) $(x-1)(x+1)(x-2)^2=0$
$\therefore$ x절편 : $x=-1$, $x=1$, $x=2$
$P(x)>0$인 구간 :
$x<-1,\ 1<x<2,\ 2<x$
$P(x)<0$인 구간 :
$-1<x<1$

04. (1) $x^3<x$
$\Rightarrow x^3-x<0$
$\Rightarrow x(x^2-1)<0$
$\Rightarrow x(x+1)(x-1)<0$
$\therefore x<-1,\ 0<x<1$

연습문제 3.2

01. (1) 유리함수는분모가 0되는 x값을 제외하면 정의되므로,
정의역 : $x\neq 1$인 모든 실수

(3) 분모(x^2+2)가0을 되게하는 실수 x의 값이 없으므로,
정의역 : 모든 실수

(5) 분모(x^3+1)가 0을 되게하는 x의 값이 -1이므로,
정의역 : $x\neq -1$인모든 실수

02. (1)

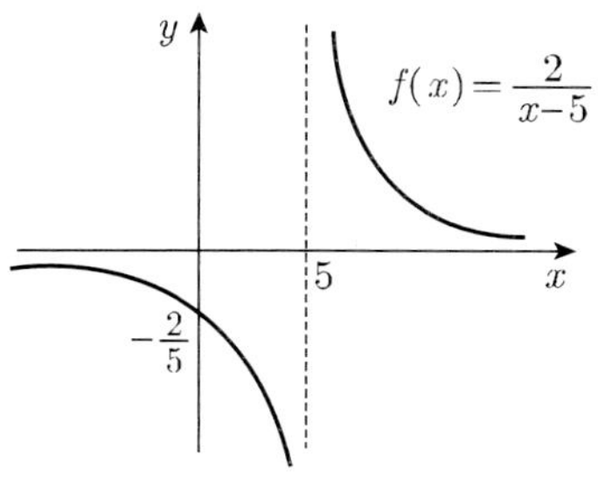

(3)

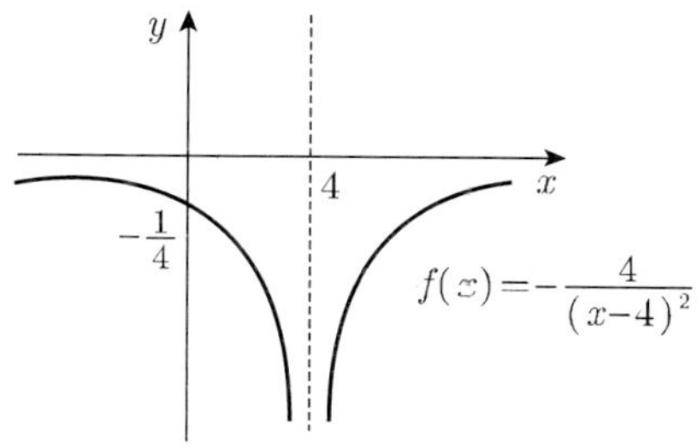

(5)

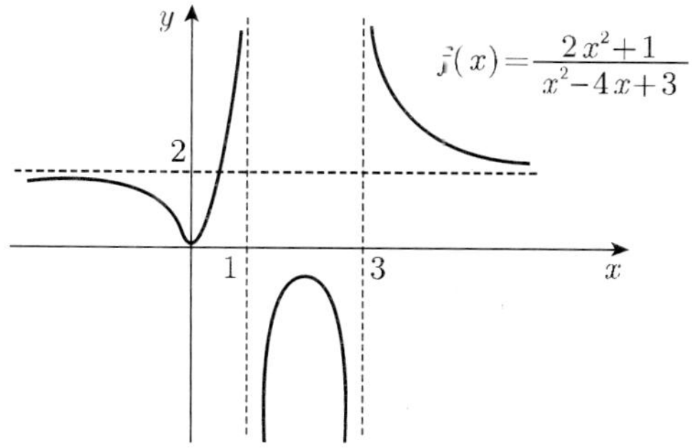

$y=\dfrac{ax+b}{cx+d}$에서,

수직점근선은 $x=-\dfrac{d}{c}$

수평점근선은 $y=\dfrac{a}{c}$이므로,

(1)수직점근선 : $x=5$
수평점근선 : $y=0$

(3)수직점근선 : $x=4$
수평점근선 : $y=0$

(5)수직점근선 : $x=1.\ x=3$
수평점근선 : $y=2$

03. (1) 정의역 $\{x \mid x\neq 2$인 모든실수$\}$

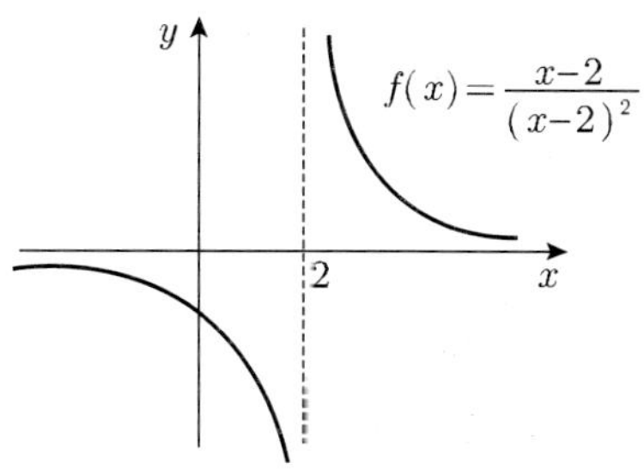

(3) 정의역 $\{x \mid x \neq -2,\ 3$인 모든실수$\}$

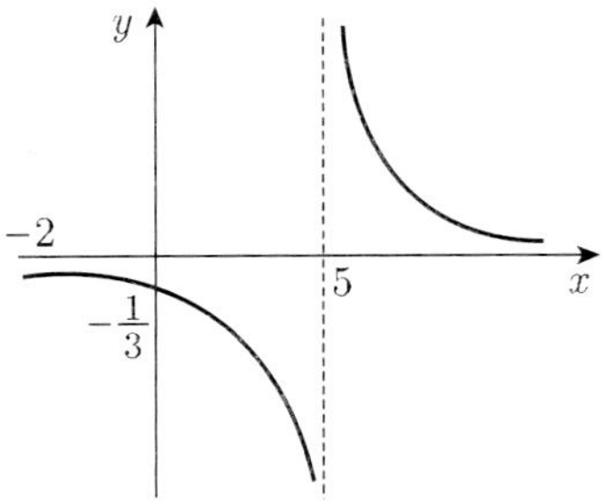

04. $y=\dfrac{ax+b}{cx+d}$에서,

수직점근선은 $x=-\dfrac{d}{c}$

수평점근선은 $y=\dfrac{a}{c}$인데,

$f(x)=\dfrac{ax+b}{2x+c}$의 점근선이
$x=2,\ y=1$이므로,

$x=-\dfrac{c}{2}=2 \quad \therefore c=-4$

$y=\dfrac{a}{2}=1 \qquad \therefore a=2$

$f(x)=\dfrac{2x+b}{2x-4}$에서$(1,\ 2)$을 대입하면,

$\Rightarrow \dfrac{2+b}{2-4}=2$
$\Rightarrow 2+b=-4$
$\therefore b=-6$

따라서 $a=2,\ b=-6,\ c=-4$

05. (1) 분모$(x+1)$가 0이 되는x는 -1
정의역 : $x\neq -1$인 모든실수

(2) 분모(x^2-1)가 0이 되는x는 $1,-1$
정의역 : $x\neq -1,\ 1$인 모든실수

(3) 분모(x^3+1)가 0이 되는 x는 -1
정의역 : $x\neq -1$인 모든실수

(4) 분모(x^2+x)가 0이 되는 x는 $1,-1$
정의역 : $x\neq 0,-1$인 모든실수

(1),(2),(3),(4)에 의하여
(2),(4) $\subset$ (1) $=$ (3)

06. (1) $\dfrac{x^2-3x-4}{(x-2)^2}\leq 0$

$\Rightarrow \dfrac{(x-4)(x+1)}{(x-2)^2}\leq 0$

$(x-2)^2$를 부등식의 양변에 곱하면,
$\Rightarrow (x-4)(x+1)\leq 0$

분모를 0 되게 하는 x를 제외하면,

$\therefore -1<x<4,\ x\neq 2$

(2) $\dfrac{(x-1)(x-3)^2}{(x-2)(x^2-4x+5)}>0$

(x^2-4x+5)는 모든 x에 대해서
양수이고,

부등식의 양변에
$(x-2)(x^2-4x+5)$를 곱하면,
$\Rightarrow (x-1)(x-3)^2(x-2)>0$

$\therefore x<1,\ x>2, x\neq 3$

연습문제 3.3

01. 근호안의 값이 0이상 되게하는
x의 범위가 정의역의 범위이므로,

(1) $0\leq 2-8x$
$\Rightarrow 8x\leq 0$
$\therefore$ 정의역 : $x\leq \dfrac{1}{4}$인 모든실수

(3) $0\leq -2x-1$
$\Rightarrow 2x\leq -1$
$\therefore$ 정의역 : $x\leq -\dfrac{1}{2}$인 모든실수

(5) $\sqrt[3]{\ }$는 근호안이 음수여도 상관이
없고, 분모가 0되게 하는 값만
제외하면 되므로,
$\therefore$ 정의역 : $x\neq -1$인 모든실수

02. (1)

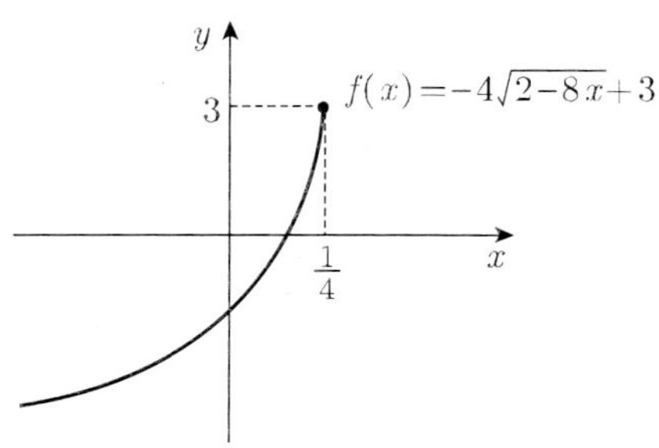

(3)

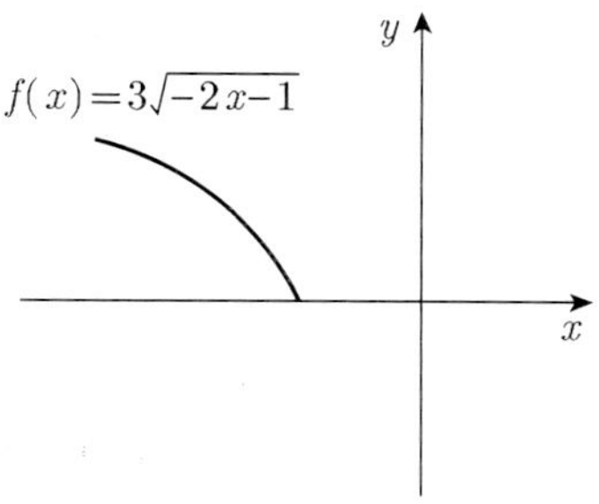

03. (1) $-2<x<2$이므로,
$\sqrt{(x-2)^2}+|x+2|$
$\Rightarrow -(x-2)+(x+2)=4$

$\therefore 4$

04. (1) 왼쪽 무리식이 정의되기 위해서는 $x\geq 6$, $x\leq 3$을 만족해야 하는데, 이 두 조건을 만족하는 실수는 없다.

(3) $\sqrt{x+9}$와 $\sqrt{x}$가 정의되기 위해서는 $x\geqq 0$이어야 하는데 이 때 $\sqrt{x+9}$는 3 이상이므로 $\sqrt{x+9}+\sqrt{x}\geqq 3$ 이다. 따라서 $\sqrt{x+9}+\sqrt{x}=2$를 만족하는 x가 존재하지 않는다.

05. (1) $x^2-\sqrt{x^2-1}=3$
$\Rightarrow x^2-3=\sqrt{x^2-1}$
$\Rightarrow x^4-6x^2+9=x^2-1$

$\Rightarrow x^4-7x^2+10=0$
$\Rightarrow (x^2-5)(x^2-2)=0$

$x^2=5$ or $x^2=2$ 인데,
$x^2=2$는
주어진 식을 만족하지 않으므로

$x^2=5$이고, $\therefore x=\pm\sqrt{5}$

(3) $3\sqrt{x-3}=x-1$
$\Rightarrow 9(x-3)=(x-1)^2$
$\Rightarrow 9x-27=x^2-2x+1$
$\Rightarrow x^2-11x+28=0$
$\Rightarrow (x-7)(x-4)=0$

$\therefore x=7$ or $x=4$

연습문제 4.1

01. $y_1=f(x_1)$, $y_2=f(x_2)$이라 할 때
일대일 함수는
$y_1=y_2\Rightarrow x_1=x_2$임을 보이면 된다.

(1) $y_1=y_2$
$\Rightarrow 2x_1-5=2x_2-5$
$\Rightarrow 2x_1=2x_2$
$\Rightarrow x_1=x_2$

(2) $y_1=y_2$
$\Rightarrow x_1^3-7=x_2^3-7$
$\Rightarrow x_1^3=x_2^3$
$\Rightarrow x_1=x_2$

(6) $y_1=y_2$
$\Rightarrow -\sqrt[3]{x_1+5}=-\sqrt[3]{x_2+5}$
$\Rightarrow x_1+5=x_2+5$
$\Rightarrow x_1=x_2$

(7) $x\geq 0$에 대하여,
$y_1=y_2$
$\Rightarrow x_1|x_1|=x_2|x_2|$
$\Rightarrow x_1^2=x_2^2$
$\Rightarrow x_1=x_2$
$x<0$에 대하여,
$\Rightarrow x_1|x_1|=x_2|x_2|$
$\Rightarrow -x_1^2=-x_2^2$
$\Rightarrow x_1=x_2$

02. (1) $x=4y-5$
$\Rightarrow 4y=x+5$
$\Rightarrow y=\dfrac{x+5}{4}$

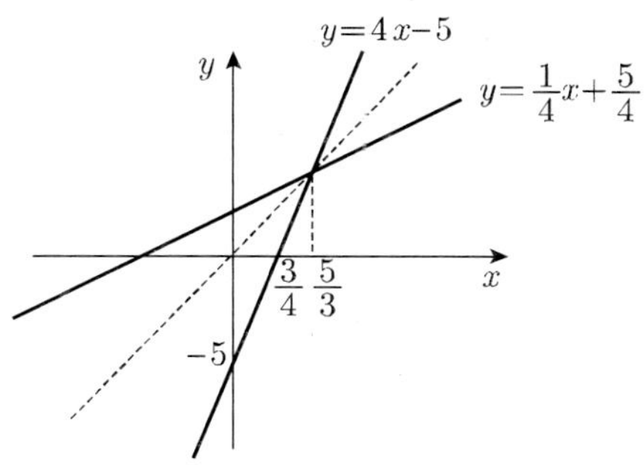

(3) $x=-y^3-2$
$\Rightarrow y^3=-x-2$
$\Rightarrow y=\sqrt[3]{-x-2}$

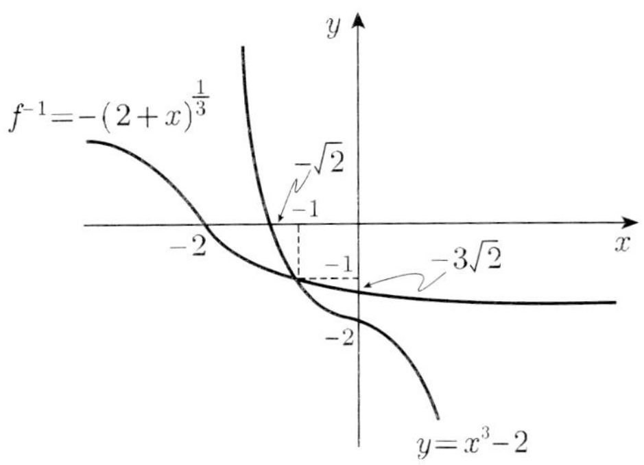

(5) $yx=4$
$\Rightarrow y=\dfrac{4}{x}$

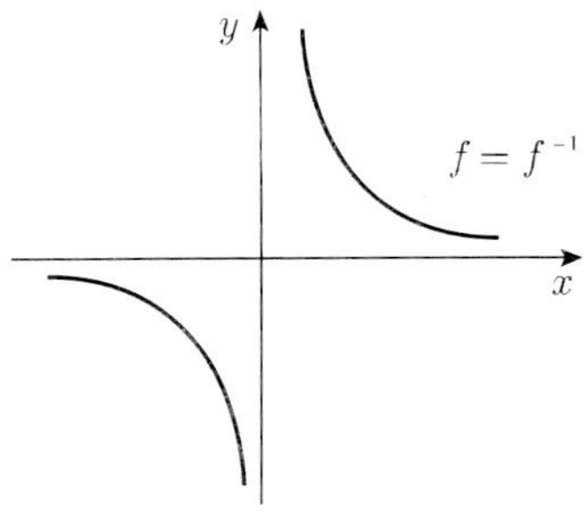

03. (1) $y_1=y_2$
$\Rightarrow \sqrt{6+x_1}=\sqrt{6+x_2}$
$\Rightarrow 6+x_1=6+x_2$
$\Rightarrow x_1=x_2$
일대일함수이다. 역함수는
$x=\sqrt{6+y}$
$\Rightarrow x^2=6+y$
$\Rightarrow y=x^2-6\ (0\le x)$
치역은 $-6\le y$ 이다.

(3) $y=4-x^2$는 일대일 함수가 아니므로, 정의역을 $0\le x$로 제한하면, 역함수를 구하면,
$x=4-y^2$
$\Rightarrow y^2=4-x$
$\Rightarrow y=\sqrt{4-x}\ (x\le 4)$
치역은 $0\le y$ 이다.

(5) $y=x^2+2x+1=(x+1)^2$는 일대일 함수가 아니므로, 정의역을 $-1\le x$로 제한하면, 역함수를 구하면,
$x=(y+1)^2$
$\Rightarrow y+1=\sqrt{x}$
$\Rightarrow y=\sqrt{x}-1\ (x\ge 0)$
치역은 $-1\le y$

(7) $x=1$에서 분모가 0이 되므로 정의되지 않는다. 따라서 정의역은 $x\ne 1$인 모든 실수이고, 분자를 인수분해하면

$$y=\frac{(x-1)(x+1)}{x-1}=x+1$$

이므로 역함수는 $y=x-1$이고 역함수의 치역은 (주어진 함수의 정의역과 같으므로) $x\ne 1$인 모든 실수

04. (1) 참
왜냐하면 $x_1<x_2\Rightarrow f(x_1)<f(x_2)$ 인 함수의 역함수를 g라고 하면
$x_1\to g(x_1),\ x_2\to g(x_2)$,
$y_1\to x_1,\ y_2\to x_2$
가 되므로,
$x_1<x_2\Rightarrow g(x_1)<g(x_2)$가 성립
따라서 역함수도 증가함수이다.

(3) 거짓
반례 : $y=x^2$은 우함수이나 역함수가 아니다.

(5) 참
왜냐하면
$h=g\circ f,\ f(x_*)=y_*,\ g(y_*)=z_*$
$\Rightarrow h(x_1)=h(x_2)$
$\Rightarrow g(f(x_1))=g(f(x_2))$
g가 일대일 함수이므로,
$\Rightarrow f(x_1)=f(x_2)$
f가 일대일 함수이므로,
$\Rightarrow x_1=x_2$
따라서 h도 일대일 함수이다.

(7) 거짓
반례 : $f(x)=-x,\ g(x)=-2x$ 로 놓으면
$h(x)=2x$가 되어
증가함수이다.

연습문제 4.2

01. (1) $f(2)=(\frac{1}{3})^2=\frac{1}{9}$

(3) $f(\frac{1}{2})=(\frac{1}{3})^{\frac{1}{2}}=(\frac{1}{\sqrt{3}})=\frac{\sqrt{3}}{3}$

02. (1)

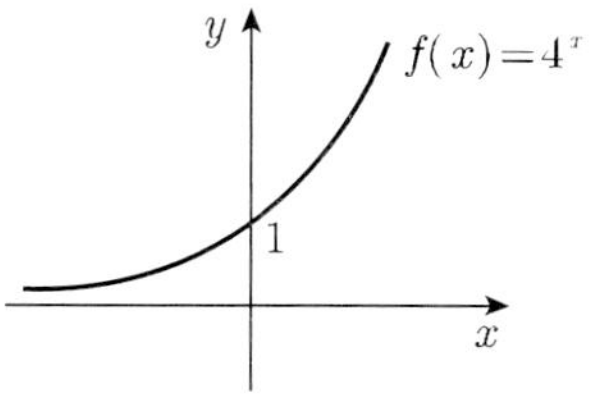

(3)

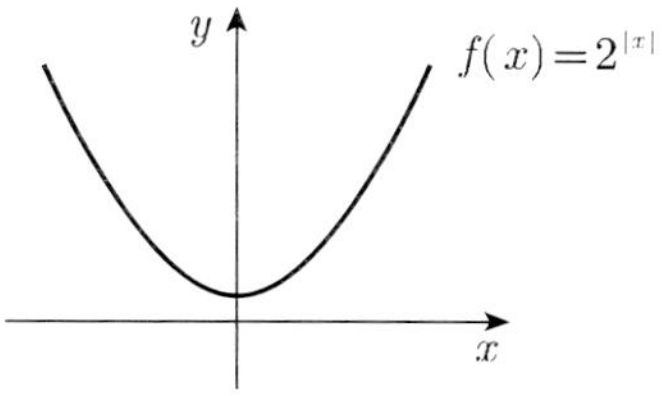

(5)

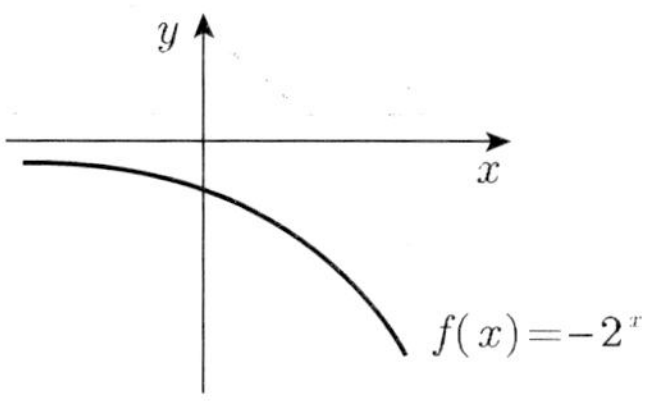

03. (1) $4^x=(2^2)^x=2^{2x}=2$ 이므로
$2x=1$
$\therefore\ x=\frac{1}{2}$

(3) $2^{3-y}=8=2^3$이므로
$3-y=3$
$\therefore\ y=0$

(5) $e^{-5x}=(e^2)^x=e^{2x}$이므로
$-5x=2x$
$\therefore\ x=0$

04. (1)

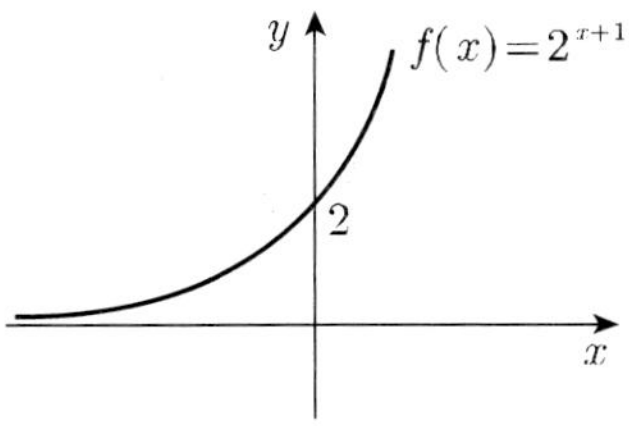

(3)

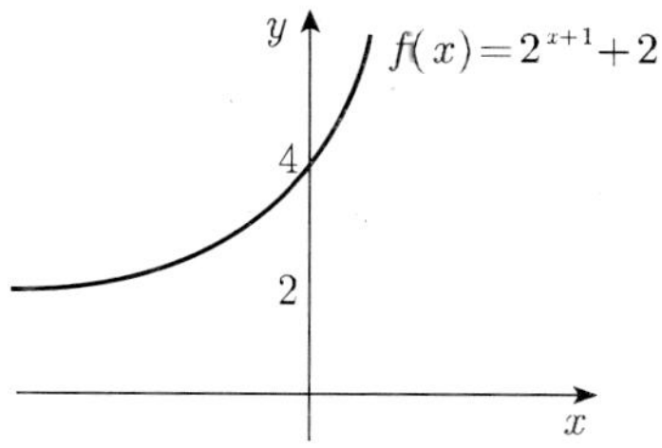

(5)

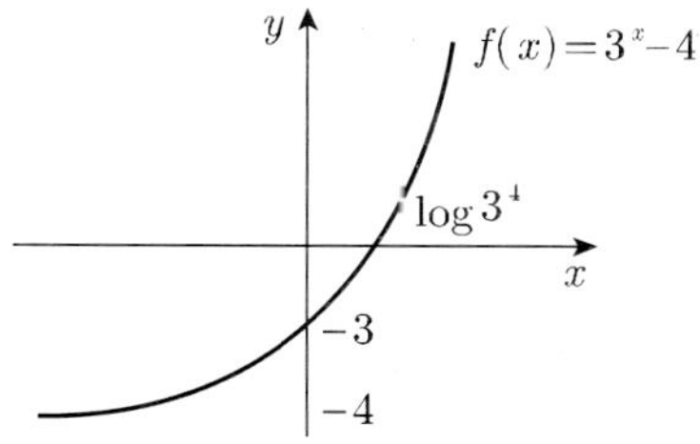

05. (1) $2^{3x+2}=2^{2x}$
$\Rightarrow 3x+2=2x$
$\therefore x=-2$

(3) $4^X+4^{-X}=2^X+2^{-X}$
$\Rightarrow (2^X)^2+(2^X)^{-2}=2^X+2^{-X}$
2^X를 t라고 치환하면
$t^2+t^{-2}=t+t^{-1}$
$\Rightarrow t^4+1=t^3+t^2$
$\Rightarrow t^4-t^3-t^2+1=0$
$\Rightarrow (t-1)(t^3-t-1)=0$
$t=1$이므로, $2^X=1$
$\therefore X=0$

(Note. $t^3-t-1=0$의 무리수해를 구하는 것은 교재 범위를 벗어난다.)

06. (1) 거짓
$y=2^x$를 x축에 대칭이동하면,
$y=-2^x$이다.

연습문제 4.3

01. (1) $\log_5 25=\log_5 5^2=2$

(3) $\log_{10}0.001=\log_{10}10^{-3}=-3$

(5) $\log_4\frac{\sqrt[3]{4}}{2}=\log_4 4^{\frac{1}{3}}-\log_4 4^{\frac{1}{2}}$
$=\frac{1}{3}-\frac{1}{2}=-\frac{1}{6}$

(7) $e^{\ln 2}=2^{\ln e}=2$

(9) $\ln\sqrt{e}=\ln e^{\frac{1}{2}}=\frac{1}{2}$

02. (1) $\log_3\frac{2}{5}=\log_3 2-\log_3 5$

(3) $\log_4(2^x4^y)=\log_4 2^x+\log_4 4^y=\frac{x}{2}+y$

03. (1) $\log_a x+\log_a y-\log_a m=\log_a\frac{xy}{m}$

(3) $\log_a(pq^2)+2\log_a\frac{p}{q}=\log_a(pq^2)(\frac{p}{q})^2$
$=\log_a p^3$

04. (1) $\log_2 x=3 \Rightarrow x=2^3$

(3) $\log_{1/2}x=3 \Rightarrow x=(\frac{1}{2})^3=\frac{1}{8}$

(5) $\log_x 4=\frac{1}{2}\Rightarrow x^{\frac{1}{2}}=4=16^{\frac{1}{2}}\Rightarrow x=16$

05. (1)

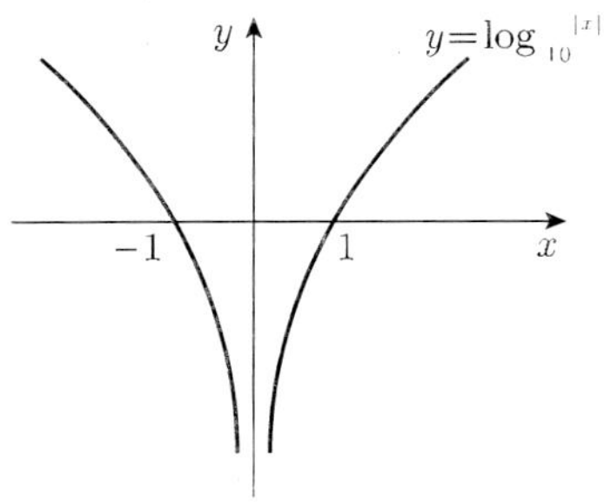

(3)

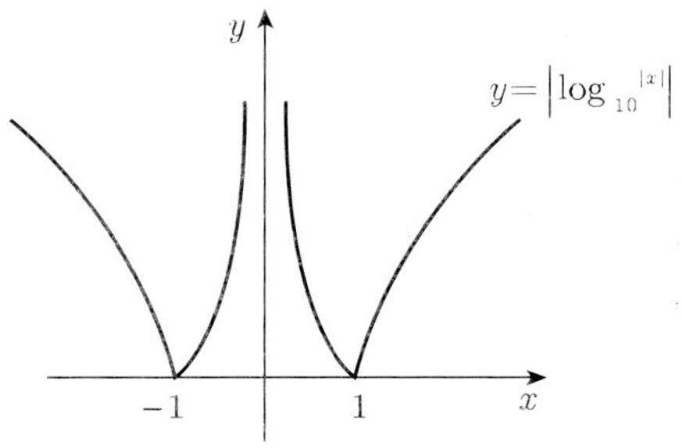

06. (1) $\log_2 3=\frac{\ln 3}{\ln 2}$

(3) $\log e=\frac{\ln e}{\ln 10}=\frac{1}{\ln 10}$

07. (1)

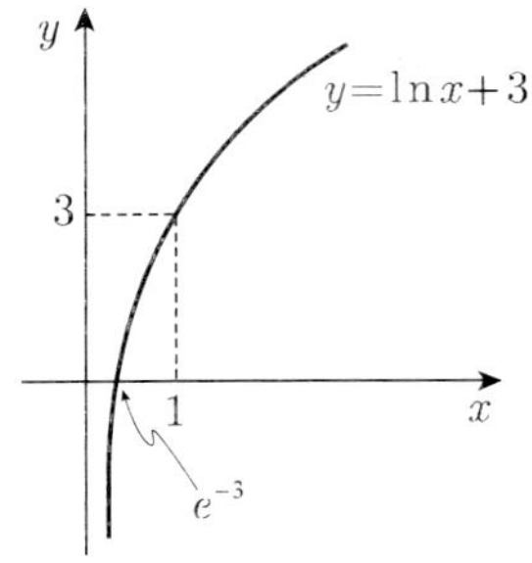

(3)

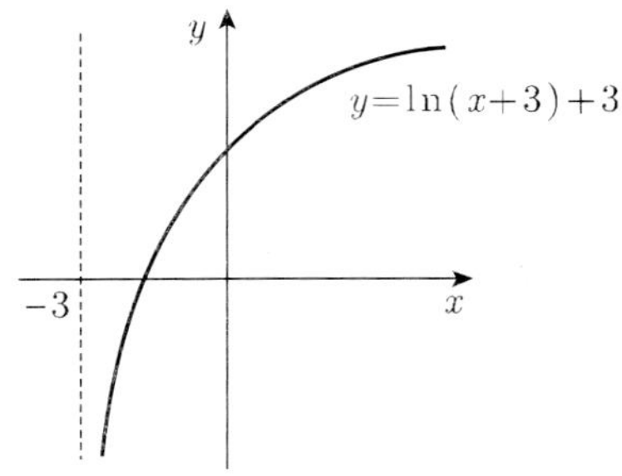

(5)

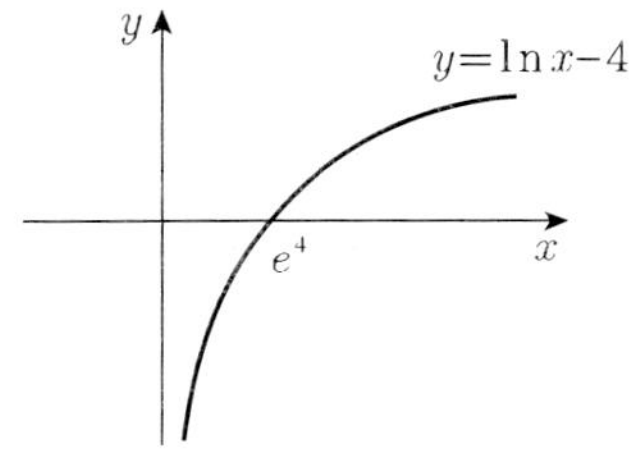

08. (1)

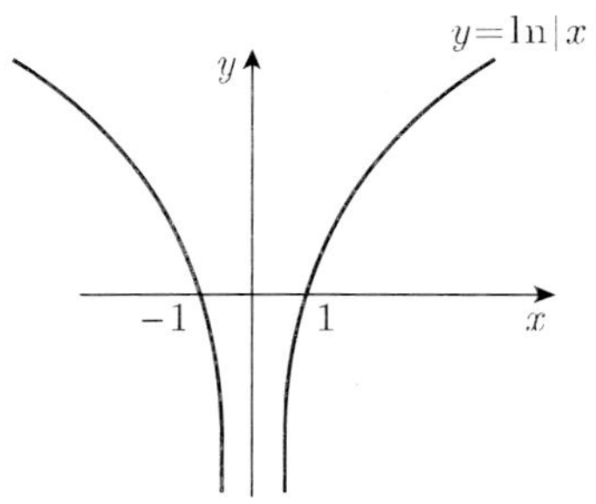

(3)

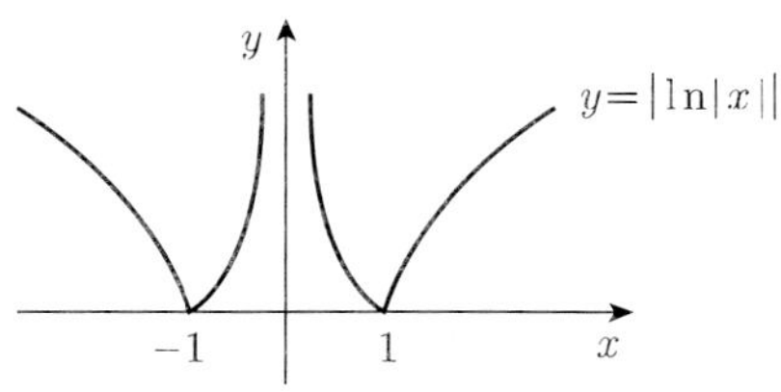

09. (1)

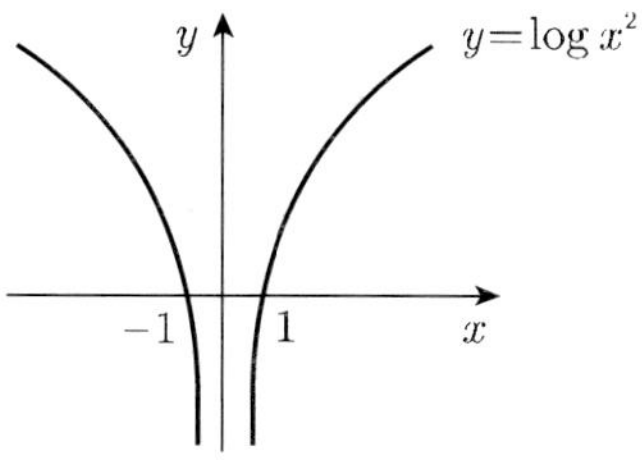

10. (1)

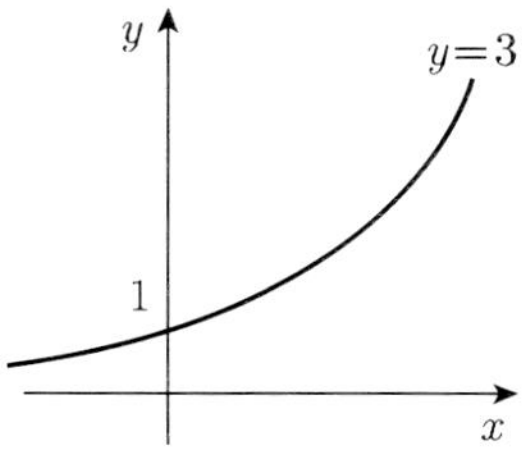

(3)

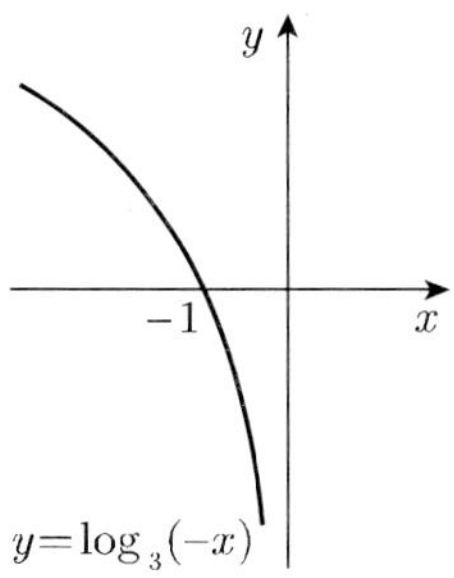

11. (1) $3^x = 6 \Rightarrow x = \log_3 6 = \dfrac{\ln 6}{\ln 3}$

(3) $5^{2-x} = 12$
$\Rightarrow 2 - x = \log_5 12$
$\Rightarrow x = 2 - \log_5 12$
$\Rightarrow x = 2 - \dfrac{\ln 12}{\ln 5}$

(5) $2^x = -3$을 만족하는 x는 없다.

(7) $\ln(t-1) = 1$
$\Rightarrow t - 1 = e$
$\Rightarrow t = e + 1$

(9) $\log_a(x+4) - \log_a(x+2) = \log_a x$
$\Rightarrow \dfrac{x+4}{x+2} = x$
$\Rightarrow x + 4 = x(x+2)$
$\Rightarrow x^2 + x - 4 = 0$
$\Rightarrow x = \dfrac{-1 \pm \sqrt{17}}{2}$

$x > 0$이어야 하므로 $x = \dfrac{-1+\sqrt{17}}{2}$

(11) $\ln(y+2) = \ln(y-7) + \ln 4$
$\Rightarrow \ln(y+2) = \ln 4(y-7)$
$\Rightarrow y + 2 = 4y - 28$
$\Rightarrow 3y = 30$
$\therefore y = 10$

12.

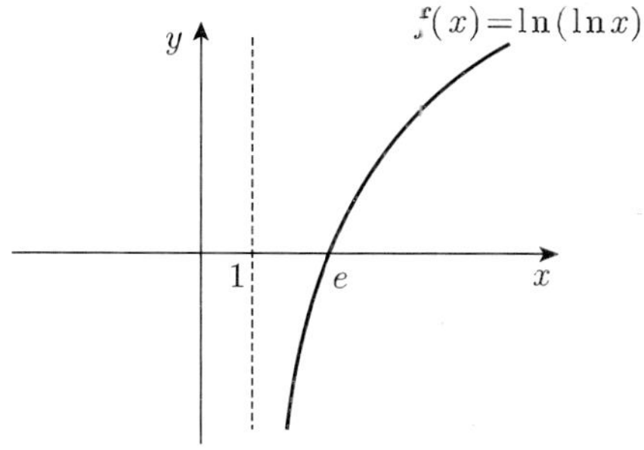

연습문제 5.1

01. (1) $210° = 180° + 30°$이므로 3사분면

(3) $1000° = 360° \times 3 - 80°$이므로 4사분면

02. (1) $210° \times \dfrac{\pi}{180°} = \dfrac{7}{6}\pi$

(3) $-225° \times \dfrac{\pi}{180°} = -\dfrac{5}{4}\pi$

03. (1) $\dfrac{5}{6}\pi \times 180° = 150°$

(3) $\dfrac{5}{4}\pi \times 180° = 225°$

04. (1) $\cos 30° = \dfrac{\sqrt{3}}{2}$

(3) $\cos 60° = \dfrac{1}{2}$

(5) $\sin 60° = \dfrac{\sqrt{3}}{2}$

(7) $\sin 120° = \sin 60 = \dfrac{\sqrt{3}}{2}$

05. $S = \dfrac{1}{2} lr$이고 호의길이는 $l = r\theta$이므로,

$\pi = r \times \dfrac{2}{3}\pi$에서 $r = \dfrac{3}{2}$

$\therefore S = \dfrac{1}{2} \times \pi \times \dfrac{3}{2} = \dfrac{3}{4}\pi$

06. $S=\frac{1}{2}r^2\theta$이므로,

$$\frac{4}{3}\pi=\frac{1}{2}\times r^2\times\frac{5}{3}\pi$$
$$\Rightarrow r^2=\frac{8}{5}$$
$$\therefore\ r=\frac{2\sqrt{10}}{5}$$

07. (1) $\theta=\frac{\pi}{2},\frac{3}{2}\pi$

(3) $\theta=\frac{\pi}{4},\frac{5}{4}\pi$

(5) $\theta=\frac{\pi}{3},\frac{2}{3}\pi$

(7) $\theta=\frac{7}{6}\pi,\frac{11}{6}\pi$

(9) $\theta=\frac{\pi}{3},\frac{4}{3}\pi$

(11) $\sec\theta=\frac{1}{\cos\theta}=\sqrt{2}$ 이므로,

$\cos\theta=\frac{\sqrt{2}}{2}$ 이다.

$\theta=\frac{\pi}{4},\frac{7}{4}\pi$

08. (1) $2\sin\theta=1\ \Rightarrow\sin\theta=\frac{1}{2}$

$\therefore\theta=\frac{\pi}{6},\frac{5}{6}\pi$

(3) $\tan\theta=-1$

$\therefore\theta=\frac{3}{4}\pi,\frac{7}{4}\pi$

(5) $\sin x$를 t라고 치환하면,

$2t^2+3t+1=0\ \Rightarrow(2t+1)(t+1)=0$

$t=\sin x=-1$ or $-\frac{1}{2}$

$\therefore x=\frac{3}{2}\pi,\frac{7}{6}\pi,\frac{11}{6}\pi$

09. (1) $2\sin^2x=1$

$\Rightarrow\sin^2x=\frac{1}{2}$

$\Rightarrow\sin x=\pm\frac{\sqrt{2}}{2}$

$$\therefore\begin{cases}x=n\pi\pm(-1)^n\frac{\pi}{4}\\x=n\pi\pm(-1)^n\frac{5}{4}\pi\end{cases}$$

(3) $\sec2x=2$

$\Rightarrow\frac{1}{\cos2x}=2$

$\Rightarrow\cos2x=\frac{1}{2}$

$\Rightarrow2x=2n\pi\pm\frac{\pi}{3}$

$\therefore x=n\pi\pm\frac{\pi}{6}$

(5) $2\sin t\cos t+3\cos t=0$

$\Rightarrow\cos t(2\sin t+3)=0$

$\Rightarrow2\sin t+3\neq0$이므로 $\cos t=0$

$\therefore t=2n\pi\pm\frac{\pi}{2}$

10. (1) $\cos^2\theta+\sin^2\theta=1$이므로

$\Rightarrow\cos^2\theta+\frac{9}{25}=1$

$\Rightarrow\cos^2\theta=\frac{16}{25}$인데,

θ가 1사분면 각이므로

$\therefore\cos\theta=\frac{4}{5}$

(3) $\cos^2\theta+\sin^2\theta=1$이므로

$\Rightarrow\sin^2\theta+\frac{25}{169}=1$

$\Rightarrow\sin^2\theta=\frac{144}{169}$인데,

θ가 3사분면 각이므로

$\therefore\sin\theta=-\frac{12}{13}$

연습문제 5.2

01. (1) 기본주기 : $\frac{2\pi}{|3|}=\frac{2}{3}\pi$

치역 : $\{y\mid-1\le y\le1\}$

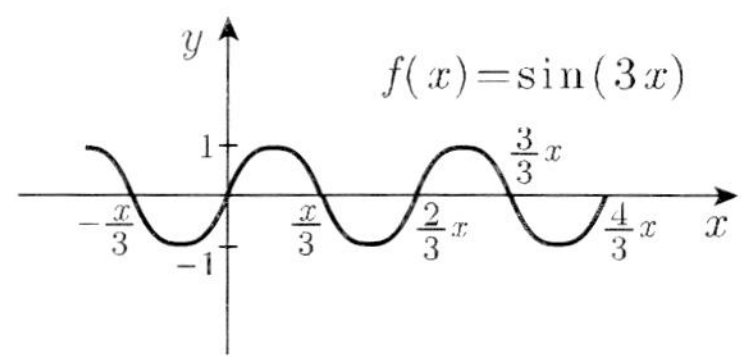

(3) 기본주기 : $\dfrac{2\pi}{\left|\frac{1}{3}\right|}=6\pi$

치역 : $\{y \mid -1 \le y \le 1\}$

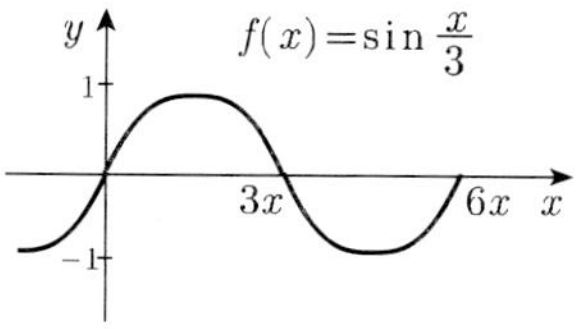

02. (1)

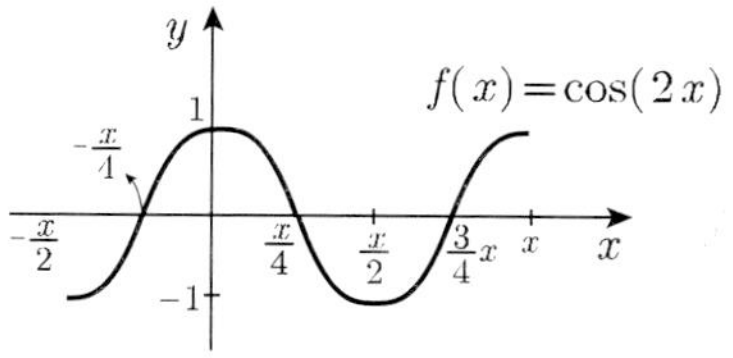

(3)

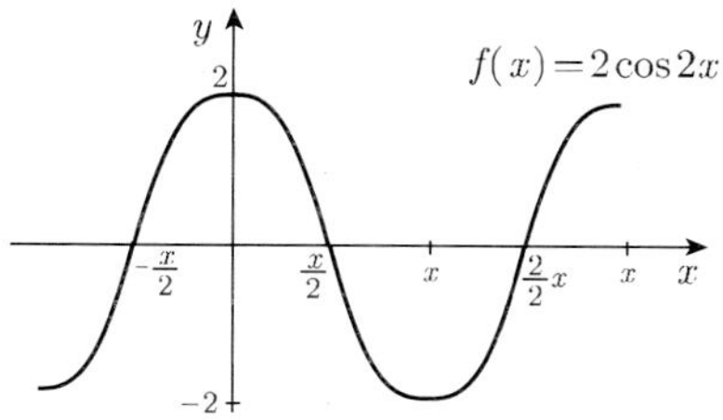

03. (1)

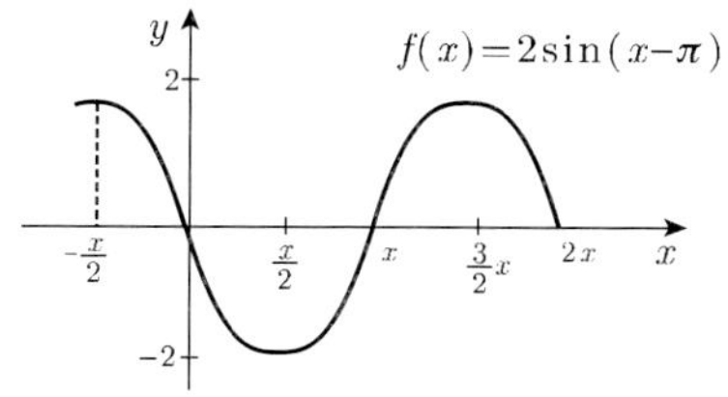

(3)

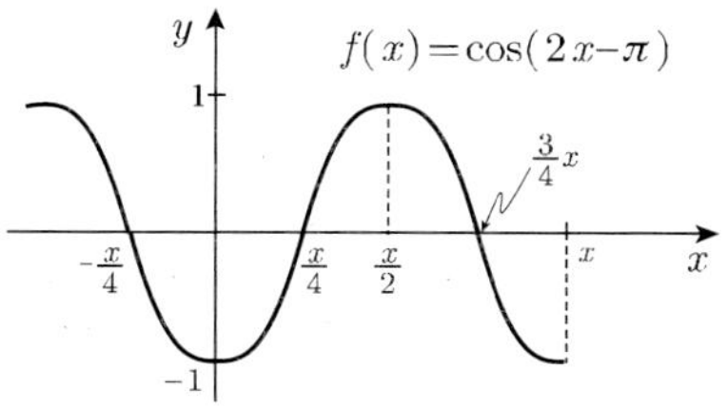

(5)

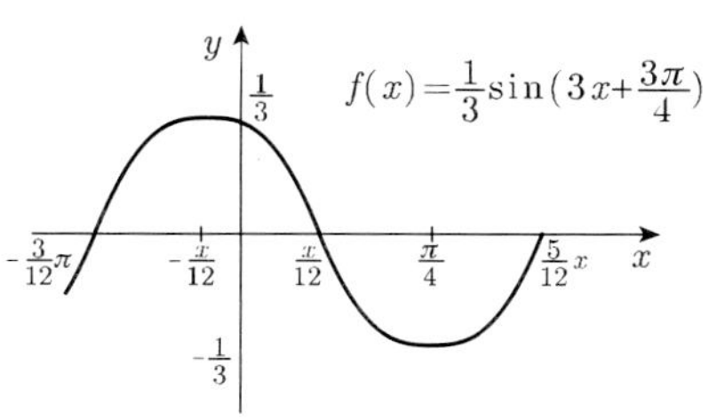

04. (1) $y=-2\sin(-2x+\pi)$
$=-(-2\sin(2x-\pi))=2\sin(2x-\pi)$

(3) $y=-5\sin(-2x-\pi)$
$=-(-5\sin(2x+\pi))=5\sin(2x+\pi)$

05. (1) $\dfrac{2\pi}{|5|}=\dfrac{2}{5}\pi$

(3) $\dfrac{\pi}{|4|}=\dfrac{\pi}{4}$

06. (1) $-1 \le \sin(3x+2) \le 1$
$\Rightarrow -\sqrt{2} \le \sqrt{2}\,sin(3x+2) \le \sqrt{2}$
최대값 : $\sqrt{2}$, 최소값 : $-\sqrt{2}$

(3) $-1 \le \sin(4x+\pi) \le 1$
$\Rightarrow -2 \le -2\sin(4x+\pi) \le 2$
최대값 : 2, 최소값 : -2

07. (1) 주기 : π

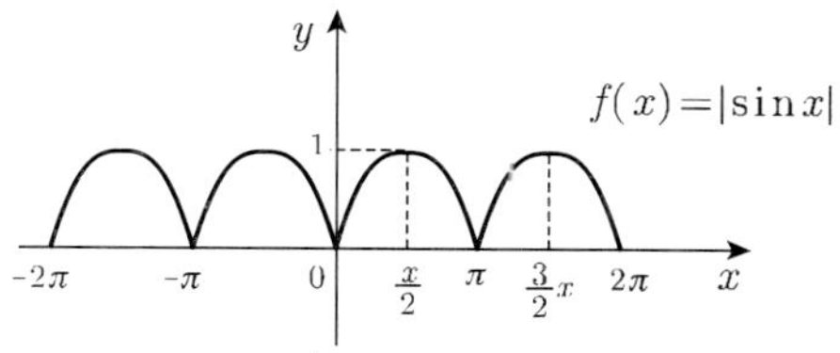

(2) 주기 : π

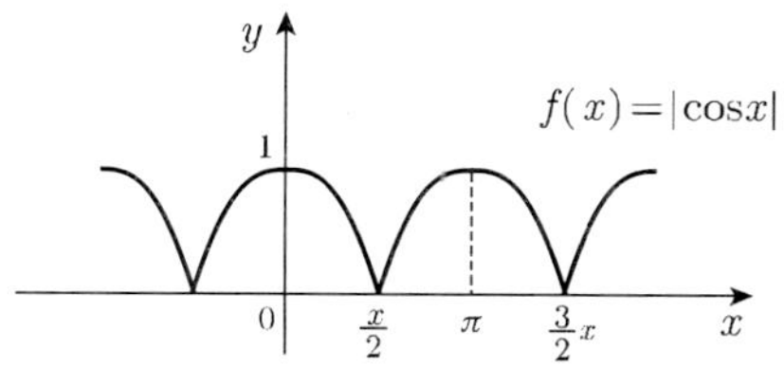

(3) 주기 : π

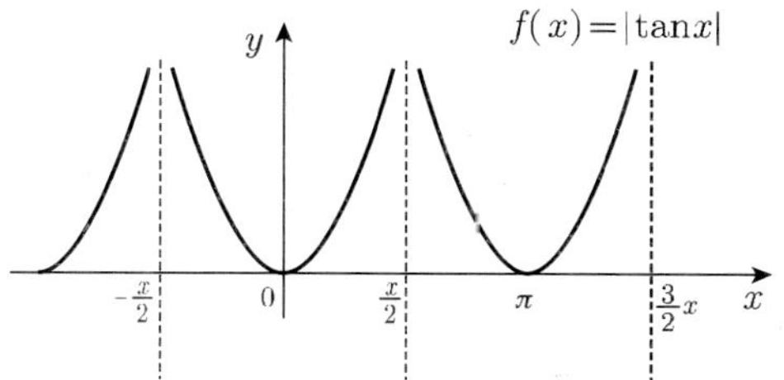

연습문제 5.3

01. (1) $\dfrac{1+\sin\theta}{\cos\theta}+\dfrac{\cos\theta}{1+\sin\theta}$
$=\dfrac{(1+\sin\theta)^2+\cos^2\theta}{\cos\theta(1+\sin\theta)}$
$=\dfrac{\sin^2\theta+\cos^2\theta+2\sin\theta+1}{\cos\theta(1+\sin\theta)}$
$=\dfrac{2+2\sin\theta}{\cos\theta(1+\sin\theta)}$
$=\dfrac{2}{\cos\theta}=2\sec\theta$

02. (1) $\sin(120^\circ)=\sin(90^\circ+30^\circ)$
$=\cos(30^\circ)=\dfrac{\sqrt{3}}{2}$

(3) $\tan(300^\circ)=\tan(360^\circ-60^\circ)$
$=\tan(-60^\circ)=-\tan(60^\circ)=-\sqrt{3}$

(5) $\csc(720^\circ)=\dfrac{1}{\sin(720^\circ)}$
$=\dfrac{1}{\sin(2\times360^\circ)}=\dfrac{1}{\sin(0^\circ)}=\infty$

03. (1) $\sin75^\circ=\sin(45^\circ+30^\circ)$
$=\sin45^\circ\cos30^\circ+\cos45^\circ\sin30^\circ$
$=\dfrac{\sqrt{2}}{2}\dfrac{\sqrt{3}}{2}+\dfrac{\sqrt{2}}{2}\dfrac{1}{2}=\dfrac{\sqrt{6}+\sqrt{2}}{4}$

(3) $\tan75^\circ=\tan(45^\circ+30^\circ)$
$=\dfrac{\tan45^\circ+\tan30^\circ}{1-\tan45^\circ\tan30^\circ}=\dfrac{1+\dfrac{\sqrt{3}}{3}}{1-1\times\dfrac{\sqrt{3}}{3}}$
$=\dfrac{3+\sqrt{3}}{3-\sqrt{3}}$

(5) $\cos15^\circ=\cos(45^\circ-30^\circ)$
$=\cos45^\circ\cos30^\circ+\sin45^\circ\sin30^\circ$
$=\dfrac{\sqrt{2}}{2}\dfrac{\sqrt{3}}{2}+\dfrac{\sqrt{2}}{2}\dfrac{1}{2}=\dfrac{\sqrt{6}+\sqrt{2}}{4}$

04. (1) $\dfrac{\sqrt{3}}{2}\sin\theta+\dfrac{1}{2}\cos\theta$
$=\sqrt{(\dfrac{\sqrt{3}}{2})^2+(\dfrac{1}{2})^2}\,(\cos\alpha\sin\theta+\sin\alpha\cos\theta)$
$=\sin(\theta+\alpha)$

$\cos\alpha=\dfrac{\sqrt{3}}{2}$이고 $\sin\alpha=\dfrac{1}{2}$이므로
$\alpha=30^\circ$

$\therefore \sin(\theta+30^\circ)$

05. (1) $(\sin\theta-\cos\theta)^2=\dfrac{1}{4}$
$\Rightarrow \sin^2\theta+\cos^2\theta-2\sin\theta\cos\theta=\dfrac{1}{4}$
$\Rightarrow 2\sin\theta\cos\theta=\dfrac{3}{4}$
$\therefore \sin\theta\cos\theta=\dfrac{3}{8}$

06. $\tan\theta+\dfrac{1}{\tan\theta}=\dfrac{\sin\theta}{\cos\theta}+\dfrac{\cos\theta}{\sin\theta}$
$=\dfrac{\sin^2\theta+\cos^2\theta}{\sin\theta\cos\theta}$
$=\dfrac{1}{\sin\theta\cos\theta}=2$

이므로 $\sin\theta\cos\theta=\dfrac{1}{2}$이다.

(1) $\sin\theta\cos\theta=\dfrac{1}{2}$

(3) $\sin\theta=a$, $\cos\theta=b$라고 놓으면,

$\sin^3\theta+\cos^3\theta=a^3+b^3$
$=(a+b)(a^2-ab+b^2)$
$=(\sin\theta+\cos\theta)(\sin^2\theta-\sin\theta\cos\theta+\cos^2\theta)$
$=(\sqrt{2})(1-\dfrac{1}{2})=\dfrac{\sqrt{2}}{2}$

07. (1) $\sin75^\circ-\sin15^\circ$
$=2\cos\dfrac{75^\circ+15^\circ}{2}sin\dfrac{75^\circ-15^\circ}{2}$
$=2\cos45^\circ\sin30^\circ=\sqrt{2}$

08. (1) $\sin\theta+\sin(\pi+\theta)+\sin(2\pi+\theta)+\sin(3\pi+\theta)$
$=\sin\theta-\sin\theta+\sin\theta-\sin\theta=0$

(3) $\dfrac{\tan(-\theta)-\tan(8\pi+\theta)}{\tan(\pi+\theta)\tan(-3\pi-\theta)}$
$=\dfrac{-\tan\theta-\tan\theta}{\tan\theta(-\tan\theta)}$
$=\dfrac{-2\tan\theta}{-\tan^2\theta}=2\cot\theta$

(5) $\dfrac{\sin(2\pi-\theta)}{\cos(\pi+\theta)}+\dfrac{\cos(\frac{\pi}{2}+\theta)}{\sin(\frac{\pi}{2}-\theta)}$

$=\dfrac{-\sin\theta}{-\cos\theta}+\dfrac{-\sin\theta}{\cos\theta}=0$

09. (1) $\cos(\frac{\pi}{2}-\theta)=\sin\theta=\alpha$

(3) $\tan(-\frac{\pi}{2}+\theta)=-\cot\theta=-\dfrac{\cos\theta}{\sin\theta}$

$=-\dfrac{\sqrt{1-\sin^2\theta}}{\sin\theta}=-\dfrac{\sqrt{1-\alpha^2}}{\alpha}$

10. (1) $\sin 2\alpha=2\sin\alpha\cos\alpha$이고,

$(\sin\alpha+\cos\alpha)^2$
$=\sin^2\alpha+\cos^2\alpha+2\sin\alpha\cos\alpha$
$=1+2\sin\alpha\cos\alpha=\dfrac{1}{4}$이므로
$\therefore 2\sin\alpha\cos\alpha=-\dfrac{3}{4}$

연습문제 6.1

01. (1) $\lim\limits_{x\to0}\dfrac{1}{x^2}=\dfrac{1}{0}=\infty$

(3) $\lim\limits_{x\to3}\dfrac{1}{(x-3)^2}=\dfrac{1}{0}=\infty$

(5) $\lim\limits_{x\to0}x^2-5x+1=0^2-5\times0+1=1$

(7) $\lim\limits_{x\to\infty}\sqrt{x+2}-\sqrt{x+1}$

$=\lim\limits_{x\to\infty}\dfrac{(\sqrt{x+2}-\sqrt{x+1})(\sqrt{x+2}+\sqrt{x+1})}{(\sqrt{x+2}+\sqrt{x+1})}$

$=\lim\limits_{x\to\infty}\dfrac{x+2-x-1}{\sqrt{x+2}+\sqrt{x+1}}$

$=\lim\limits_{x\to\infty}\dfrac{1}{\sqrt{x+2}+\sqrt{x+1}}=\dfrac{1}{\infty}=0$

02. (1) $\lim\limits_{x\to0}\dfrac{\tan x}{x}=\lim\limits_{x\to0}\dfrac{\sin x}{\cos x}\dfrac{1}{x}$

$=\lim\limits_{x\to0}\dfrac{\sin x}{x}\dfrac{1}{\cos x}=1$

(3) $\lim\limits_{x\to0}\dfrac{\sin 5x}{2x}=\lim\limits_{x\to0}\dfrac{\sin 5x}{5x}\dfrac{5}{2}=\dfrac{5}{2}$

(5) $\lim\limits_{x\to0^+}\ln x=-\infty$

03. (1) $f(x)=x^2+1$

1) $f(1)=1+1=2$
2) $\lim\limits_{x\to1^+}x^2+1=\lim\limits_{x\to1^-}x^2+1=1+1=2$
3) $\lim\limits_{x\to1}x^2+1=f(1)=2$

이므로 $x=1$에서 연속이다

04. $f(x)=x^3-x^2+1$으로 놓자. 구간$[-1,1]$ 상에서 $f(x)$는 연속이고
$f(-1)=-1<0$, $f(1)=1>0$이고
$f(-1)f(1)<0$ 이므로
중간값정리를 이용하여 $f(c)=0$인 c가 적어도 $(-1,1)$ 안에 실근이 존재한다.

연습문제 6.2

01. (1) $g'(x)=3(2)x^{2-1}-5=6x-5$

(3) $f'(x)=(10x^8)'$
$=10(8)x^{8-1}=80x^7$

(5) $f'(x)=((x-1)^3)'(x^2+1)^2$
$+(x-1)^3((x^2+1)^2)'$
$=3(x-1)^{3-1}(x^2+1)^2$
$+(x-1)^3(2(x^2+1)^{2-1}(2x))$
$=3(x-1)^2(x^2+1)^2$
$+(x-1)^3(4x(x^2+1))$
$=(3(x^2+1)+4x(x-1))$
$(x-1)^2(x^2+1)$
$=(7x^2-4x+3)(x-1)^2$
(x^2+1)

02. (1) $\dfrac{f(1)-f(0)}{1-0}=\dfrac{0-0}{1}=0$

03. $f'(x)=(x\sqrt{x})'=(x^{\frac{3}{2}})'$
$=\dfrac{3}{2}x^{\frac{3}{2}-1}=\dfrac{3}{2}x^{\frac{1}{2}}=\dfrac{3}{2}\sqrt{x}$이므로
$f'(1)=\dfrac{3}{2}$

04. $f'(x)=(\sqrt{x})'=\dfrac{1}{2\sqrt{x}}$ 이므로,
(4, 2)에서의 접선의 방정식은

$y-f(4)=f'(4)(x-4)$
$\Rightarrow y-2=\dfrac{1}{4}(x-4)$
$\Rightarrow y=\dfrac{1}{4}x+1$

법선의 방정식은
$\Rightarrow y-2=-4(x-4)$
$\Rightarrow y=-4x+18$

05. $f'(x)=(x^{-1})'=-x^{-2}$
$f''(x)=(-x^{-2})'=-(-2x^{-3})=2x^{-3}$
$=\dfrac{2}{x^3}$

연습문제 6.3

01. (1) $((x^3-2x+1)^4)'$
$=4(x^3-2x+1)^3(x^3-2x+1)'$
$=4(x^3-2x+1)^3(3x^2-2)$

(3) $(x^{\frac{6}{5}})'=\dfrac{6}{5}(x^{\frac{1}{5}})=\dfrac{6}{5}(\sqrt[5]{x})$

02. (1) $g'(x)=3(2)x^{2-1}-5=6x-5$

(3) $f'(x)=(10x^8)'$
$=10(8)x^{8-1}=80x^7$

(5) $f'(x)=((x-1)^3)'(x^2+1)^2$
$+(x-1)^3((x^2+1)^2)'$
$=3(x-1)^{3-1}(x^2+1)^2$
$+x-1)^3(2(x^2+1)^{2-1}(2x))$
$=3(x-1)^2(x^2+1)^2$
$+(x-1)^3(4x(x^2+1))$
$=(3(x^2+1)+4x(x-1))$
$(x-1)^2(x^2+1)$
$=(7x^2-4x+3)(x-1)^2$
(x^2+1)

(1) $(x^3\csc x)'=(x^3)'\csc x+x^3(\csc x)'$
$=3x^2\csc x-x^3\csc x\cot x$

(3) $(\tan(x^2+2x))'$
$=(\sec^2(x^2+2x))(x^2+2x)'$
$=(\sec^2(x^2+2x))(2x+2)$
$=2(x+1)\sec^2(x^2+2x)$

(5) $(\sec^2x-\tan 2x)'$
$=(\sec^2x)'-(\tan 2x)'$
$=(2\sec x)(\sec x)'-(\sec^2 2x)(2x)'$
$=2\sec^2x\tan x-2\sec^2(2x)$

03. (1) $5(2y)\dfrac{dy}{dx}+\cos y\dfrac{dy}{dx}=3x^2$

$\Rightarrow(10y+\cos y)\dfrac{dy}{dx}=3x^2$

$\Rightarrow\dfrac{dy}{dx}=\dfrac{3x^2}{10y+\cos y}$

(3) $(\cos(xy))'=x'$
$\Rightarrow(-\sin(xy))(xy)'=1$
$\Rightarrow(-\sin(xy))(y+x\dfrac{dy}{dx})=1$
$\Rightarrow\dfrac{dy}{dx}=-\dfrac{1+y\sin(xy)}{x\sin(xy)}$

(5) $(xy^2)'=(1)'$
$\Rightarrow(x)'(y^2)+x(y^2)'=0$
$\Rightarrow y^2+x(2y)\dfrac{dy}{dx}=0$
$\Rightarrow\dfrac{dy}{dx}=-\dfrac{y}{2x}$

(7) 양변에 ln 을 취하면 $\ln y=x\ln x$이고
이식에서 양변을 x에 관해 미분하면

$\dfrac{d}{dx}\ln y=\dfrac{d}{dx}(x\ln x)$이고

$\dfrac{1}{y}\dfrac{dy}{dx}=\ln x+x\dfrac{1}{x}$

그러므로

$\dfrac{dy}{dx}=y(\ln x+1)=x^x(1+\ln x)$이다.

04. (1) $\lim\limits_{x\to 0}\dfrac{1-\cos x}{\sin x}=\lim\limits_{x\to 0}\dfrac{\sin x}{\cos x}=\dfrac{0}{1}=0$

(3) $\lim\limits_{x\to\infty}\dfrac{\ln x}{x}=\lim\limits_{x\to\infty}\dfrac{\frac{1}{x}}{1}=0$

연습문제 6.4

01. $f'(x)=3x^2-8x=x(3x-8)$
$x=0$일때 +에서−로 부호가 바뀌고,
$x=\frac{8}{3}$일때 −에서 +로부호가
바뀌므로
$x=0$에서 극대, $x=\frac{8}{3}$에서
극소값을 갖는다.

따라서 극대값 : $f(0)=0$
극소값 : $f(\frac{8}{3})=-\frac{256}{27}$

02. (1) $y'=1+2\sin x$이므로,
주어진 구간 $[0,\ \pi]$에서,
항상 양의 값을 갖는다.
따라서 극값은 없고, 주어진 구간
$[0,\ \pi]$에서 증가한다.

(3) $y'=e^x-e^{-x}$이므로,
$(-\infty,\ 0)$에서 $y'<0$이고,
$(0,\ \infty)$에서 $y'>0$이다.
따라서 $x=0$에서 극소값 0을 갖고,
$(-\infty,\ 0)$에서 감소하고,
$(0,\ \infty)$에서 증가한다.

03. (1) $f'(x)=3x^2-6x=3x(x-2)$이므로
$x=0$에서 극대값을 가지고,
주어진 구간에 속하므로,
$f(-1)=-4$
$f(0)=0$
$f(1)=-2$
최대값: 0, 최소값: −4

04. (1)
$$f'(x)=-e^{-x}\sin x+e^{-x}\cos x=e^{-x}(\cos x-\sin x)$$
$$f''(x)=-e^{-x}(\cos x-\sin x)+e^{-x}(-\sin x-\cos x)=-2e^{-x}\cos x$$ 이고,
$(0,\ \frac{\pi}{2})$, $(\frac{3}{2}\pi,\ 2\pi)$에서
$f''(x)<0$이고,
$(\frac{\pi}{2},\ \frac{3}{2}\pi)$에서
$f''(x)>0$이므로,
$\therefore (0,\ \frac{\pi}{2})$, $(\frac{3}{2}\pi,\ 2\pi)$에서 위로 볼록,
$(\frac{\pi}{2},\ \frac{3}{2}\pi)$에서 아래로 볼록.

변곡점 $(\frac{\pi}{2},\ e^{-\frac{\pi}{2}})$, $(\frac{3}{2}\pi,\ -e^{-\frac{3\pi}{2}})$

05. $v_y=\frac{dy}{dt}=2t\sin2t+2t^2\cos2t$
$v_x=\frac{dy}{dt}=2t\cos2t-2t^2\sin2t$
$a_y=2\sin2t+4t\cos2t+4t\cos2t-4t^2\sin2t$
$a_x=2\cos2t-4t\sin2t-4t\sin2t-4t^2\cos2t$

$t=3$을 대입하면,
$v=(v_x,\ v_y)$
$=(6\cos6-18\sin6,\ 6\sin6+18\cos6)$
$a=(a_x,a_y)$
$=(24\cos6-34\sin6,\ -24\sin6-34\cos6)$

연습문제 7.1

01. (1) $\int(\frac{d}{dx}x^2)dx=\int 2x\,dx=x^2+C$

(3) $\int(\sqrt{x}+\sqrt[3]{x})dx=\int(x^{\frac{1}{2}}+x^{\frac{1}{3}})dx$
$=\frac{2}{3}x^{\frac{3}{2}}+\frac{3}{4}x^{\frac{4}{3}}+C$

02. (1) $\int\frac{x^2}{x-1}dx+\int\frac{-1}{x-1}dx$
$=\int\frac{x^2-1}{x-1}dx=\int(x+1)dx$
$=\frac{1}{2}x^2+x+C$

(3) $\int\sin2x\cos x\,dx=\int 2\sin x\cos^2x\,dx$
$=-\frac{2}{3}\cos^3x+C$

(5) $\int(e^x-1)e^x dx=\int e^{2x}-e^x dx$
$=\frac{1}{2}e^{2x}-e^x+C$

(7) $\int\frac{1+x\cos x}{x}dx=\int\frac{1}{x}+\cos x\,dx$
$=\ln|x|+\sin x+C$

03. (1) $\int e^x\cos x\,dx=e^x\cos x+\int e^x\sin x\,dx$
$=e^x\cos x+e^x\sin x-\int e^x\cos x\,dx+C$
$\Rightarrow 2\int e^x\cos x\,dx=e^x\cos x+e^x\sin x+C$
$\therefore \int e^x\cos x\,dx=\frac{e^x\cos x-e^x\sin x}{2}+C$

04. (1) $x=2\tan\theta$라고 놓으면,
$dx=2\sec^2\theta d\theta$이고

$$\int \frac{1}{\sqrt{4+4\tan^2\theta}}2\sec^2\theta d\theta$$
$$=\int \frac{2\sec^2\theta}{\sqrt{4\sec^2\theta}}d\theta=\int \sec\theta d\theta$$
$$=\ln|\sec\theta+\tan\theta|+C$$
$$=\ln|\frac{\sqrt{4+x^2}}{2}+\frac{x}{2}|+C$$

05. (1) $\int \frac{1}{x^2+x-2}dx$
$$=\int \frac{1}{(x-1)(x+2)}dx$$
$$=\frac{1}{3}\int \frac{1}{x-1}-\frac{1}{x+2}dx$$
$$=\frac{1}{3}(\int \frac{1}{x-1}dx-\int \frac{1}{x+2}dx)$$
$$=\frac{1}{3}(\ln|x-1|-\ln|x+2|+C)$$
$$=\frac{1}{3}\ln\left|\frac{x-1}{x+2}\right|+C$$

06. $x=\tan\theta,\ -\frac{\pi}{2}<\theta<\frac{\pi}{2}$ 라 놓으면

$dx=\sec^2 d\theta$이므로

$$x^2\sqrt{x^2+1}=\tan^2\theta\sqrt{\tan^2\theta+1}$$
$$=\tan^2\theta\,|\sec\theta|$$
$$=\tan^2\theta\sec\theta$$

$$\int \frac{1}{x^2\sqrt{x^2+1}}dx$$
$$=\int \frac{1}{\tan^2\theta\sec\theta}\sec^2\theta\,d\theta$$
$$=\int \frac{\cos\theta}{\sin^2\theta}d\theta$$

$t=\sin\theta$로 치환하면 $dt=\cos\theta\,d\theta$이므로

$$\int \frac{1}{x^2\sqrt{x^2+1}}dx$$
$$=\int \frac{\cos\theta}{\sin^2\theta}d\theta$$
$$=\int \frac{\cos\theta}{t^2}\frac{1}{\cos\theta}dt$$
$$=\int \frac{1}{t^2}dt=-\frac{1}{t}+C=-\frac{1}{\sin\theta}+C=$$
$$-\csc\theta+C=-\frac{\sqrt{x^2+1}}{x}+C\text{이다.}$$

연습문제 7.2

01. (1) $\sqrt{1-x}=t(0\le t)$라고 두면,
$1-x=t^2$이고, $dx=-2tdt$이다.

$$\int_{-3}^{1} x^2\sqrt{1-x}\,dx$$
$$=\int_{2}^{0}(-2)(t^4-2t^2+1)tdt$$
$$=(-2)\left[\frac{1}{6}t^6-\frac{1}{2}t^4+\frac{1}{2}t^2\right]_2^0$$
$$=2(\frac{64}{6}-\frac{16}{2}+2)$$
$$=\frac{28}{3}$$

(3) $\int_0^{\frac{\pi}{6}}\tan^2 xdx=\int_0^{\frac{\pi}{6}}\sec^2 x-1dx$
$$=[\tan x-x]_0^{\frac{\pi}{6}}=\sqrt{3}-\frac{\pi}{6}$$

(5) $1+\sin x=t$라고 놓으면,
$\cos xdx=dt$이다.
$$\int_0^{\frac{\pi}{2}}\frac{\cos x}{1+\sin x}dx=\int_1^2\frac{1}{t}dt$$
$$=[\ln|t|]_1^2=\ln 2$$

02. (1) $\int_0^2 2x^3e^x dx=[2x^3e^x]_0^2-\int_0^2 6x^2e^x dx$
$$=16e^2-([6x^2e^x]_0^2-\int_0^2 12xe^x dx)$$
$$=-8e^2+[12xe^x]_0^2-\int_0^2 12e^x dx$$
$$=16e^2-[12e^x]_0^2=4e^2+12$$

(3) $\int_0^{\frac{\pi}{2}}x\cos xdx$
$$=[x\sin x]_0^{\frac{\pi}{2}}-\int_0^{\frac{\pi}{2}}\sin xdx$$
$$=\frac{\pi}{2}\sin\frac{\pi}{2}+[\cos x]_0^{\frac{\pi}{2}}=\frac{\pi}{2}-1$$

03. (1) $\int_{-1}^{1}(2x^7+5x^5-3x^3+3x^2+1)dx$
$$=2\int_0^1 3x^2+1dx=2([x^3+x]_0^1)$$
$$=4$$

04. (1) $\lim_{n\to\infty}\frac{1}{n^5}(1^4+2^4+\cdots+n^4)$

$=\lim_{n\to\infty}\frac{1}{n^5}\sum_{k=1}^{n}k^4$

$=\lim_{n\to\infty}\frac{1}{n}\sum_{k=1}^{n}(\frac{k}{n})^4$

$=\int_0^1 x^4dx=[\frac{1}{5}x^5]_0^1=\frac{1}{5}$

05. $\int_{-\infty}^{0}e^x dx=\lim_{a\to-\infty}\int_a^0 e^x dx$

$=\lim_{a\to-\infty}[e^x]_a^0=\lim_{a\to-\infty}1-e^a=1$

연습문제 7.3

01. (1) $y=x^2-x-1$, $y=x+7$의 교점의 x좌표는 -2, 4이다.

$\int_{-2}^{4}(x+7)-(x^2-x-1)dx$

$=\int_{-2}^{4}-x^2+2x+8dx$

$=[-\frac{1}{3}x^3+x^2+8x]_{-2}^{4}$

$=36$

(3) $y^2=4x$와 $x^2=4y$는 역함수 관계이므로, $y=x$와 $x^2=4y$에 둘러싸인 넓이의 2배. 교점의 x좌표는 0, 4이다.

$2\int_0^4 x-\frac{1}{4}x^2dx$

$=2[\frac{1}{2}x^2-\frac{1}{12}x^3]_0^4$

$=2(\frac{8}{3})=\frac{16}{3}$

02. 구간 $[0, \frac{\pi}{2}]$에서 $y=\cos x$와 $y=\sin x$으로 둘러싸인 부분의 넓이는 $[0, \frac{\pi}{4}]$와 $[\frac{\pi}{4}, \frac{\pi}{2}]$에서 두 곡선과 둘러싸인 부분의 넓이와 같다.

$\int_0^{\frac{\pi}{4}}\cos x-\sin x dx+\int_{\frac{\pi}{4}}^{\frac{\pi}{2}}\sin x-\cos x dx$

$=[\sin x+\cos x]_0^{\frac{\pi}{4}}+[-\cos x-\sin x]_{\frac{\pi}{4}}^{\frac{\pi}{2}}$

$=(\sqrt{2}-1)+(-1+\sqrt{2})=2\sqrt{2}-2$

03. $V_x=\pi\int_0^4(4x-x^2)dx$

$=\pi\left[2x^2-\frac{x^3}{3}\right]_0^4=\frac{16\pi}{3}$

04. $y=x^2$과 $y=x$이 교점의 y좌표는 0, 1

$\pi\int_0^1 y-y^2dy=\pi[\frac{1}{2}y-\frac{1}{3}y^2]_0^1=\frac{1}{6}\pi$

05. $l=\int_0^1\sqrt{1+(\frac{e^x-e^{-x}}{2})^2}dx$

$=\int_0^1\sqrt{1+\frac{e^{2x}+e^{-2x}-2}{4}}dx$

$=\int_0^1\sqrt{\frac{e^{2x}+2+e^{-2x}}{4}}dx$

$=\frac{1}{2}\int_0^1 e^x+e^{-x}dx$

$=\frac{1}{2}[e^x-e^{-x}]_0^1=\frac{1}{2}(e-\frac{1}{e})$

06. $l=\int_0^{2\pi}\sqrt{(a-a\cos t)^2+(a\sin t)^2}\,dt$

$=\int_0^{2\pi}\sqrt{a^2-2a^2\cos t+a^2\cos^2 t+a^2\sin^2 t}\,dt$

$=\int_0^{2\pi}\sqrt{2a^2-2a^2\cos t}\,dt$

$=\int_0^{2\pi}a\sqrt{2(1-\cos t)}\,dt$

$=\int_0^{2\pi}a\sqrt{2(2\sin^2\frac{t}{2})}\,dt$

$=2a\int_0^{2\pi}\sin\frac{t}{2}dt$

$=2a\left[-2\cos\frac{t}{2}\right]_0^{2\pi}=8a$

연습문제 8.1

01. ① $N=\begin{Bmatrix}(H,\ 1),(H,\ 2)\ (H,\ 3),(H,\ 4),\\(H,\ 5),(H,\ 6)\ (T,\ 1),(T,\ 2),\\(T,\ 3),(T,\ 4),(T,\ 5),(T,\ 6)\end{Bmatrix}$

②

$\{(H,\ 1)\},\{(H,\ 2)\},\{(H,\ 3)\},\{(H,\ 4)\},$
$\{(H,\ 5)\},\{(H,\ 6)\},\{(T,\ 1)\},\{(T,\ 2)\},$
$\{(T,\ 3)\},\{(T,\ 4)\},\{(T,\ 5)\},\{(T,\ 6)\}$

③ 앞면과 짝수가 나올 사건 A
$A=\{(H,2),(H,4),(H,6)\}$
세가지 이므로, $P(A)=\frac{3}{12}=\frac{1}{4}$

02. 1, 2, 3, 4, 5에 맞출 확률을 각각 a, b, c, d, e라고하면, 문제의 조건에 의해,

$a+b+c+d+e=1$

$a=b,\ c=2a,\ d=2e,\ e=\frac{b}{2}$가 된다.

연립해서 풀면,

$a=\frac{2}{11},\ b=\frac{2}{11},\ c=\frac{4}{11},$

$d=\frac{2}{11},\ e=\frac{1}{11}$

03. 통계적 확률에 의하여 $\frac{67}{300}\fallingdotseq 0.22$

연습문제 8.2

01. ① 네 개의 숫자로 만들 수 있는 경우에서, 천의 자리에 0이 올 경우를 제외하면,
$4!-3!=24-6=18$

② 1) 일의자리가 0일경우 : $3\times2=6$
2) 일의자리가 2일경우 : $2\times2=4$
따라서 모든 경우는
$6+4=10$개 이다.

③ 네 개의 숫자로 만들 수 있는 경우에서, 천의 자리에 0이 올 경우를 제외하면,
$4^4-4^3=256-64=192$

④ 1) 세자리 수 : $3\times4\times4=48$
2) 두자리 수 : $3\times4=12$

3) 한자리 수 : 4
따라서 모든 경우의 수는 64이다.

03. 11개의 단어 중, M이 2개, A가 2개, T가 2개 중복되므로,
$\frac{11!}{2!2!2!}$

04. ① ${}_4\Pi_4=4^4=256$

② ${}_4P_4=4!=24$

③ A에서 C로의 함수 중에, C로의 상수함수를 제외하면
$2^4-2=14$

05. 7개의 색중에 4개를 선택하고, 원에 칠하는 방법은
${}_7C_4\times4\times3\times2\times1=840$

06. 8개의 팀중에서 2팀을 고르고 각각 3라운드 경기를 치르므로
${}_8C_2\times3=84$

07. $(x+y+z)^7=((x+y)+z)^7$이므로
$x^2y^2z^3$의 계수는 $(x+y)^4z^3$의 계수에서 $(x+y)^2$의 x^2y^2일 때의 계수이다.
$\frac{7!}{4!3!}\times\frac{4!}{2!2!}=210$

연습문제 8.3

01. 전체에서 7번 모두 앞면이 나올 확률을 빼주면 된다.
$1-(\frac{1}{2})^7$

02. 영철이가 당첨제비를 뽑을 확률
$\frac{5}{30}$
보경이가 당첨제비를 뽑을 확률
1) 영철이가 못뽑고 보경이가 뽑을 확률
$\frac{25}{30}\times\frac{5}{29}$
2) 영철이가 뽑고 보경이가 뽑을확률
$\frac{5}{30}\times\frac{4}{29}$
$1)+2)=\frac{5}{30}$

03. ①

20개중 4개의 물건을 뽑는데
2개의 불량품에서2개를 뽑아야 하고
18개의 완전품에서 2개를 뽑아야하므로
$\frac{{}_{18}C_2\times{}_2C_2}{{}_{20}C_4}$

② 1) 불량품을 뽑지 않을 확률
$\frac{{}_{18}C_4}{{}_{20}C_4}$
2) 불량품을 1개 뽑을 확률
$\frac{{}_{18}C_3\times{}_2C_1}{{}_{20}C_4}$
$\therefore\ \frac{{}_{18}C_4+{}_{18}C_3\times{}_2C_1}{{}_{20}C_4}$

04. 주사위가 짝수일 확률: $\frac{3}{6}$

동전이 앞면이 나올 확률: $\frac{1}{2}$

따라서 두 주사위가 앞면이 나오고
동전이 앞면이 나올 확률은
$\frac{1}{2}\times\frac{1}{2}\times\frac{1}{2}=\frac{1}{8}$

05. 1) 1회에 B가 이길 확률
A가 뒷면, B가 앞면: $\frac{1}{2}\times\frac{1}{2}$

2) 2회에 B가 이길 확률
A가 뒷면, B가 뒷면,
A가 뒷면, B가 앞면
$\frac{1}{2}\times\frac{1}{2}\times\frac{1}{2}\times\frac{1}{2}$

3) 3회에 B가 이길 확률
2회에 걸쳐 모두뒷면이 나오고,
3회째 A가 뒷면이 나오면,
B의 결과에 관계없이
B가 승리하게 되므로
$\frac{1}{2}\times\frac{1}{2}\times\frac{1}{2}\times\frac{1}{2}\times\frac{1}{2}$

06. 회로에 전류가 흐르려면
① A,B,C가 닫혀 있거나
② A,B,D가 닫혀 있으면 되므로,

$P(①)+P(②)-P(①\cap②)$
$=(0.5\times0.2\times0.3)+(0.5\times0.2\times0.4)$
$-(0.5\times0.2\times0.3\times0.4)$
$=0.058$

07. ①

사고가 날 확률은
A코스를 택하고 사고날 확률에
B코스를 택하고 사고날 확률을 더한것이다.
$(\frac{7}{10}\times\frac{1}{100})+(\frac{3}{10}\times\frac{3}{100})$

②

사고가 날 확률을 $P(T)$
A코스에서 사고가날 확률을 $P(A)$
$$P(A|T)=\frac{P(A\cap T)}{P(T)}=\frac{\frac{7}{10}\times\frac{1}{100}}{\frac{7}{10}\times\frac{1}{100}+\frac{3}{10}\times\frac{3}{100}}$$

③ 사고가 날 확률을 $P(T)$
B코스에서 사고가날 확률을 $P(B)$
$$P(B|T)=\frac{P(B\cap T)}{P(T)}=\frac{\frac{3}{10}\times\frac{3}{100}}{\frac{7}{10}\times\frac{1}{100}+\frac{3}{10}\times\frac{3}{100}}$$

④ 안전하게 등반할 확률은
A코스를 택하고 안전할 확률에
B코스를 택하고 안전할 확률을
더한것이다.
$(\frac{7}{10}\times\frac{99}{100})+(\frac{3}{10}\times\frac{97}{100})$

⑤ 안전하게 등반 할확률을 $P(S)$
A코스에서 안전 할 확률을 $P(A)$
$$P(A|S)=\frac{P(A\cap S)}{P(S)}=\frac{\frac{7}{10}\times\frac{99}{100}}{\frac{7}{10}\times\frac{99}{100}+\frac{3}{10}\times\frac{97}{100}}$$

⑥ 안전하게 등반 할확률을 $P(S)$
B코스에서 안전 할 확률을 $P(B)$
$$P(B|S)=\frac{P(B\cap S)}{P(S)}=\frac{\frac{3}{10}\times\frac{97}{100}}{\frac{7}{10}\times\frac{99}{100}+\frac{3}{10}\times\frac{97}{100}}$$

연습문제 8.4

01. ① 확률변수(전화통화수)는 셀 수 있으므로 이산확률변수이다.

② 확률변수(배터리 수명)는 셀 수 없으므로 연속확률변수이다.

③ 확률변수(득점수)는 셀 수 있으므로 이산확률변수이다.

④ 확률변수(통학시간)는 셀 수 없으므로 연속확률변수이다.

02. ① 받을 수 있는 금액은 -100, 50, 200이고, 한 개의 동전을 두 번 던지는 경우는 총 4가지이고, −100원일 때는 (H,H), 50원일 때는 (H,T),(T,H), 200원일 때는

(T,T)이므로 이를 확률분포표로 나타내면,

x	−100	50	200
p(x)	$\frac{1}{4}$	$\frac{1}{2}$	$\frac{1}{4}$

② 기대값 $= -100\times\frac{1}{4}+50\times\frac{1}{2}+200\times\frac{1}{4}=50$

분산 $=(-100-50)^2\times\frac{1}{4}+(50-50)^2\times\frac{1}{2}+(200-50)^2\times\frac{1}{4}=11250$

03. 연속확률밀도함수이므로 $f(1)$에서 연속이어야 한다
$f(1)=1=a-1$이므로 $a=2$이다.
평균: $\int_0^1 x(x)dx+\int_1^2 x(2-x)dx$
$=\left[\frac{1}{3}x^3\right]_0^1+\left[x^2-\frac{1}{3}x^3\right]_1^2=1$
분산: $(\int_0^1 x^2(x)dx+\int_1^2 x^2(2-x)dx)-1^2$
$=(\left[\frac{1}{4}x^4\right]_0^1+\left[\frac{2}{3}x^3-\frac{1}{4}x^4\right]_1^2)-1^2=\frac{1}{6}$

04. 나올 수 있는 확률변수는 2~8이고,

$P(2)=\frac{2}{6}\times\frac{2}{6},\ P(3)=2(\frac{2}{6}\times\frac{2}{6}),$

$P(4)=\frac{2}{6}\times\frac{2}{6}+2(\frac{2}{6}\times\frac{1}{6}),$

$P(5)=2(\frac{2}{6}\times\frac{1}{6})+2(\frac{2}{6}\times\frac{1}{6}),$

$P(6)=2(\frac{2}{6}\times\frac{1}{6})+\frac{1}{6}\times\frac{1}{6},$

$P(7)=2(\frac{1}{6}\times\frac{1}{6})$

$P(8)=\frac{1}{6}\times\frac{1}{6}$

X	2	3	4	5	6	7	8
P(X)	$\frac{4}{36}$	$\frac{8}{36}$	$\frac{8}{36}$	$\frac{8}{36}$	$\frac{5}{36}$	$\frac{2}{36}$	$\frac{1}{36}$

평균은 각각의 확률변수에 확률을 곱한 뒤 모두 더한 값이므로,

$E(X)=2\times\frac{4}{36}+3\times\frac{8}{36}+4\times\frac{8}{36}+5\times\frac{8}{36}+6\times\frac{5}{36}+7\times\frac{2}{36}+8\times\frac{1}{36}=\frac{156}{36}=\frac{13}{3}$

05. 전체의 경우는 ${}_5C_2$이고 각각의 확률변수에 따른 경우의 수는 $5-X$이므로 이를 확률분포표로 나타내면 다음과 같다.

X	1	2	3	4
P(X)	$\frac{4}{{}_5C_2}$	$\frac{3}{{}_5C_2}$	$\frac{2}{{}_5C_2}$	$\frac{1}{{}_5C_2}$

$\therefore\ P(X=x)=\frac{5-x}{10}(x=1,\ 2,\ 3,\ 4)$

06. $E(X)=\int_0^1 x(2x)dx=\left[\frac{2}{3}x^3\right]_0^1=\frac{2}{3}$

$V(X)=\int_0^1 x^2(2x)dx-(\frac{2}{3})^2$
$=\left[\frac{1}{2}x^4\right]_0^1-\frac{4}{9}=\frac{1}{18}$이므로,

$E(2X+5)=2E(X)+5=2\times\frac{2}{3}+5=\frac{19}{3}$

$V(2X+5)=2^2V(X)=4\times\frac{1}{18}=\frac{2}{9}$

연습문제 8.5

01. ① 불량률이 10%이므로
불량품일 확률은 $\frac{1}{10}$이다.
독립시행의 확률을 따르므로
${}_5C_1(\frac{1}{10})^1(\frac{9}{10})^4$

② 5개중 적어도 한개 이상이 불량품일 확률은 전체에서 모두 완전품일 확률을 뺀 것이므로,
$1-{}_5C_5(\frac{9}{10})^5(\frac{1}{10})^0$
$\therefore 1-(\frac{9}{10})^5=0.40951$

02. 주사위를 던져서 5 또는 6이 나올 확률 $\frac{1}{3}$

이항분포 $B(12,\ \frac{1}{3})$를 따르고

정규분포 $N(4, \frac{8}{3})$를 따른다.

$E(X)=4,$

$V(X)=E(X^2)-E(X)^2$

$=E(X^2)-16=\frac{8}{3}$

$\Rightarrow E(X^2)=\frac{56}{3}$

따라서

$(X+1)^2=X^2+2X+1$이고,

$E(X^2+2X+1)=E(X^2)+2E(X)+1$

$=\frac{56}{3}+8+1=\frac{83}{3}$

03. $E(X)=np=1$

$V(X)=np(1-p)=E(X^2)-E(X)^2=\frac{3}{4}$

$\begin{cases} np=1 \\ np(1-p)=\frac{3}{4} \end{cases}$

$\Rightarrow 1-p=\frac{3}{4}$

$\Rightarrow p=\frac{1}{4}$

따라서 $P(X=2)={}_4C_2(\frac{1}{4})^2(\frac{3}{4})^2=\frac{27}{128}$

04. 정규분포 $N(159, 5.5^2)$를 따르고

$P(X\le 145)=P(Z\le \frac{145-159}{5.5})$

$=P(Z\le -2.54)=0.0055$

$P(170\le X)=P(\frac{170-159}{5.5}\le Z)$

$=P(2\le Z)=0.0228$

따라서

$P(X\le 145)+P(170\le X)=0.028$이고,

구하는 학생수는

$250\times 0.028=7$

$\therefore$ 7명

05. $N(68, 15^2)$에서 24% 이상의 평가를 받기 위한 수학 성적점수를 X라고 하면,

$P(\frac{X-68}{15}\le Z)\le 0.24$를 만족해야 한다.

$P(0.71\le Z)\fallingdotseq 0.24$이므로

$\Rightarrow 0.71\le \frac{X-68}{15}$

$\Rightarrow 78.65\le X$

따라서 최소 79점을 맞아야 한다.

06. $N(52, 16^2)$에서 $X=68$를 표준화하면,

$Z=\frac{68-52}{16}=1$이다.

$X=68$을 정규분포 $N(50, 10^2)$을 따르는 확률변수 Y로 변환해도, 표준화한 값은 변하지 않으므로,

$Z_Y=\frac{Y-50}{10}=1$

$\therefore\ Y=60$

07. 1000명이 병에 걸렸고, 회복할 확률이 0.4이므로, 이항분포 $B(1000, 0.4)$를 따른다. 이를 정규분포로 바꾸면 $N(400, 240)$이다.

$P(420\le X)=P(\frac{420-400}{\sqrt{240}}\le Z)$

$=P(1.29\le Z)=0.5-P(0\le Z\le 1.29)$

$=0.5-0.4015=0.0985$

따라서 생존할 확률은 0.0985이다.

08. ① $P(Y\le a)=0.7486$

$\Rightarrow P(Y\le a)=0.5+0.2486$

$\Rightarrow P(Z\le \frac{a-10}{3})=0.5+P(0\le Z\le 0.67)$

$\Rightarrow \frac{a-10}{3}=0.67$

$\therefore$ 12.01

② $P(7\le Y\le 17)$

$=P(\frac{7-10}{3}\le Z\le \frac{17-10}{3})$

$=P(-1\le Z\le 2.33)$

$=P(-1\le Z\le 0)+P(0\le Z\le 2.33)$

$=0.3413+0.4901=0.8314$

$\therefore$ 0.8314

연습문제 9.1

01. 전수조사 : 통계집단에 속하는 통계단위를 빠짐없이 전부 조사하는 것

ex) 인구조사

표본조사 : 통계집단에 속하는 통계단위 중 그 일부만을 뽑아서 조사하는 것

ex) 식료품의 위생 점검

02. 기술통계학 : 현재 상태의 기술에 중점을 두고, 분석 대상이 되는 집단 전체 또는 표본으로부터 관측된 자료를 정리하고 요약하는 방법을 다루는 분야이다.

기술통계학의 내용은 관측된 자료로부터 도수분포표와 히스토그램을 만들고, 대푯값과 산포도 등을 구하여 그 자료의 특성을 분석하는 것이다.

ex) 물가지수, 남녀 간 소득비교

추측통계학 : 현재 상태의 추정에 중점을 두고, 추출된 표본 자료를 통하여 모집단의 특성을 추론하는 분야이다. 미래의 예측과 계획을 하기 위하여 통계의 필요성은 날마다의 삶에서 꾸준히 제기되므로 그 역사 또한 인류의 역사와 같이 한다고 하겠다.

ex) 시장조사, 여론조사

연습문제 9.2

01. ①, ②

최소점이 17이고 최고점이 95이므로, 10에서 시작한 최저값으로 9개의 구간을 사용하면, 구간의 길이는 10이 된다. 각각의 계급에 속한 변량들을 찾아 도수분포표와 상대도수분포표로 만들면 다음과 같다.

점수(점)	계급값	도수	상대도수
10 초과 ~ 20 이하	15	2	0.05
20 초과 ~ 30 이하	25	1	0.025
30 초과 ~ 40 이하	35	3	0.075
40 초과 ~ 50 이하	45	2	0.05
50 초과 ~ 60 이하	55	5	0.125
60 초과 ~ 70 이하	65	6	0.15
70 초과 ~ 80 이하	75	10	0.25
80 초과 ~ 90 이하	85	9	0.225
90 초과 ~ 100 이하	95	2	0.05
계		40	1

③ 이 도수분포표를 통해서 히스토그램으로 나타내면, (해답 참고)

02. 생략

03. 줄기를 127, 128, ... , 134 로 하면 소수점 첫째짜리 수가 잎이 된다. 이를 줄기-잎 그림으로 나타내면,

도수	줄기	잎　줄기단위(일)/잎단위(소수첫째자리)
1	127	8
0	128	
3	129	5 8 9
1	130	8
5	131	2 4 5 5 7
2	132	2 7
2	133	7 9
1	134	8

연습문제 9.3

01. ① 주어진 자료의 변량은 총 15개이고, 각각의 변량들을 다 더하면 1972.4이다. 이를 15로 나누면, 약 131.5이다. 따라서 평균은 131.5이다.

주어진 자료의 변량 중 가장 빈도수가 높은 변량은 131.5이므로 최빈값은 131.5이다.

주어진 자료를 순서대로 나열한 뒤

$\frac{15+1}{2}=8$번째 나열된 변량이 중앙값이 되므로, 중앙값은 131.5 이다.

② σ^2(분산)

$$=\frac{\sum_{i=1}^{n}(x_i-m)^2}{n}$$
$$=\frac{(-0.7)^2}{15}+\frac{(-1.6)^2}{15}+\frac{0^2}{15}+\frac{(-0.3)^2}{15}+\frac{(-2)^2}{15}+\frac{(1.2)^2}{15}+\frac{0^2}{15}+\frac{(-3.7)^2}{15}+\frac{2.2^2}{15}+\frac{0.7^2}{15}+\frac{3.3^2}{15}+\frac{0.2^2}{15}+\frac{2.4^2}{15}+\frac{(-1.7)^2}{15}+\frac{(-0.1)^2}{15}$$
$$=\frac{47.19}{15}=3.146$$

σ(표준편차) $=\sqrt{\sigma^2}=1.77$

범위 $=134.8-127.8=7$

02. ① 평균

$$=\frac{(6\times4)+(6.3\times2)+(6.5\times4)+(7\times5)+(7.3\times2)+(7.5\times6)+(8\times2)}{25}$$
$$=\frac{173.2}{25}=6.9$$

변량의 개수가 총 25개이므로, 13번째의 변량이 중앙값이다. 따라서 중앙값은 7이다. 가장 빈도수가 높은 변량은 7.5이므로, 최빈값은 7.5이다.

② $\sigma^2(\text{분산})=\frac{\sum_{i=1}^{n}(x_i-m)^2}{n}$
$$=\frac{(-0.9)^2\times4}{25}+\frac{(-0.6)^2\times2}{25}+\frac{(0.4)^2\times4}{25}+\frac{(0.1)^2\times5}{25}+\frac{(0.4)^2\times2}{25}+\frac{(0.6)^2\times6}{25}+\frac{(1.1)^2\times2}{25}$$
$$=\frac{9.55}{25}=0.382$$

σ(표준편차) $=\sqrt{\sigma^2}=0.618$

범위 $=8-6=2$

03. 생략

연습문제 9.4

01. 해답참조

02. 해답참조

03. 모집단의 분포가 $N(500, 40^2)$을 따르고, 이 모집단에서 임의추출한 크기 100개에 대해 표본평균 $\overline{X}$의 분포는 정규분포 $N(500, 4^2)$을 따른다.

$$P(490\le\overline{X})=P\left(\frac{490-500}{4}\le Z\right)=P(-2.5\le Z)=P(-2.5\le Z\le 0)+0.5=0.4938+0.5=0.9938$$

04. 3000명 중에 1800명이 이 프로그램을 시청했으므로, 모비율 $\hat{p}$는 $\frac{1800}{3000}=0.6$이다.

따라서 신뢰도 95%의 신뢰구간은

$$\left[0.6-1.96\sqrt{\frac{0.6\times0.4}{3000}},\ 0.6+1.96\sqrt{\frac{0.6\times0.4}{3000}}\right]=[0.58247,\ 0.61753]$$

$\therefore 0.58247\le P\le 0.61753$

05. 모집단의 분포가 $N(1800, 100^2)$을 따르고, 이 모집단에서 임의추출한 크기 100개에 대해 표본평균 $\overline{X}$의 분포는 정규분포 $N(1800, 10^2)$을 따른다.

① $P(1785\le\overline{X}\le 1825)$
$$=P\left(\frac{1785-1800}{10}\le Z\le\frac{1825-1800}{10}\right)=P(-1.5\le Z\le 2.5)=P(-1.5\le Z\le 0)+P(0\le Z\le 2.5)=0.4332+0.4938=0.9270$$

② $P(\overline{X}\le 1770)$
$$=P\left(Z\le\frac{1770-1800}{10}\right)=P(Z\le-3)=0.5-P(-3\le Z\le 0)=0.5-0.4987=0.0013$$

06. 모비율 $\hat{p}$는 0.15이고, 불량률의 참값을 6% 이하의 오차로 추정해야 하므로, 신뢰도 95%의 신뢰구간의 길이가 $0.06 \times 2 = 0.12$ 이하여야 한다.

조사해야 하는 제품의 개수를 n이라고 두면, 신뢰도 95%의 신뢰구간은

$$\left[0.15 - 1.96\sqrt{\frac{0.15 \times 0.85}{n}},\right.$$

$$\left.0.15 + 1.96\sqrt{\frac{0.15 \times 0.85}{n}}\right]$$ 이고,

$$\left(0.15 + 1.96\sqrt{\frac{0.15 \times 0.85}{n}}\right)$$
$$-\left(0.15 - 1.96\sqrt{\frac{0.15 \times 0.85}{n}}\right)$$
≤ 0.12 이어야 한다.

$$\Rightarrow 3.92\sqrt{\frac{0.15 \times 0.85}{n}} \le 0.12$$
$$\Rightarrow 3.92\sqrt{0.15 \times 0.85} \le 0.12\sqrt{n}$$
$$\Rightarrow 136.05 \le n$$

따라서 137명 이상 조사하여야 한다.

찾아보기

(ㅅ)

(ㅇ)

(ㅈ)

수학교재편찬위원회(가나다순)

김동건 · 김현미 · 민경진 · 박 호

이두한 · 이전익 · 한 혁

대학기초수학
PRECALCULUS

2012년 2월 25일 1판 1쇄 발행
2015년 8월 20일 1판 2쇄 발행

저 자 · 수학교재편찬위원회
발행자 · 오판근
발행처 · 교우사

주 소 · 서울특별시 동대문구 약령시로 8 교우빌딩 2층
전 화 · 925-2861 (代), 편집부 /925-2825, 홈쇼핑 /969-5762
팩 스 · 925-2860

이메일 kyowoo@kyowoo.co.kr
홈페이지 http://www.kyowoo.co.kr
북스토어(쇼핑몰) http://www.kyowoo.co.kr

등록번호 / 1994 년 3월 24 일 제 6-0256 호

ISBN 978-89-8172-918-9 (93410)

값 20,000원